电工微视频自学丛书

万用表使用快速入门

杨清德　乐发明　编著

中国电力出版社
CHINA ELECTRIC POWER PRESS

内容提要

本丛书根据广大电工初学者的实际需要，结合《维修电工国家职业技能标准》（初级、中级）的要求，以及《低压电工作业人员安全技术培训大纲和考核标准（2011年版）》的要求编写。本丛书将国家相关的职业标准与实际的岗位需求相结合，讲述内容注重基础知识入门和技能提升。知识讲解以实用、够用为原则，减少繁琐、枯燥的概念讲解和单纯的原理说明。所有知识都以技能为依托，通过案例引导，让读者通过学习得到技能的提升，对就业和实际工作有所帮助。丛书配有50个左右教学实操视频，扫描二维码即可观看学习。

本丛书在表达方式上，运用大量图表代替文字表述。尽量保证读者能够快速、主动、清晰地了解知识技能。力求让学习者一看就懂，一学就会。

本书为丛书中的一分册，全书共7章，主要内容包括：电工仪表基础知识、指针式万用表的使用与维护、数字式万用表的使用与维护、万用表检测常用元器件、巧用万用表、万用表的检修和如何选用万用表。

本书可作为电工技能培训教材，适合电工初学者、爱好者阅读，也可供有一定经验的电工从业人员学习，还可供职业院校相关专业师生参考。

图书在版编目（CIP）数据

万用表使用快速入门 / 杨清德，乐发明编著. —北京：中国电力出版社，2023.11
（电工微视频自学丛书）
ISBN 978-7-5198-8000-2

Ⅰ. ①万… Ⅱ. ①杨…②乐… Ⅲ. ①复用电表-使用方法 Ⅳ. ①TM938.107

中国国家版本馆 CIP 数据核字（2023）第 134795 号

出版发行：中国电力出版社
地　　址：北京市东城区北京站西街 19 号（邮政编码 100005）
网　　址：http://www.cepp.sgcc.com.cn
责任编辑：马淑范（010-63412397）
责任校对：黄　蓓　王小鹏
装帧设计：赵姗姗
责任印制：杨晓东

印　　刷：北京雁林吉兆印刷有限公司
版　　次：2023 年 11 月第一版
印　　次：2023 年 11 月北京第一次印刷
开　　本：787 毫米×1092 毫米　16 开本
印　　张：17.5
字　　数：398 千字
定　　价：58.00 元

前 言

党的二十大报告指出："实施就业优先战略"，"健全终身职业技能培训制度，推动解决结构性就业矛盾"。近几年，国家已出台一系列政策激励更多劳动者，特别是青年一代走技能成长、技能报国之路，各地各领域根据产业转型、区域发展需求，通过岗前培训帮助新职工尽快成长，通过职业技能培训为农民工拓宽就业渠道等多种形式加强职业技能培训，促进创业，带动就业。让就业者有一技傍身，不再为工作发愁。为了满足大量农民工、在职职工和城镇有志青年学电工的需求，中国电力出版社策划并组织一批专家学者编写了《电工微视频自学丛书》，包括《电工快速入门》《电工识图快速入门》《电动机使用与维修快速入门》《万用表使用快速入门》《变频器应用快速入门》《PLC应用快速入门》《低压控制系统应用快速入门》和《电工工具使用快速入门》共8分册。

电工技术是一门知识性、实践性和专业性都较强的实用技术，其应用领域较广，各个行业及各个部门涉及的技术应用各有侧重。为此，本套丛书在编写时充分考虑了多数电工初学者的个体情况，以一个无专业基础的人从零起步初学电工技术的角度，将初学电工的必备知识和技能进行归类、整理和提炼，并选择了近年来中小型企业紧缺岗位电工从业人员必备的几个技能侧重点，以通俗的语言介绍电工知识和技能是本丛书的编写风格，具有新（新技术、新方法、新工艺、新应用）、实（贴近实际、注重应用）、简（文字简洁、风格明快）、活（模块式结构配以图、表、口诀、视频，便于自学）的特色，重点讲如何巧学、巧用，帮助读者加深对知识和技能的理解和掌握，以便让文化程度不高的读者通过直观、快捷的方式学好电工技术，为今后工作和进一步学习打下基础。本套丛书穿插了"知识链接""指点迷津""技能提高"等板块，以增加趣味性，提高可读性。每章后设均有思考题，留给读者较大的思维空间和探索空间。

本书是丛书的一分册，由杨清德、乐发明主编，胡云华、杨敏副主编。主要内容包括电工仪表基础知识、指针式万用表的使用与维护、数字式万用表的使用与维护、万用表检测常用元器件、巧用万用表、万用表的检修和如何选用万用表等。

由于编者水平有限，加之时间仓促，书中难免存在缺点和错漏，敬请各位读者多提意见和建议，发至电子信箱 370169719@qq.com，我们再版时修改。

编　者

目 录

第 **1** 章

电工仪表基础知识

在电气线路和用电设备的安装、使用与维修过程中，常需要借助电工仪表对电气设备及元器件进行一些必要的检测。电工仪表对整个电气系统的检测、监视和控制等方面都起着十分重要的作用，本章主要介绍电工仪表的一些基础知识。

1.1 常用电工仪表的基本结构

视频1.1 电工
仪表基础知识

常用电工仪表主要由面板、测量机构和测量电路（简单仪表无）等组成。

1.1.1 面板

常用电工仪表的面板如图1-1所示，面板主要由表头指针、刻度尺、机械调零旋钮、接线桩等组成。

图1-1 电工仪表的面板示例
（a）电流表；（b）电压表；（c）功率表；（d）万用表

1.1.2 测量机构

测量机构是指把它能接受的物理量变成活动部分的偏转或位移的机构。由驱动机构、控制装置、阻尼装置3部分组成。

驱动机构是产生转动力矩的装置，它由固定部分和活动部分组成，并能使仪表活动部分发生偏转或位移。

控制装置是产生反作用力矩的装置。当它与转动力矩相平衡时，转动部分即停在平衡位置，指示出被测量物理量的大小。反作用力矩一般是用游丝、张丝或吊丝的扭力来产生的。

阻尼装置用于产生合适的阻尼，使活动部分尽快停在应偏转的平衡位置。

根据仪表工作原理的不同，测量机构分为磁电式测量机构、电磁式测量机构、电动式测量机构、静电式测量机构、感应式测量机构等，由此构成磁电式仪表、电磁式仪表、电动式仪表、静电式仪表、感应式仪表等。

下面简要介绍磁电式仪表、电磁式仪表和电动式仪表测量机构的工作原理。

1. 磁电式仪表

（1）结构。磁电式仪表的测量机构如图 1-2 所示，主要由固定部分和可动部分组成。固定部分由永久磁铁、极靴和圆柱形铁芯构成。可动部分由绕制在铝框架上的可动线圈、转轴、指针、平衡重物、零位调节器及游丝构成。

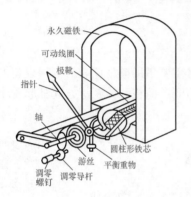

图 1-2　磁电式仪表的测量机构

（2）工作原理。可动线圈在蹄形磁铁的内部，当被测电流通过线圈时，线圈受磁场力的作用产生电磁转矩而绕中心轴转动，中心轴带动指针偏转，指针偏转时又带动游丝运动而发生弹性形变。当线圈偏转的电磁转矩与游丝形变的反作用力矩相平衡时，指针便停留在相应的位置，并在面板刻度标尺上指出被测数据。

（3）作用。磁电式仪表具有准确度高、灵敏度高、刻度均匀等优点，常用于制成直流电流表和直流电压表。

2. 电磁式仪表

（1）结构。电磁式仪表的测量机构如图 1-3 所示，主要由固定线圈和可动铁片组成，可动铁片与转轴固定在一起，转动轴由指针、游丝与零位调节器组成。

（2）工作原理。当线圈内有被测电流通过时，线圈电流的磁场使两块铁片同时磁化，且获得同极性而互相排斥。固定铁片推动可动铁片运动，可动铁片通过传动轴带动指针偏转。被测量越大，指针偏转角度越大，当电磁偏转力矩与游丝形变的反作用力矩平衡时，指针停转，在面板上指出被测电流值。

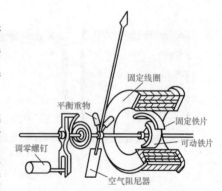

图 1-3　电磁式仪表的测量机构

（3）作用。电磁式仪表具有结构简单牢固、稳定性好、过载能力强、成本较低、便于制造等优点，常用于制造交流电压表和交流电流表等指示性仪表。

3. 电动式仪表

（1）结构。电动式仪表的测量机构如图 1-4 所示，主要由固定线圈、活动线圈、转轴、游丝等构成。

（2）工作原理。当被测电流通过固定线圈和活动线圈时，在两线圈所在的空间中心区产生一均匀近似磁场，当电流流过活动线圈时，该线圈就在固定线圈形成的磁场作用下发生偏转，由于转轴上游丝恢复力矩的作用，使其最终停在平衡位置，由指针可读出被测量的数值。

（3）作用。电动式仪表的线圈可以通过交直流电流，所以电动式仪表可以做成准确度高的交直流电压表和电流表，也可以做成功率表、相位表和频率表等。

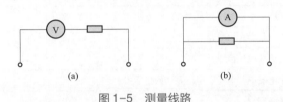

图1-4 电动式仪表的测量机构

1.1.3 测量电路

测量电路是指能把被测量（交、直流电压，电流，功率等）转换成测量机构所能接受的物理量和大小的组成部分。例如，直流电压流表的分压电阻和直流电流表的分流电阻（见图1-5），以及交流电表中的转换器等。

一个磁电式的测量机构，配接上适当的测量电路，就可以做成不同规格的磁电式电压表或电流表。

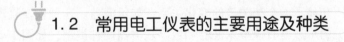

图1-5 测量线路

（a）电压表的分压电阻；（b）电流表的分流电阻

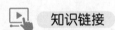 知识链接

什么是表头

在电工仪表使用中，人们常常把不带其他附件的仪表测量机构称为表头，如磁电系仪表表头。

如果要制成电压表或电流表，在表头的基础上还要相应增加一些其他的器件。

1.2 常用电工仪表的主要用途及种类

1.2.1 电工仪表的主要用途

电工仪表主要用于测量电路参数，如电压、电流、电能、电功率、电阻、电感、电容等，它在电气设备安全、经济、合理运行的监测与故障检修中起着十分重要的作用。电工仪表的结构性能及使用方法直接影响电工测量的精确度。因为工作需要，要求电工不仅能合理选用电工仪表，而且要了解常用电工仪表的基本工作原理，掌握其使用方法。

电工仪表种类繁多，用途各异，主要有电压表、电流表、电能表、频率表、功率表、功率因数表、相位表、欧姆表、绝缘电阻表、万用表、钳形电流表、电桥、电位差计、检流计、测磁仪表、记录仪表、电磁示波器等。利用电子技术还可制成各种数字式电表。主要电工仪表的用途见表1-1。

表1-1 主要电工仪表的用途

名 称	用 途	计量单位
电压表	测量电路中的电压	V
电流表	测量电路中的电流	A
电能表	计量电路或负载中电能的消耗	kWh
频率表	测量电网的频率	Hz
功率表	测量电气设备消耗的功率	kW
功率因数表	测量交流电路中电压与电流间相角差的余弦值（$\cos\varphi$）	
欧姆表	测量电路或元器件的电阻值	Ω
绝缘电阻表	测量电气设备的绝缘电阻值	MΩ
万用表	实验室用多种参数测量仪表（电压、电流、电阻等测量用）	V，A，Ω
钳形电流表	测量电路中的交流电流	A
电桥	用比较法测量各种电学量	
电位差计	测量电动势或电压值	V
检流计	测量微小电流或作电桥、电位差计的指零指示	—
测磁仪表	测量磁场强度	—
记录仪表	测量并记录电路中的参数	—
电磁示波器	记录电量及经过转换成电量的非电量的变化过程	—
相位表	测量电路中电压或电流的相位用	—

1.2.2 常用电工仪表的分类

电工仪表的种类很多，其分类方法也很多，按显示方式可分为图示仪表、比较仪表、数字仪表和指示仪表4大类。

1. 图示仪表

图示仪表专门用来显示两个相关量的变化关系，如示波器。这种仪表直观效果好，一般只能作为粗测。常见的示波器有模拟示波器和数字示波器两种类型，如图1-6所示。

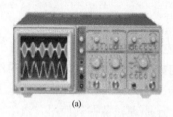
(a)

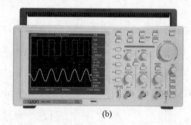
(b)

图1-6 示波器

（a）模拟示波器；（b）数字示波器

2. 比较仪表

比较仪表是通过比较的方式来进行测量的仪器,如直流电桥,用来测量电阻;万用电桥(见图1-7),用来测量电容、电感、电阻等。比较仪表往往用来精确测量一些电学量,以及检验其他仪器或仪表。

图1-7 万用电桥

3. 数字仪表

数字仪表可将被测的模拟量转换成为数字量,直接读出。它具有灵敏度高、测量速度快、显示清晰直观、操作方便等优点。近年来,各种数字式电工仪表发展很快,种类也越来越多。常见的数字仪表有数字式万用表、数字电容表、数字钳形表、数字功率表、数字电能表、数字电压表等,如图1-8所示。

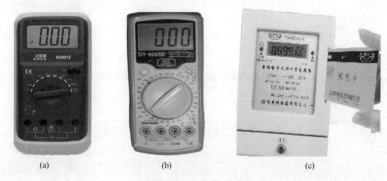

(a)   (b)   (c)

图1-8 数字仪表

(a)数字电容表;(b)数字式万用表;(c)预付费式数字电能表

4. 指示仪表

指示仪表是直读式仪表,测量时通过指针偏转,将要测量的电量直接读出,如指针式电压表、电流表、功率表、万用表等,如图1-9所示。

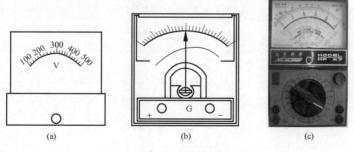

(a)   (b)   (c)

图1-9 指示仪表

(a)电压表;(b)检流计;(c)指针式万用表

指示仪表应用广泛，其规格、品种繁多，现将指示仪表的常用分类方法进行归纳，见表1-2。

表1-2 指示仪表的分类

分类方法	分 类	说 明
仪表的工作原理不同	电磁式仪表、磁电式仪表、电动式仪表、感应式仪表	常用的万用表基本都是磁电式仪表
被测对象的不同	电流表、电压表、功率表、欧姆表、电能表、功率因数表、频率表、万用表等	图形符号常用单位表示，如电流表用Ⓐ、电压表用Ⓥ
使用方式的不同	开关板式（固定式）和可携式	开关板式仪表通常固定在开关板或配电盘上，误差较大。可携式仪表一般误差较小，准确度高
被测电量的种类不同	直流仪表、交流仪表、交直流两用仪表	直流用"DC或—"，交流用"AC或~"表示
误差等级的不同	0.1、0.2、0.5、1.0、1.5、2.5 级和 5.0级	数字越小误差越低，精确度越高，其中误差0.1级的精确度最好
使用条件和使用环境不同	A、B、C 三组	A、B 两组用于室内，C 组用于室外或船舰、飞机、车辆上
防御外界磁场或电场干扰的能力不同	Ⅰ、Ⅱ、Ⅲ、Ⅳ四等	Ⅰ级的防御能力最好，Ⅳ级的防御能力最差

1.3 电工仪表盘面的常用标记

在电工仪表的刻度盘或面板上，通常用各种不同的符号来表示常用仪表的技术性能。按照国家标准规定，电工仪表的刻度盘或面板上的标记应包括：被测对象的单位、工作原理的系列类型、电源种类、准确度等级、工作位置、绝缘强度试验电压、仪表型号、使用条件组别，以及其他的各种额定值（如经电流互感器的电流表应标有电流互感器的变比数值）等。电工仪表的被测量的单位符号见表1-3。

表1-3 电工仪表的被测量的单位符号

被测物理量	仪表名称	单位名称	仪表符号
电流	电流表	安培	Ⓐ
电压	电压表	伏特	Ⓥ
电功率	功率表	瓦特	Ⓦ
电能	电能表	千瓦·小时	kWh
电阻	欧姆表、绝缘电阻表	欧姆	Ⓩ MⒼ

如图 1-10 所示为 1T1-A 型交流电流表，其表盘左下角符号含义为：1 为电流种类符号，图示~为交流；2 为仪表工作原理符号，图示符号为电磁式；3 为防外磁场等级符号，图示为Ⅲ级；4 为绝缘强度等级符号，绝缘强度试验电压为 2kV；5 为 B 组仪表，用于室内；6 为工作位置符号，"⊥" 表示盘面应位于垂直方向；7 为仪表精确度等级 1.5。

59C2-V 直流电压表的面板符号如图 1-11 所示，在其右下角，从左向右向看，其符号含义为："-" 表示直流；"⌐−" 为仪表工作原理符号，表示该表为磁电式仪表；"1.5" 表示该仪表精确度等级为 1.5 级；"⊥" 表示使用时盘面垂直向上位置；"☆" 为绝缘强度等级，表示该仪表绝缘强度试验电压为 2kV；"Ⅱ" 为防外磁场符号，表示该表防 Ⅱ 级外磁场。"△B" 表示 B 级仪表，用于室内。

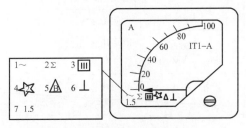

图 1-10 1T1-A 型交流电流表

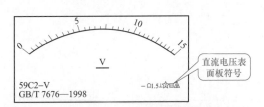

图 1-11 59C2-V 直流电压表面板符号

常用电工指针式仪表的符号、代号及用途见表 1-4。

表 1-4 常用电工指针式仪表的符号、代号及用途

仪表类型	符 号	字母代号	可测物理量
磁电式		C	直流电压、电流、电阻
电磁式		T	直流或交流电压、电流
电动式		D	直流或交流电压、电流、电功率、电能量
感应式		G	交流电量
整流式		L	交流电流、电压
外附定值附加电阻器	7.5mA	—	附加电阻器 7.5mA
外附定值分流器	45mV	—	定值分流器 45mV

电工仪表面板上其他符号的含义见表1-5。

表1-5　　　　　　　　　　　电工仪表面板上其他符号的含义

符号	含义	测量种类	符号类型	符号	含义	符号类型
A	安培	电流	测量单位符号	—	直流	电流种类及不同额定值标准符号
mA	毫安			$\sim$	交流	
μA	微安			$\approx$	交直流	
kV	千伏	电压		3N $\sim$	三相交流	
V	伏			$U_{max}=1.5U_N$	最大容许电压为额定值的1.5倍	
kW	千瓦	有功功率		$I_{max}=2I_N$	最大容许电流为额定值的2倍	
W	瓦			R_d	定值导线	
var	乏	无功功率		$\frac{U_1}{U_2}=\frac{3000}{100}$	按电压互感器3000:100V	
kvar	千乏			$\frac{I_1}{I_2}=\frac{500}{5}$	按电流互感器500:5A	
kHz	千赫兹	频率		⊐	标度尺位置为水平	仪表工作位置符号
Hz	赫兹			⊥	标度尺位置为垂直	
MΩ	兆欧	电阻		∠60°	标度尺与水平倾角为60°	
kΩ	千欧			☆	不进行绝缘耐压试验	绝缘强度等级符号
Ω	欧姆			☆	绝缘强度耐压试验为500V	
cosφ	功率因数	功率因数		☆2	绝缘强度耐压试验为2kV	
φ	相位角			⌒	调零器	调零器及止动符号
sinφ	无功功率因数			↑	止动方向	
μF	微法	电容				
pF	皮法					
F	法拉					

续表

符号	含　义	测量种类	符号类型	符号	含　义	符号类型
H	亨，测量单位符号	电感	测量单位符号	1.5	以标度尺量程百分数表示的精确等级，如1.5级	精确度符号
mH	毫亨，测量单位符号					
μH	微亨，测量单位符号					
℃	摄氏度，测量单位符号	温度		$\vee$ 1.5	以标度尺长度百分数表示的精确度等级，如1.5级	
+	正端钮		端钮及转换开关符号	(1.5)	以指示值的百分数表示的精确等级，如1.5级	
－	负端钮					
$\sim$	交流端钮			⌂	Ⅰ级防外磁场	按外界条件分组的符号
⏚	接地端钮（螺丝或螺杆）			Ⅱ　Ⅱ	Ⅱ级防外磁场	
	Ⅰ级防外静电场		按外界条件分组的符号			

1.4　电工仪表的误差与精确度

1.4.1　电工仪表的误差

1. 电工仪表的误差类型

在测量过程中，由于电工仪表本身的结构、电路参数或受使用外界因素影响而发生变化，导致仪表指示的测量值与实际值之间存在差异，这个差异就是误差。误差的大小反映了仪表的准确度。在测量过程中，不可避免总是存在误差，并且误差不等于错误。错误是可以避免的，误差是不可避免的。误差按表达方式的不同分为绝对误差、相对误差、引用误差。

（1）绝对误差。绝对误差是仪表指示值 X 与被测量的真实值 X_0 之差，用 ΔX 表示，即

$$\Delta X = X - X_0$$

（2）相对误差。相对误差是绝对误差 ΔX 对被测量的真实值 X_0 的百分比，用 δ 表示

$$\delta = \frac{\Delta X}{X_0} \times 100\%$$

（3）引用误差。引用误差是绝对误差 ΔX 对仪表量程 A_M 的百分比。在实际测量中，误差按产生原因的不同分为系统误差、偶然误差和过失误差3种类型。

视频1.2　电工仪表的测量误差

9

2. 测量误差的减少及消除办法

测量误差产生的原因及消除办法见表1-6。

表1-6 测量误差产生的原因及消除办法

类型	误差原因	减少或消除误差的办法
系统误差	主要是由于测量设备的固有误差、测量方法的不完善和测量条件的不稳定而引起的	（1）对电工仪表进行校正，在准确度要求较高的测量中，引用修正值进行修正 （2）正确选择测量方法和测量仪器，尽量使测量仪器在规定的使用条件下工作，消除各种外界因素造成的影响 （3）采用特殊的测量方法。例如，用电流表测电流时，考虑到外磁场对读数的影响，可以把电流表放置的位置转动180°，分别进行两次测量。两次测量中，必然出现一次读数偏大，而另一次读数偏小，取两次读数的平均值作为测量结果，其正、负误差抵消，可以有效地消除误差
偶然误差	又叫随机误差，由周围环境的变化（如温度、磁场、电源频率等）、测量者的感官不同引起的	增加测量次数，通过重复测量，最后求出平均值作为测量结果
过失误差	测量者在测量过程中粗心大意，在测量或计算过程中发生错误所致	细心测量，要求提高测量者的素质、工作责任心和求实的工作作风

1.4.2 电工仪表的精确度

精确度是衡量电工仪表性能的重要指标，精确度越高，仪表质量越好，误差就越小。按国家标准规定，电工仪表的准确度有个7等级，即0.1、0.2、0.5、1.0、1.5、2.5级和5.0级，数字越小表示准确度越高。仪表精确度与误差等级的关系见表1-7。

表1-7 仪表精确度与误差等级对应表

精确度等级	0.1	0.2	0.5	1.0	1.5	2.5	5.0
误差等级	±0.1	±0.2	±0.5	±1.0	±1.5	±2.5	±5.0

电工仪表的精确度等级是指在规定使用条件下，可能产生的基本误差占满刻度的百分数，它表示该仪表基本误差的大小。在上述的等级中，0.1、0.2、0.5级仪表精确度高，多用在实验中作为检验仪表；1.5、2.5、5.0级的仪表精确度低，多用于工程测量与计算。

仪表的误差分为基本误差和附加误差两部分。基本误差是指在测量仪表正常使用的条件下，由于其内部结构的特点和质量等方面的原因所引起的误差，这是仪表本身固有的误差。附加误差是由仪表使用时的外界因素影响所引起的，如外界温度、外来电磁场、仪表工作位置等。例如，1.0级电压表的基本误差是满刻度的1%，其最大量程为500V，则可产生的最大误差是±1.0V（±500V×1.0%），若测量值为220V，则实际值在219～221V之间，测量值越小，精确度越低。所以在选用仪表量程时，应使被测量值越接近满刻度越好，一般应使测量值超过满刻度的1/2以上。

为了保证测量结果的准确、可靠，对电工仪表有如下几点要求：

（1）准确度高、误差小，其数值应符合所属准确度的要求。

（2）误差不应随时间、温度、湿度、外磁场等外界环境条件的影响而变化。

（3）仪表本身消耗功率应越小越好，否则在测量小的功率时，会引起较大的误差。

（4）仪表应有足够高的绝缘强度和耐压能力，还应有承受短时间过载的能力，以保证使用安全。

（5）应有良好的读数装置，被测量的数值应能直接读出。

（6）构造坚固，使用维护方便。

1.5　比较式电工仪表

比较仪表是将被测物理量与标准器进行比较后，从而确定被测物理量，如电桥、电位差计等。电桥按工作电流的不同分为直流电桥和交流电桥。

1.5.1　直流单臂电桥

直流电桥主要由比值臂、比较臂（调节臂）、被测电阻、检流计和工作电源等构成。直流电桥主要用于测试低值电阻，如在电机修理中测量绕组直流电阻；在线路检修中，测量线路直流电阻。

直流电桥根据测量阻值范围的不同分为直流单臂电桥和直流双臂电桥，如图1-12所示。直流双臂电桥测量1Ω以下的电阻。这里将着重介绍直流单臂电桥。

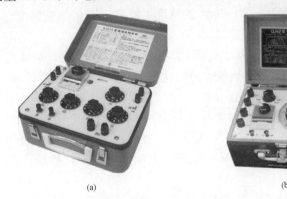

(a)　　　　　　　　　　　　　(b)

图1-12　直流电桥

（a）直流单臂电桥；（b）直流双臂电桥

直流单臂电桥又叫惠斯通电桥，其电阻测量范围为$1～10^7\Omega$。这里以QJ-23型直流单臂电桥为例介绍工作原理和使用方法，如图1-13所示，其面板结构如图1-14所示。

图 1-13　QJ-23 型直流单臂电桥

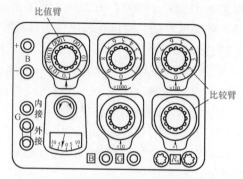

图 1-14　QJ-23 型直流单臂电桥的面板结构

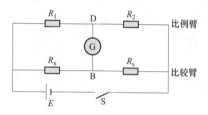

图 1-15　直流单臂电桥工作原理

1. 直流单臂电桥工作原理

直流单臂电桥的工作原理如图 1-15 所示，被测电阻 R_x、R_1、R_2 和 R_s 互相连接成一个封闭的环形电路，4 个电阻组成桥臂。当电桥接通电源以后，调节桥臂电阻 R_1、R_2 和 R_s，使 B、D 电位相等。

当 D、B 间电位相等时，检流计 G 无电流流过，电桥平衡，各电阻关系是

$$\frac{R_1}{R_2} = \frac{R_x}{R_s}$$

所以

$$R_x = \frac{R_1}{R_2}R_s$$

只要电桥比例臂和比较臂 R_1、R_2 和 R_s 的精度足够高，R_x 的测量精度也较高。

2. 直流单臂电桥的使用方法

（1）将金属连接片接至内附检流计能够工作的位置，再将检流计指针调至零位。

（2）用万用表粗测 R_x 的大小，选择合适的比值臂。使电桥比较臂的 4 个读数盘都利用起来，以得到 4 个有效数值，保证测量精度。

（3）用粗短导线将被测电阻牢固地接至标有 "R_x" 的两个接线端钮之间。

（4）测量时，先按下电源按钮 "B"，再按下检流计按钮 "G"，若指针偏向 "+"，加大比较臂电阻；若指针偏向 "-"，则减小比较臂电阻，直至指针指到 "0" 位，电桥基本平衡。

（5）测量完毕，应先松开 "G" 按钮，再松开 "B" 按钮，切断电源，拆除被测电阻。记录数据后，将各比较臂旋钮置于零，并将检流计从 "外接" 换到 "内接"，使其内部短路。

（6）计算被测电阻：比较臂的电阻值乘以倍率即可得 R_x。

3. 直流单臂电桥使用注意事项

（1）直流单臂电桥不宜测量 0.1Ω 以下的电阻，即使测量 1Ω 以下的电阻，也应降低电

源电压并缩短时间，以免烧坏仪器。

（2）测量带电感的电阻（如电动机绕组）时，应先接通电源，再接通检流计按钮"G"。断开时，应先断开检流计，再断开电桥电源，避免线圈产生自感电动势烧坏检流计。

（3）当电池电压不足时，应立即更换；采用外接电源时，应注意极性与电压额定值。

（4）为减少引线电阻带来的误差，被测电阻与测量端的连接导线要短而粗。还应注意各端钮是否拧紧，以避免接触不良引起电桥的不稳定。

（5）被测物不能带电。对含有电容的元件，应先放电 1min 后再测量。

（6）电桥长期不用时，应将内置电池取出，同时，应将检流计上的止动器锁住，或用金属导线将检流计短接。

1.5.2　交流电桥

交流电桥的基本电路和原理与直流单臂电桥相同，不同的是交流电桥的桥臂是用阻抗元件构成的，并且采用了交流电源，工作原理电路如图 1-16 所示。

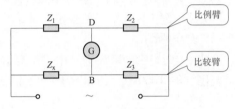

图 1-16　交流电桥工作原理

交流电桥常做成专用电桥，如电容电桥、电感电桥等，也可做成具有多种用途的万用电桥。万用电桥通过测量线路的切换，具有测量电阻、电感、电容等多种用途。

1.6　电工仪表的型号

电工仪表的产品型号可以反映仪表的用途、作用及原理，各类产品的型号均按有关规定编制。

1.6.1　安装式仪表型号组成

安装式指示仪表型号组成如下：

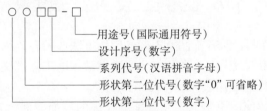

形状第一位代号按仪表面板尺寸编制；形状第二位代号按仪表外壳尺寸特征编制；系列代号按电工仪表工作原理类别编制，如磁电系代号为 C，电磁系代号 T，电动系代号 D，整流系代号为 L，电子系代号为 Z 等；设计序号用数字表示；用途号为国际通用符号，如 A 表示电流表，V 表示电压表等。下面举例说明。

1T1-A 表示电磁系电流表，其中第一位 1 为形状第一位代号；形状第二位代号为 0，型号中省略不写；T 表示电磁系电工仪表，1 为设计序号；A 表示电流表。

59C2-V 表示磁电系直流电压表，其中第一位数字 5 为形状第一位代号；第二位数字 9

为形状第二位代号；第三位字母 C 表示的是磁电系仪表；第四位数字 2 为设计序号；V 表示电压表。

59L1-A 表示整流系交流电流表，其中第一位数字 5 为形状第一位代号；第二位数字 9 为形状第二位代号；第三位字 L 表示的是整流系仪表；第四位数字 1 为设计序号；A 表示电流表。

1.6.2 携带式仪表型号的编制规则

由于携带式仪表不存在安装尺寸问题，所以将安装仪表形状代号省略。携带式仪表的型号一般由类别代号、组别代号和设计序号组成。下面举例说明。

MF500 型万用表型号中，M 表示专用仪表，F 表示万用表，500 为设计序号，如图 1-17 所示。

MG-28 型钳形电流表型号中，M 表示专用仪表，G 表示钳形表，28 为设计序号，如图 1-18（a）所示。

ZC25-4 型绝缘电阻表型号中，Z 表示电阻度量，C 表示欧姆表，25 为设计序号，4 为测量范围（0~1000MΩ），如图 1-18（b）所示。

图 1-17 MF500 型万用表

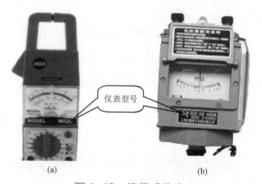

图 1-18 携带式仪表

（a）MG-28 型钳形电流表；（b）ZC25-4 型绝缘电阻表

1.7 使用电工仪表的一般常识

电工常用测量仪表在测量时若不注意正确的使用方法或稍有疏忽，不是将表烧坏，就是使被测元件损坏，甚至还危及人身安全。因此，掌握常用电工测量仪表的正确使用方法是非常重要的，下面以 MF500 型万用表为例作简单说明。

（1）使用前认真阅读使用说明书，充分了解仪表的性能，理解表盘符号的含义和标度尺的读法，了解和熟悉转换开关、插孔等部件的作用和用法。

（2）使用前，应检查指针是否指零，若不指零，应用螺丝刀调节零，如图 1-19 所示。

（3）根据被测物理量（电压、电阻、电流等）的大小选择合适的量程，避免仪表过载。

（4）选择量程时，若不知所测物理量的大小，首先应把量程置于较大的量程挡上，而后逐渐调到合适的量程。应使电表工作于接近满刻度的 2/3 的状态（如图 1-20 中 c 所示），至少也应使指针超过满刻度的 1/2（如图 1-20 中 b 所示），以减少读数的误差。如果指针在位置 a，表示选择量程偏小，应调高量程再测量，否则误差将增大。

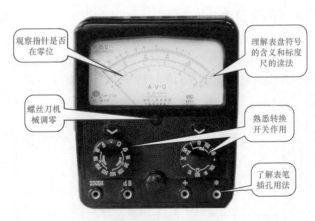

图1-19 仪表使用前检查

（5）读数时应正视刻度盘，即眼睛的视线要与刻度垂直。如果有反光镜，读数时眼睛看到的指针应与表盘上的弧形反射镜的像重合，如图1-21所示，并估读到最小刻度的1/10。否则会影响读数的精确度。

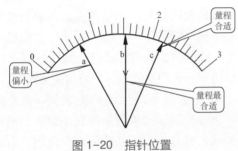

图1-20 指针位置

图1-21 正确读数

（6）电磁式仪表内部磁场弱，易受外磁场影响，使用时应远离外磁场。

视频1.3 电流表的使用

1.7.1 电流表的使用

电流表用于测量电路中的电流，其基本单位为安培（A）。根据测量的性质不同，电流表分为直流电流表和交流电流表；根据工作原理的不同，电流又分为磁电系电流表、电磁系电流表、电动系电流表等。

1. 直流电流表的使用方法

测量电路中直流电流的仪表称为直流电流表。直流电流表的使用方法如下：

（1）估计被测电流的大小，选择合适量程的电流表。

（2）在测量直流电流时，电流表必须串联入被测电路。

（3）接线时，应注意其正、负极性，电流表的正接线桩接实际电流来的方向（电源的正极，即高电位点），电流表的负接线桩接实际电流流出的方向（电源的负极，即低电位点），如图1-22所示。

使用时注意：

1）多量程的电流表应估计被测电流的大小，选合适的量程，使指针转动超过刻度盘的

1/2 以上。在图 1-22 所示的测量中，如果事先不知道电流大小，正接线桩可以先接"3A"接线桩，观察指针偏转情况，若指针偏转超过 1/2 以上，说明量程合适；若指针偏转很小，说明量程偏大小，应换接"0.6A"接线桩。

2）直流电流表的面板上标有"−"表示负接线桩，正接线桩"+"一般不标。如图 1-23 所示。

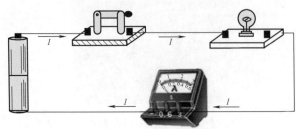

图 1-22　测量直流电流

图 1-23　直流电流表

3）如果不知道被测点电位的高低，可以先固定一个接线点，另一个接线点轻轻地试触另一个被测点，若表头指针正偏，如图 1-24（a）所示，说明接线正确；若表头指针反偏，如图 1-24（b）所示，说明接线错误，应交换接线点。

4）量程较大的电流表，一般都附有分流器。如果需要用较小量程的电流表测量较大电流（即扩大电流表的量程），则需要在原来的电流表上并联一个分流器。利用并联电阻分流的原理，让较大的电流从分流器通过，以保护电流表的线圈不受大电流的影响而损坏。

图 1-24　指针偏转
（a）指针正偏；（b）指针反偏

2. 交流电流表的测量方法

交流电流表用于测量交流电路中的电流，交流电流表的使用方法与直流电流表的使用方法基本相同。

（1）估计被测电流的大小，选择合适量程的电流表。

（2）串联入被测电路中，如图1-25所示。

（3）唯一不同的是交流电流表接线时不分正负极性。

使用时注意：

1）不能用小量程测大电流，否则易损坏电流表。

2）电流表一定要串联在被测电路中，不能并联。

3）电路接好，检查无误以后，再通电测量。

4）当被测量电路的电流超过电流表的量程时，必须加装电流互感器。让电流互感器的一次绕组与电路中的负载串联，二次绕组接电流表。

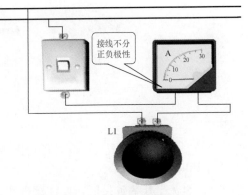

图1-25　交流电流测量电路

 指点迷津

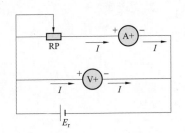

电流表使用口诀

测电流用电流表，基本单位是安培；

可测直流和交流，串联接入电路里。

直流接线分正负，交流接线不分极。

测量直流大电流，必须并联分流器。

测量交流大电流，加装电流互感器。

1.7.2　电压表的使用

电压表是用来测量电路中电压的仪表，电压的基本单位为伏特（V）。根据测量电压的性质不同，电压表分为直流电压表和交流电压表。又根据工作原理的不同，电压表又分为磁电系电压表、电磁系电压表、电动系电压表等。

使用电压表测电压时，必须将电压表与被测电路并联。

视频1.4　电压表的使用

1. 直流电压表的使用方法

测量电路中直流电压的仪表称为直流电压表。

直流电压、电流测量原理如图1-26所示，直流电压表并联在被测负载（或电路）两端，直流电流表串联在被测电路中，都要注意电表的正极接电流来的方向，负极接电流出的方向。

直流电压表的使用方法如下：

（1）选择合适量程的直流电压表。

（2）直流电压表正接线桩必须接被测电路的高电位点（即实际电流来的方向），负接线桩接被测电路的低电位点

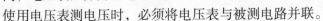

图1-26　直流电压、电流测量原理

（即实际电流流出的方向），如图1-27所示。

图1-27　直流电压接线

（3）将直流电压表并联在被测电路或被测负载两端。

使用时注意：

1）直流电压表连接时，要注意极性，负极接低电位，正极接高电位。

2）对于多量程的电压表，应选择合适的量程，使指针的偏转超过刻度盘的1/2或2/3以上，以减少测量误差。

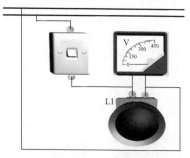

图1-28　交流电压测量电路

2. 交流电压表的使用方法

电路中测量交流电压的仪表称为交流电压表。交流电压表的测量方法是：

（1）交流电压表测交流电压时，电压表接线时不分极性。

（2）选择合适量程的交流电压表。

（3）将交流电压表并联在被测电路两端即可（与直流电压表相同），如图1-28所示。

使用时注意：

1）交流电压一般比较大，测量要注意安全，预防触电。

2）不能用小量程测量大电压，否则容易损坏仪表。

3）在高压电路中测量电压时，不能用普通电压表直接测量，应通过电压互感器将电压表接入电路中，电压互感器的一次绕组接到被测量的高压线路上，二次绕组接在电压表的两个接线柱上。二次绕组的电压一般为100V。

▶💡 **指点迷津**

> **电压表使用口诀**
>
> 测电压用电压表，基本单位是伏特；
>
> 可测直流和交流，并联接入电路里。
>
> 直流接线分正负，交流接线不分极。
>
> 测量交流高电压，加装电压互感器。

1.7.3　钳形电流表的使用

通常用普通电流表测量电流时，需要将电路停机切断后才能将电流表接入进行测量，比较麻烦，有时正常运行的电动机不允许这样做。此时，使用钳形电流表就显得方便多了，可以在不切断电路的情况下来测量电流。钳形电流表是一种不需要断开被测电路就可以直接测量交流电流的仪表。在电气检测中使用非常广泛，既方便又安全。

1. 钳形电流表的基本结构和工作原理

（1）结构。钳形电流表是由穿芯式电流互感器和电流表组合而成。穿芯式电流互感器的铁芯制成活动开口，且成钳形，所以叫钳形电流表，简称钳形表，如图1-29所示。在捏紧扳手时钳口可以张开，被测电流所通过的导线可以不必切断就可穿过铁芯张开的缺口，当放开扳手后铁芯钳口闭合。

（2）工作原理。测量时，穿过铁芯的被测电路导线就成为电流互感器的一次绕组，当被测导线中有交变电流流过时，交变电流产生的磁通经过电流互感器的二次绕组，便在电流互感器的二次绕组中感应出电流。从而使与二次绕组相连接的电流表有指示，测出被测线路的电流。

（3）钳形表的种类。钳形表根据功能不同分为普通型钳形表和带万用表功能的钳形表。普通型万用表只能测量交流电流，不能测量其他电参数。万用表型钳形表是在钳形表的基础上，增加了万用表的功能，增加的电参数的测量方法与万用表相同，如图1-30所示。

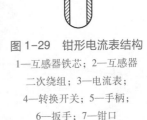

图1-29　钳形电流表结构

1—互感器铁芯；2—互感器二次绕组；3—电流表；4—转换开关；5—手柄；6—扳手；7—钳口

钳形表根据显示方式的不同分为指针式钳形表和数字钳形表。它们的工作原理基本相同，只是数据显示方式不同。下面以指针式钳形电流表为例，说明钳形表的使用方法。

2. 钳形电流表的正确使用

（1）测量前，应检查电流表指针是否指向零位，否则应进行机械调零。如图1-31所示。

（2）测量前，还应检查钳口的开合情况，要求钳口可动部分开合自如，两边钳口结合面接触紧密。如钳口上有油污和杂物，应用溶剂洗净；如有锈斑，应轻轻擦去。测量时务必使钳口接合紧密，以减少漏磁通，提高测量精确度。

（3）测量时，量程选择旋钮应置于适当位置，以便在测量时使指针超过中间刻度，以减少测量误差。如事先不知道被测电路电流的大小，可先将量程选择旋钮置于高挡，然后再根据指针偏转情况将量程旋钮调整到合适位置，如图1-31所示。

（4）测量时，应使被测导线置于钳口内中心位置，以利于减小测量误差，如图1-32所示。

（5）当被测电路电流太小，即使在最低量程挡指针偏转角都不大时，为提高测量精确度，可将被测载流导线在钳口部分的铁芯柱上缠绕几圈后进行测量，将指针指示数除以穿入钳口内导线根数，即得实测电流值。

图 1-30　钳形表

（a）指针式钳形表；（b）带万用表功能的钳形表；（c）迷你钳形表；
（d）数字钳形表；（e）叉形电流表；（f）漏电流钳形表；（g）大电流钳形表

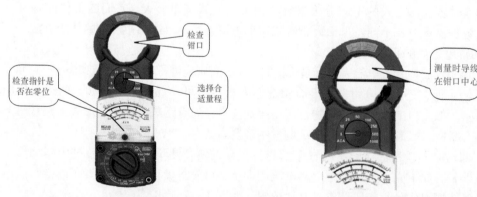

图 1-31　钳形表使用前检查　　　　　图 1-32　测量时导线位置

（6）钳形表不用时，应将量程选择旋钮旋至最高量程挡，以免下次使用时不慎损坏仪表，并应保存于干燥的室内。

指点迷津

钳形表使用口诀

钳形电表是个宝，电流检测离不了。

被测电线放中间，量程选择很重要。

钳口只容一相线，不可测量裸电线。

安全使用防触电，绝缘手套要戴好。

3. 钳形电流表的使用注意事项

（1）钳形电流表不能测量裸导线中的电流。

（2）在测量过程中不能转动转换开关换挡，如图1-33所示。在换挡前，应先将载流导线退出钳口。

（3）测量时，应戴绝缘手套或干净的线手套。

（4）测量时，应注意身体各部分与带电体保持安全距离（低压安全距离为0.1~0.3m）。

（5）严格按电压等级选用钳形电流表，被测电路的电压不可超过钳形电流表的额定电压；低电压等级的钳形电流表只能测量低电压系统中的电流，不能测量高压系统中的电流。

图1-33　测量时注意事项

4. 钳形电流表的使用小技巧

在测量三相交流电时，夹住一根相线测得的即是本相线电流值，如图1-34（a）所示；夹住两根相线，表上读数为第三相线的电流值，如图1-34（b）所示；夹住三根相线时，如果三相平衡，则表上的读数为零，如图1-34（c）所示，若有读数则表示三相不平衡，读出的是中性线的电流值。通过测量各相电流可以判断电动机是否有过载现象超过10%的限度。

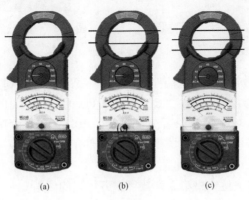

(a)　　　　　(b)　　　　　(c)

图1-34　钳形表测量交流电流

（a）测一相电流；（b）测两相电流；（c）测三相电流

图 1-35　各型钳形表

5. 数字式钳形电流表的使用

数字式钳形电流表具有自动量程转换（小数点自动移位）、自动显示极性、数据保持、过量程指示等功能，如图 1-35 所示。有的还具有测量电阻、电压、二极管及温度等功能。

使用数字钳形表，读数更直观，使用更方便，其使用方法及注意事项与指针式钳形表基本相同，下面仅介绍在使用过程中可能遇到的几个常见问题。

（1）量程选择。

1）在测量时，如果显示的数字太小，如图 1-36（a）所示，说明量程选择过大，可以转换较低量程重新再测量。

2）在测量时，如果只在高位显示"1"，如图 1-36（b）所示，说明量程选择太小，应转换到较高量程再测量。

（2）在测量过程中不可拨动量程开关改变量程，应将被测导线退出钳口，或者按功能键 3s 关闭数字钳形表的电源，然后再拨动量程开关，如图 1-37 所示。

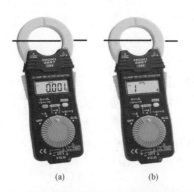

(a)　　　　　　　(b)

图 1-36　数字钳形表量程选择不合适时两种显示
（a）量程太大；（b）量程太小

图 1-37　测量过程不能拨动量程开关

（3）如果需要保存数据，可在测量过程中按一下"功能"键，听到"嘀"的一声提示，此时的测量数据就会自动保存在 LCD 显示屏上，如图 1-38 所示。

（4）使用具有万用表功能的钳形表测量电路的电阻、交流电压、直流电压时，将表笔插入数字钳形表的表笔插孔，量程选择开关根据需要分别置于"V~"（或 ACV 交流电压）、"V-"（或 DCV 直流电压）、"Ω"（电阻）等挡位，用两表笔去接触被测对象，LCD 显示屏即显示读数，具体操作方法见本书第 3 章数字式万用表的使用。

6. 钳形表的选用

钳形表的型号很多，现在普遍使用的是数字式钳形表。常用的钳形表的型号及测量范围见表 1-8。

图1-38 自动保存数据在显示屏

表1-8　　　　　　　　　　　　常用钳形表型号及测量范围

型号及名称	量程范围	准确度
MG4-AV 交流钳形表	电流: 0~10~30~100~300~1000A 电压: 0~150~300~600V	2.5
MG-20 交直流钳形表	电流: 0~100~200~300~400~500~600A	不超过测量上限的±5%
MG25 袖珍三用钳形表	交流电压: 0~300~600V 交流电流: 0~5~25~50~100~250A 电阻: 0~5kΩ	2.5
MG28 交直流多用钳形表	交流电流: 0~5~25~50~100~250~500A 交流电压: 0~50~250~500V 直流电压: 0~50~250~500V 直流电流: 0~50~10~100mA 电阻: 0~1~10~100kΩ	不超过测量上限的±5%
DT-9800 数字钳形表	交流电流: 量程400时, 分辨率为100mA; 量程为600时, 分辨率为1A 交流电压: 400mV~4V~40V~400V~600V 直流电压: 4~40~400~600V 直流电流: 量程400时, 分辨率为100mA; 量程为600时, 分辨率为1A 电阻: 4000Ω~4kΩ~40kΩ~400kΩ~4MΩ~40MΩ 电容: 40nF~400μF~4μF~40μF~100μF 温度: -20~760℃, -4~1400℉	

1.7.4 绝缘电阻表

绝缘电阻表是电工常用的一种测量高电阻值的仪表, 因为它的计量单位是兆欧 (MΩ), 所以又叫兆欧表。又因为使用时需要摇动表内的手摇发电机, 所以习惯上又称为摇表。绝缘电阻表是专门用于测量各种电机、电缆、变压器、

视频1.6 绝缘电阻表

23

电信器材、家用电器和其他电气设备的绝缘电阻的仪表。

1. 绝缘电阻表的分类

（1）按工作原理的不同分类，有手摇直流发电机的绝缘电阻表，如 ZC25、ZC11 型等；有晶体管电路的绝缘电阻表，如 ZC1、ZC30 型等。

（2）按读数方式分类，有指针式绝缘电阻表和数字式绝缘电阻表，如图 1-39 所示。

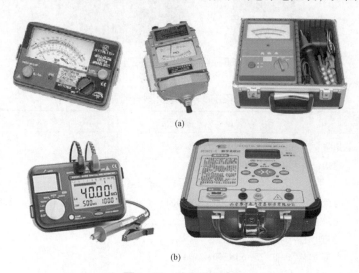

图 1-39　绝缘电阻表

（a）指针式绝缘电阻表；（b）数字式绝缘电阻表

2. 绝缘电阻表的主要功能

绝缘电阻表主要用于测量各种电机、电缆、变压器、家用电器、工农业电气设备和配送电线线路的绝缘电阻，以及测量各种高电阻值电阻器等。

以手摇绝缘电阻表为例，绝缘电阻表所能测量的绝缘电阻或高电阻的范围，与其所发出的直流电压高低有关，直流电压越高，能测量的绝缘电阻就越高。常用绝缘电阻表的型号与性能见表 1-9。

表 1-9　　　　　　　　　　　　　常用绝缘电阻表型号与性能

型　　号	额定电压（V）	测量范围（MΩ）
ZC7-1	500	0~500
ZC7-2	1000	0~1000
ZC7-3	2500	0~2500
ZC7-4	2500	0~5000
ZC25-1	100	0~100
ZC25-2	250	0~250
ZC25-3	500	0~500
ZC25-4	1000	0~1000

3. 手摇式绝缘电阻表的结构和使用

(1) 手摇式绝缘电阻表的结构。常用的手摇式绝缘电阻表，主要由磁电式流比计、手摇直流发电机和接线桩（L、E、G）3 个部分组成。

绝缘电阻表的外部主要由表盖、接线桩、刻度盘、提手、发电机手柄等组成，如图 1-40 所示。输出电压有 500、1000、2500、5000V 等。

刻度盘上有一条以"MΩ"为单位的刻度线，刻度线一端为"∞"，另一端为"0"，有效读数范围为 0.1~500MΩ，如图 1-41 所示。

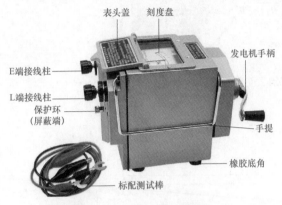

图 1-40 绝缘电阻表外形

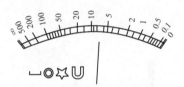

图 1-41 绝缘电阻表刻度盘

(2) 绝缘电阻表的使用。

1) 校表：

a) 短路检查。短路检查四步骤：一放，二接，三摇，四停止。

一放：将绝缘电阻表水平且平稳放置，检查指针偏转情况。

二接：将接地（E）、线路（L）两端瞬时短接。

三摇：慢慢摇动手柄，同时观察指针偏转的情况。

四停止：若发现指针指零点，应立即停止摇动手柄，说明表是好的，如图 1-42（a）所示。

注意此时接触时间不能过长，否则将损坏绝缘电阻表。

b) 开路检查。开路检查三步骤：一分，二摇，三无穷。

一分：将线路接线桩 L、地接线桩 E 分开放置后。

二摇：先慢后快，以约 120r/min 的转速摇动手柄，同时观察指针情况。

三无穷：待表的指针应指到"∞"处稳定时，即可停止摇动手柄，说明表的无穷大处无异常，如图 1-42（b）所示。

2) 绝缘电阻表的使用。

a) 绝缘电阻表放置。绝缘电阻表放置平稳牢固，被测物表面擦干净，以保证测量正确。

b) 正确接线。绝缘电阻表有 3 个接线桩：线路（L）、接地（E）、屏蔽（G）。根据不同测量对象，作相应接线，如图 1-43 所示。具体接线方法为：① 测量电缆绝缘电阻时 E 端

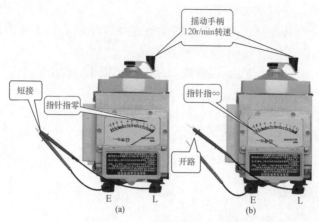

图 1-42 绝缘电阻表使用前检查

(a) 短接检查;(b) 开路检查

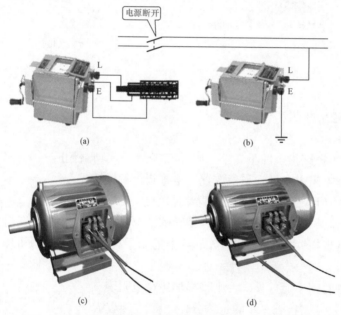

图 1-43 绝缘电阻表接线

(a) 测电线绝缘电阻;(b) 测线路对地绝缘电阻;

(c) 测电机两绕组间的绝缘电阻;(d) 测电机对地绝缘电阻

接电缆外表皮(铅套)上,L 端接线芯,G 端接芯线最外层绝缘层上,如图 1-43(a)所示。G 端接屏蔽层或外壳的作用是消除被测对象表面漏电造成的测量误差;② 测量线路对地绝缘电阻时,E 端接地,L 端接于被测线路上,如图 1-43(b)所示;③ 测量电动机或变压器绕组间绝缘电阻时先拆除绕组间的连接线,将 E、L 端分别接于被测的两相绕组上,如图 1-43(c)所示;④ 测量电机或其他设备的绝缘电阻时,E 端接电机或设备外壳,L 端接被测绕组的一端，如图1-43（d）所示。

绝缘电阻表在使用时，左手按住表身，右手摇动绝缘电阻表手柄。

c）测试。由慢到快摇动手柄，直到转速达120r/min左右，保持手柄的转速均匀、稳定（不要忽快忽慢），一般转动1min，待指针稳定后读数，并且要边摇动边读数，不能停下来读数。读数后应立即做准确记录，必要时还应记录测试时的温度、湿度，以便对测量结果进行分析。

应特别注意在测量过程中，如果表针指向"0"处，说明有短路现象，此时应立即停止摇动手柄，以防损坏绝缘电阻表。

d）拆线。测量完毕，待绝缘电阻表停止转动和被测物接地放电后，方能拆除连接导线。

知识点拨

绝缘电阻表的接线方法

一般将被测物体的导体部分接在绝缘电阻表的L端子；将被测物体的外壳或其他部分接在绝缘电阻表的E端子；屏蔽端子G只在被测物体表面漏电流很大时使用。

4. 采用电池供电的绝缘电阻表的使用

（1）零位校准。功能选择开关置于"ON"位置，调节机械调零螺钉，使表针校准到标度尺的无穷大分度线上，如图1-44所示。

（2）测试。

1）将E端接被测物的接地端，L端接被测物的线路端。

2）将功能选择开关置于所需要的额定电压位（双电压机型将选择开关置于所需的定额电压位，单电压机型将功能选择开关置于所需要的测量量程位），

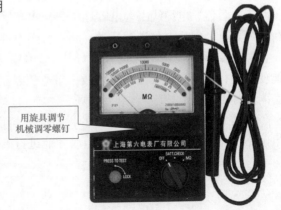

用旋具调节机械调零螺钉

图1-44 零位校准

表盘左上角的电源指示点亮（若为数字式绝缘电阻表，则屏幕显示"1"），表示工作电源接通，如图1-45所示。

3）按一下高电压开关按钮，高电压指示灯点亮，表针在相应测试电压的刻度及相应量程上指示被测物的绝缘电阻值。

对于数字式绝缘电阻表，被测物的绝缘电阻值直接在屏幕上显示出来。若被测物的绝缘电阻超过仪表量程的上限值，屏幕首位仅显示"1"，后三位则没有，如图1-46所示。

（3）电池检查及更换。对于指针式绝缘电阻表，应将选择开关置于"BATT（电力）.CHECK（检查）"位置，当指针指在表盘右下方带箭头的标度"BATT（电力）.GOOD（正常）"区域内时，则表示电池正常，否则需要更换新的电池。

图 1-45 数字式绝缘电阻表接通电源情况

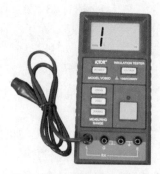

图 1-46 过量程显示情况

对于数字式绝缘电阻表，在接通电源时，若显示欠电压符号"$\boxed{- \ +}$"，则表示电池电量不足，应及时更换同规格同型号新电池。

5. 绝缘电阻表的使用注意事项

因绝缘电阻表本身工作时产生高压电，为避免人身及设备事故，必须重视以下几点：

（1）不能在设备带电的情况下测量其绝缘电阻。测量前，被测设备必须切断电源和负载，并进行放电；已用绝缘电阻表测量过的设备，如要再次测量，也必须先接地放电。此外，对于电容器、电缆线路等电容性负载，大容量电动机、变压器等感性负载，摇测前必须进行充分放电，然后方可进行测量，测量后必须再次进行放电。

（2）测试线应使用绝缘良好的导线，2500V 及以上的绝缘电阻表应使用专用测试线，不能使用平行线或双绞线当作测试线，以避免因双绞线绝缘不良而引起误差。同时，绝缘电阻表测量时要远离大电流导体和外磁场。

（3）在雷电及邻近带高压导体的设备时，禁止用绝缘电阻表进行测量，只有在设备不带电又不可能受其他电源感应而带电时才能进行测量，如图 1-47 所示。

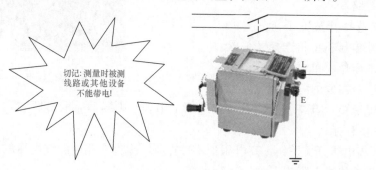

切记: 测量时被测线路或其他设备不能带电!

图 1-47 测量时注意被测设备不能带电

（4）测量过程中，如果指针指向"0"位，表示被测设备短路或者被测电阻太小，不是绝缘电阻，应立即停止转动手柄。应注意，绝缘电阻表不能测小电阻，只能测绝缘电阻。

（5）测量过程中，手或身体的其他部位不得接触设备的测量部分或绝缘电阻表的接线桩，即操作者应与被测量设备保持一定的距离，以防触电。

（6）绝缘电阻表不使用时，应放于固定的橱柜内，环境气温不宜太冷或太热，切忌放于污秽、潮湿的地面上，并避免置于含有腐蚀作用的空气之中。

指点迷津

绝缘电阻表使用口诀

绝缘电阻兆欧表，高阻测量离不了。

被测物体要干净，测量结果才准确。

正确接线很重要，不同对象接法异。

摇动手柄来读数，安全使用防触电。

测量过程若指零，立即停止防坏表。

被测设备不带电，放电完毕才拆线。

6. 用绝缘电阻表测绝缘电阻与万用表测绝缘电阻的区别

绝缘电阻表是专门用来测量各种设备绝缘电阻的，因为它能输出几百伏以上的高压，能够比较准确地测量电器的绝缘程度。

万用表输出的电压很低，即使指针式万用表的 $R \times 10k$ 挡输出的电压也不高，只有 10 多伏，可以用来粗略测量一些低压电器设备的绝缘电阻，但无法测量额定工作电压比较高的电气设备的绝缘电阻。

知识链接

为什么不能用万用表的欧姆挡测量绝缘电阻

电气设备的绝缘性能好坏，关系到设备的正常运行和操作人员的人身安全。为防止绝缘材料因发热、受潮、污染、老化等原因造成绝缘的损坏，也为了检查修复后的设备绝缘性能是否达到规定的要求，都要测量设备的绝缘电阻。为什么绝缘电阻不能用万用表的欧姆挡测量呢？因为绝缘电阻数值都比较大，例如几十兆欧或几百兆欧，在这个范围内，万用表刻度不准确。更主要的原因是万用表测电阻时所用的电源电压比较低，在低电压下呈现的绝缘电阻值不能反映在高电压作用下绝缘电阻的真正数值。因此，绝缘电阻必须用备有高压电源的绝缘电阻表进行测量，绝缘电阻表的刻度以 MΩ 为单位，可以较准确地测出绝缘电阻的数值。

7. 绝缘电阻表的选用

常用绝缘电阻表型号有 ZC7、ZC11、ZC25 型，选用绝缘电阻表主要应考虑它的额定电压及测量范围。通常测量 500V 以下的设备，选用 500V 或 1000V 的绝缘电阻表；测量额定电压在 500V 以上的设备，应选用 1000V 或 2500V 的绝缘电阻表；对于绝缘子、母线等，要选用 2500V 或 3000V 的绝缘电阻表。绝缘电阻表的选用见表 1-10，可供参考。

表 1-10　　　　　　　　　　　　　绝缘电阻表的选用

被　测　对　象	被测设备的额定电压（V）	所选绝缘电阻表的电压（V）
线圈的绝缘电阻	500 以下	500
	500 以上	1000
发动机线圈的绝缘电阻	380 以下	1000
电力变压器、发电机、电动机线圈的绝缘电阻	500 以上	1000～2500
电气设备绝缘电阻	500 以下	500～1000
	500 以上	2500
陶瓷、母线、隔离开关		2500～5000

1.7.5　电工仪表的保养

（1）认真阅读使用说明书，严格按使用说明书要求，在温度、湿度、振动、电磁场等条件允许范围内保存和使用。

（2）经过长时间使用的仪表，应按电气计量要求，进行必要的检验和验证。

（3）过长时间存放的仪表，应定期通电检查和驱除潮气。

（4）不得随意拆卸、调试仪表，否则将影响其灵敏度与准确性。

（5）表内装有电池的仪表，应注意检查电池放电情况，对不能使用者，应及时更换，以免电池电解液溢出腐蚀机件。

（6）长时间不用的仪表，应取出表内电池。

第2章

指针式万用表的使用与维护

　　万用表又称多用表，具有用途多、量程广、使用方便等优点，是电子测量、线路检修最常用的工具。万用表可以用来测量电阻、交直流电压、直流电流和音频电平、交流电流、晶体管共发射极的放大倍数、电容器的电容量和电感线圈的电感量等。

　　常见的万用表可分为指针式万用表和数字式万用表两大类。指针式万用表是以表头为核心部件的多功能测量仪表，测量值由表头指针指示读取。数字式万用表的测量值由液晶显示屏直接以数字的形式显示，读取方便，有些还带有语音提示功能。

　　万用表有台式、手持式、笔式、钳形和叉形万用表等，如图2-1所示。

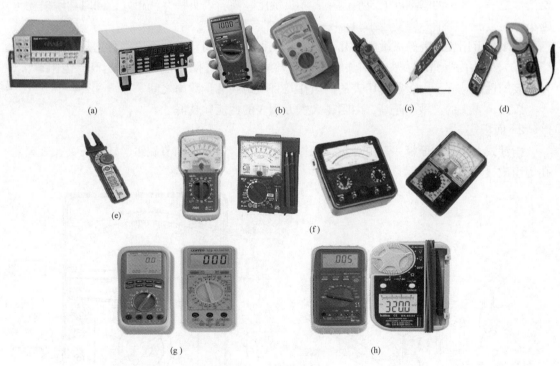

图2-1　常见万用表

（a）台式万用表；（b）手持式万用表；（c）笔式万用表；
（d）钳形万用表；（e）叉形万用表；（f）指针式万用表；（g）数字式万用表；（h）指针模拟式万用表

2.1 常用指针式万用表介绍

2.1.1 指针式万用表的类型

（1）按万用表的外形分类，有袖珍式万用表、薄型万用表、便携式万用表。

（2）按万用表的功能分类，有多功能万用表、简易型万用表。

2.1.2 指针式万用表的结构

指针式万用表的型号很多，但基本结构相似。指针式万用表的结构主要由表头表盘、面板、转换开关（又称量程选择开关）和测量线路等4部分组成，指针式万用表外形如图2-1（f）所示。

1. 表头

万用表的表头采用高灵敏度的磁电式机构，是测量的显示装置，如图2-2所示。万用表的表头实际上是一只高灵敏度的磁电式直流电流表，有万用表的"心脏"之称。万用表的主要性能指标取决于表头的性能。表头的性能参数很多，这里主要介绍灵敏度和内阻。

（1）表头灵敏度是指表头指针满刻度偏转时流过表头的直流电流值，它是万用表的重要指标之一。表头的满刻度电流值越小，其灵敏度越高，表头特性就越好，同时功率损耗也越小，对被测电路的影响就越小。

大多数万用表的表头灵敏度在几十微安到几百微安之间，高挡万用表可达几微安。

（2）表头内阻是指表头线圈漆包线的直流电阻值。线圈直流电阻值越高，内阻越大，万用表的性能越好。大多数万用表的内阻在几百欧姆到几千欧姆之间。

总之，表头的灵敏度越高，内阻越大，万用表的性能就越好。

2. 面板

指针式万用表的面板一般由表盘、机械调零旋钮、零欧姆调节旋钮、转换开关、表笔插孔等组成，如图2-3所示。

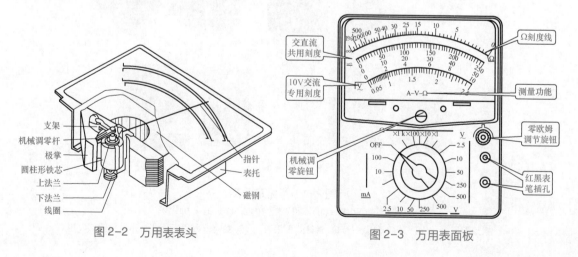

图2-2　万用表表头　　　　　　　　　图2-3　万用表面板

表头上的表盘印有多种符号、刻度线和数值。符号 A-V-Ω 表示这只电表是可以测量电流、电压和电阻的多用表。表盘上印有多条刻度线，其中右端标有"Ω"的是电阻刻度线，其右端为零，左端为"∞"；刻度值分布是不均匀的，每小格与每小格之间代表的欧姆值不相同。符号"-"或"DC"表示直流，"~"或"AC"表示交流，"⌇"表示交流和直流共用的刻度线，刻度线下的几行数字（在图 2-3 中，0~10、0~50、0~250）是与选择开关的不同挡位相对应的刻度值。另外，表盘上还有一些表示表头参数的符号：如 DC 20kΩ/V、AC 9kΩ/V 等。面板上还设有机械零位调整旋钮（螺钉），用以校正指针在左端指零位。

3. 转换开关

万用表的转换开关，又称量程选择开关，是一个多挡位的旋转开关，用来选择测量项目和量程（或倍率），如图 2-4 所示为万用表转换开关外形图。万用表转换开关的形式多种多样，如图 2-5 所示，图中的箭头和小圆圈分别代表"刀"和"位"，有时"刀"也用粗黑线表示（这种符号经常出现在万用表的线路图中）。所谓"刀"

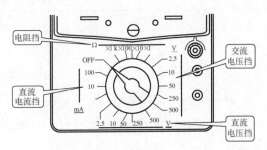

图 2-4　万用表转换开关外形

就是可转动的开关滑片（活动触点），所谓"位"就是固定触点。当刀（固定触点）与某个位（活动触点）接触时就可以接通这对触点的控制电路。拨动转换开关，就可以使某一刀与某一位接触，从而接通不同的测量线路，完成选择的测量项目和测量量程（或倍率）。

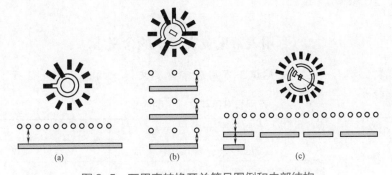

图 2-5　万用表转换开关符号图例和内部结构

（a）单刀 11 挡转换开关；（b）3 刀 3 挡转换开关；（c）单刀单层 18 挡转换开关

转换开关定位准确，触点接触良好可靠，步进轻松和绝缘性能好等是其基本要求。

4. 测量线路

测量线路的作用是将不同性质和大小的被测电学量转换为表头所能接受的直流电流。为了实现不同测量项目和测量量程（或倍率），在万用表的内部设置了一套测量线路。一般来说，万用表的测量线路是由多量程的直流电流表、多量程的直流电压表、多量程的整流式交流电压表和多量程的欧姆表等测量线路组合而成。在某些万用表中，还附加有电容、电感、晶体管直流放大倍数和温度测量等测量电路。

　　万用表的测量电路随测量对象及量程的不同而不同，通过拨动转换开关来接通不同的测量线路，选择所需要的测量项目和量程。测量电路的改进，可使万用表的功能增多、操作方便、体积减小。

　　测量电路主要由各种类型、各种规格的电阻元件（如线绕电阻、金属膜电阻、碳膜电阻、电位器等）组成，此外，还包括整流器件（如二极管）。万用表测量线路常用符号的含义见表2-1。

表2-1　　　　　　　　　　　　万用表测量线路常用符号的含义

符号	含义	符号	含义	符号	含义
▭	电阻	⊘	表头	◎	插孔
▷⊢	晶体二极管	⊣⊢	电容器	←→	刀
⊿	可变电阻	⊣⊢	电池	▭	位

　　不同型号的万用表，结构和功能有所不同，下面以常见的 MF47 型、MF50 型、MF500 型万用表为例具体说明万用表的结构和作用。

 知识链接

万用表常见英文标识的含义

　　许多万用表上都有一些英文标识，万用表常见英文标识的含义见表2-2。

表2-2　　　　　　　　　　　　万用表常见英文标识的含义

字母符号	含义	量程符号	量程	用途	备注
DC	直流	DCV	直流电压	测量直流电压	用 V 或 V-表示
		DCA	直流电流	测量直流电流	用 A 或 A-表示
AC	交流	ACV	交流电压	测量交流电压	用 V 或 V~表示
		ACA	交流电流	测量交流电流	用 A 或 A~表示
OHM（OHMS）	欧姆	OHM（OHMS）	欧姆	测量元件电阻值	用 Ω 或 R 表示
BATT	电池	BATT		检验表内电池电压或电量	
GOOD	好			是 BATT 量程的刻度标识。若指针指示在"GOOD"标示范围之内，表明表内电池容量充足；	不是所有的万用表均有此功能
BAD	坏			若指针指示在"BAD"标示范围之内，表明电池容量不足，应更换	

续表

字母符号	含义	量程符号	量程	用 途	备 注
ADJ	调节、校准	一般标在欧姆挡调零旋钮的旁边	—	用来调节准确度	—
OFF	关机	OFF	关机	当量程开关拨至"OFF"时，表头线圈短路，增大阻尼，可防止万用表指针振动而损坏表头	
MODEL	型号	—	—	—	万用表的型号
h_{FE}	晶体管直流电流放大倍数测量插孔与挡位				用来测量晶体管

2.1.3　MF47 型万用表

MF47 型万用表具有体积小、质量轻、便于携带、设计制造精密、灵敏度高、操作简单、准确度高、价格低等优点，且内部有保护电路。

MF47 型指针式万用表主要由面板、表头、转换开关、测量线路等组成。

视频 2.1　MF47 型万用表介绍

1. MF47 型万用表的外部结构

MF47 型万用表的外部结构如图 2-6 所示，由表头指针、表盘、机械调零旋钮、转换开关、零欧姆调节旋钮、表笔插孔和晶体管插孔等组成。

（1）表盘。面板上部是表头指针、表盘，表盘上有 10 条标度尺；面板中间正中（即表头下边中间）是机械调零旋钮，用于校准表针的零位。

MF47 型万用表表盘上共有 8 条标度尺（见图 2-7），从上往下，第 1 条标度尺是电阻（Ω）刻度尺；第 2 条标度尺是 10V 交流电压（ACV）专用标度尺；第 3 条是交、直流电压（$\underline{V}$）和直流电流（mA）共用标度尺；第 4 条是电容 [C（μF）] 刻度尺；第 5 条是负载电压（稳压）、负载电流参数测量 [LV（V）、LI（mA）] 刻度尺；第 6 条是晶体管直流放

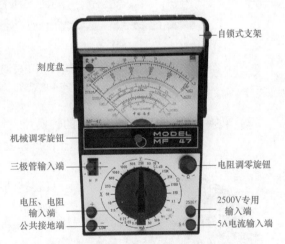

图 2-6　MF47 型万用表的外部结构

大倍数测量（h_{FE}）刻度尺；第 7 条是电感测量 [L（H）50Hz] 刻度尺；第 8 条是音频电平测量（dB）刻度尺。常用的标度尺主要有电阻、电压、电流、电容标度尺，有的刻度尺是均匀的，如交、直流电压、直流电流刻度尺；有的刻度尺是不均匀的，如电阻刻度尺等。表盘左下方还两个二极管，左边一个是红外线接收二极管，右边一个是发光二极管，用来测量红外线遥控设备。

刻度盘上的弧形反光镜，用以消除测量时的视觉误差。在读数时，眼睛的视线要与刻度

垂直，注意读数时眼睛看到的指针应与表盘的反射镜里的虚像重合，否则会影响到读数的准确度，如图 2-8 所示。

图 2-7　MF47 型万用表表盘

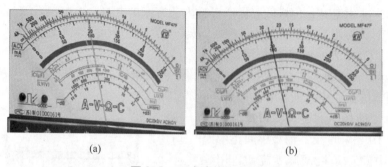

(a) 　　　　　　　　　(b)

图 2-8　正确读数的方法

（a）不正确读数；（b）正确读数

图 2-9　MF47 型万用表的挡位及量程

（2）转换开关。MF47 型万用表的转换开关外部结构如图 2-9 所示。转换开关指示盘与表盘标度尺颜色相对应，习惯上按交流红色、晶体管绿色、其余黑色的规律印制 3 种颜色。使用时，只要转动一下转换开关旋钮，就可以选择测量项目和量程。

MF47 型万用表可以测量直流电流、直流电压、交流电压、电阻、音频电平、电容、电感晶体管放大倍数、检测二极管等，共 10 大类 36 个量程可供选择。

直流电压有 0~0.25~0.5~2.5~10~50~250~500~1000V 这 8 个量程挡位。

交流电压有 0~10~50~250~500~1000V 这 5 个量程挡位，以及 2500V 交、直流电压扩展挡位。

直流电流有 0~0.05~0.5~5~50~500mA 这 5 个

常用挡位，及 10A 扩展量程挡位。

电阻有×1、×10、×100、×1k、×10k 这 5 个倍率挡位。

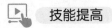技能提高

利用万用表检测红外遥控器的好坏

有的万用表还增设了红外线遥控器数据检测专用挡（如 MF47F 型万用表），可用来检测红外线遥控设备的好坏。使用这一功能时的操作步骤可归纳为如下口诀。

万用表检测遥控器口诀

一拨挡，二对准，三按钮，四发光，五复位。

说明：

一拨挡：将转换开关扳到红外线遥控器数据检测专用挡，如图 2-10（a）所示。

二对准：将遥控板上的发射二极管头对准表盘上发光二极管，如图 2-10（b）所示。

三按钮：按一下红外线遥控器按钮，如图 2-10（c）所示。

四发光：万用表表盘上的发光二极管就会发出红色的光，如图 2-10（d）所示。

五复位：测量完毕，应将万用表转换开关扳到交流电压最高挡，以防下一次使用不慎损坏。

图 2-10　检测红外线遥控设备
(a) 一拨挡；(b) 二对准；(c) 三按钮；(d) 四发光

（3）插孔。MF47 型万用表共有 4 个表笔插孔，如图 2-11 所示。面板左下角是正、负表笔插孔。习惯上将红表笔插入"+"（正）插孔，黑表笔插入"COM"（负）插孔。面板

下部左上角为晶体管插孔，插孔左边标注"N"，表示检测 NPN 型晶体管时插入此孔；插孔右边标注"P"，表示检测 PNP 型晶体管插入此孔。面板下部右上角为零欧姆调节旋钮，用于测电阻前校准欧姆挡"0Ω"的指针位置。面板右下角是交直流"2500V"和"10A"的红表笔专用插孔，当测量 2500V 交、直流电压时，红表笔插入"2500V"专用插孔；当测量 10A 直流电流时，红表笔插入"10A"专用插孔。

图 2-11　MF47 型万用表的插孔

指点迷津

万用表表笔插接法口诀
红插正孔黑插负，任何情况黑不动。
若遇高压大电流，红笔移到专用孔。

2. 测量线路

为了适应各种不同测量项目和测量量程（或倍率），MF47 型万用表内部设置了一套比较完善的测量线路，如图 2-12 所示。当转换开关处于不同的挡位时，可构成不同的测量电路。这些电路包括直流电流测量线路、直流电压测量线路、交流电压测量线路、晶体管测量线路等。

3. MF47 型万用表标度尺的读法

视频 2.2　MF47 万用表的读数

MF47 型万用表的标度尺一般只有一组数字（交、直流公用标度尺除外，它有 3 组数字，分别是 0~10、0~50、0~250），但是每种测量项目都有几种量程，并且这些标度尺有的均匀，有的不均匀。在实际测量中，怎样才能正确读数呢？这就是下面要研究的内容。

在电压、电流等均匀标度尺上读数时，如果指针停留在两条刻度线之间的某一位置，应将两刻度线之间的距离等分后再估读一个数据，一般要精确到十分位。

下面以交、直流公用标度尺和欧姆标度尺为例，来说明如何在 MF47 型万用表的标度尺上读取数据。

如图 2-13 所示，交、直流公用标度尺下面有 50、100、150、200、250，10、20、30、40、50 和 2、4、6、8、10 这 3 组数据，为方便选取不同量程时进行读数换算而设置。它们分别包含了 5 个直流电流挡：0~0.05~0.5~5~50~500mA；8 个直流电压挡：0~0.25~0.5~2.5~10~50~250~500~1000V 和 5 个交流电压挡：0~10~50~250~500~1000V 内的所有数据。

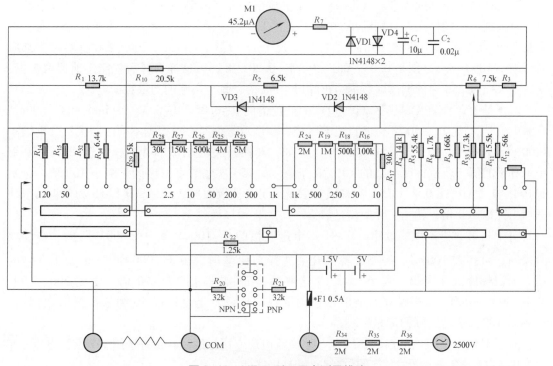

图 2-12   MF47 型万用表测量线路

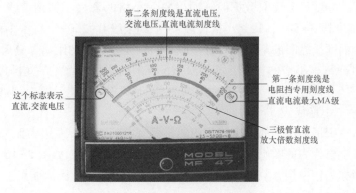

图 2-13   MF47 型万用表的标度尺

　　其中，除了 0~10V 交直流电压、0~50V 交直流电压、0~250V 交直流电压和 0~50mA 直流电流可以从标度尺的 3 排数字直接读取外，放大后的交直流公用标度尺如图 2-14 所示，其余各挡都要根据这 3 组中较方便的 1 组进行换算。

图 2-14   交直流公用标度尺

对于是第 1 排刻度线数字（0~250）十进位倍的 0~0.25V、0~2.5V 两挡，在读取数据时，可根据不同的挡次，分别缩小 1000 倍或者 100 倍。例如，转换开关选择 0.25V 时，由于 0.25 是 250 缩小 1000 倍的值，所以标度尺上的 50、100、150、200、250 这些数字都应同时缩小 1000 倍，分别是 0.05、0.1、0.15、0.20、0.25，这样换算后就能迅速读取数据；或者是直接以 250 为依据读取数据后再除以 1000 倍，就是实际的测量数据。

对于是第 2 排刻度线数字（0~50）十进位倍的 0~0.05、0~0.5、0~5mA 和 0~500mA 直流电流挡，以及 0~500V 交、直流电压挡，在读取数据时，可根据不同的挡次，分别缩小 1000 倍、100 倍、10 倍或者扩大 10 倍。例如，转换开关选择 0.5mA 时，由于 0.5 是 50 缩小 100 倍的值，所以标度尺上的 10、20、30、40、50 这些数字都应同时缩小 100 倍，分别是 0.1、0.2、0.3、0.4、0.5，这样换算后就能迅速读取数据；或是直接以 50 为依据读取数据后再除以 100 倍，就是实际的测量数据。

对于是第 3 排刻度线数字（0~10）十进位倍的 0~1000V 和 0~1000V 两挡，在读取数据时，可扩大 100 倍。例如，转换开关选择 1000V 时，由于 1000 是 10 扩大 100 倍的值，所以标度尺上的 2、4、6、8、10 这些数字都应同时扩大 100 倍，变成 200、400、600、800、1000，这样换算后就能迅速读取数据；或者是直接以 10 为依据读取数据后，再乘以 100，就是实际的测量数据。

对于 1000V 交流电压挡，如果有 10V 交流电压专用标度尺，最好选用 10V 交流电压专用标度尺读取数据，然后再将读取的数据扩大 100 倍就行了。

在均匀刻度的标度尺上读取数据时，明确每一小格的含义。如刻度线 0~10V，每一小格代表 0.2V；刻度线 0~50V，每一小格代表 1V；刻度线 0~250V，每一小格代表 5V；当表头指针位于两个刻度线之间的某个位置时，应将两刻度线之间的距离等分后估读一个数值。

读数时要明确每一小格的含义，如图 2-15 所示的指针位置，在均匀标度尺之间共有 10 小格。对于"6~8"，每一小格代表 0.2；对于"30~40"，每一小格代表 1；对于"150~200"，每一小格代表 5。

该万用表的欧姆标度尺上的刻度线不均匀，只有一组数字，左边为无穷大，右边为零起点，每小格与每小格代表的欧姆值不相同，作为测量电阻专用，如图 2-16 所示。转换开关上对应的电阻挡称为倍率挡，只有当选择 R×1 挡时，可以直接从标度尺上读取数据，当选择其他挡时，应乘以相应的倍率。

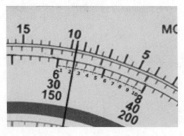

图 2-15　标度尺读法举例

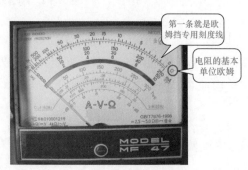

图 2-16　欧姆刻度线

例如选择 $R×10k$ 挡时，就要对已读取的数据乘以 10k。读取数据时要注意欧姆标度尺是不均匀的，当表头指针位于两刻度线之间时，在估读数据时要根据左边和右边刻度缩小或扩大的趋势进行读数。在图 2-15 中，指针在"5～10"之间，读数刚好是 9.5。

MF47 型万用表标度尺读法举例如图 2-17 所示。

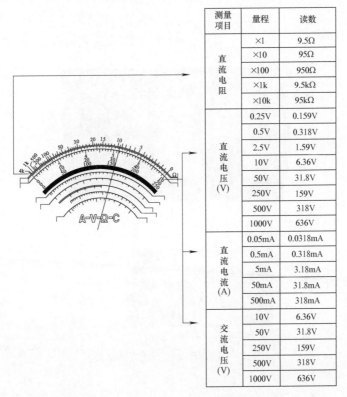

测量项目	量程	读数
直流电阻	×1	9.5Ω
	×10	95Ω
	×100	950Ω
	×1k	9.5kΩ
	×10k	95kΩ
直流电压(V)	0.25V	0.159V
	0.5V	0.318V
	2.5V	1.59V
	10V	6.36V
	50V	31.8V
	250V	159V
	500V	318V
	1000V	636V
直流电流(A)	0.05mA	0.0318mA
	0.5mA	0.318mA
	5mA	3.18mA
	50mA	31.8mA
	500mA	318mA
交流电压(V)	10V	6.36V
	50V	31.8V
	250V	159V
	500V	318V
	1000V	636V

图 2-17　MF47 型万用表标度尺读法举例

2.1.4　MF50 型万用表

MF50 型万用表主要由面板、表头、测量线路和转换开关 4 个部分组成。

1. MF50 型万用表的面板

MF50 型万用表的面板结构如图 2-18 所示。面板分为左右两部分，左半部分为表头表盘，表盘上有 8 条标度尺，表盘下方中间是机械调零旋钮；面板右半部分是转换开关，转换开关的下方是零欧姆调节旋钮。

（1）表盘。表盘由标度尺、指针和机械调零旋钮组成，如图 2-19 所示。MF50 型万用表有 8 条刻度线。从上往下数，第 1 条标度尺是测量电阻时读取电阻值的电阻（Ω）标度尺。第 2 条标度尺是用于交、直流电压和直流电流读数的共用刻度尺。第 3 条标度尺是测量 10V 以下交流电压的专用标度尺。第 4 条标度尺是供测 PNP 型晶体三极管共发射极直流放大倍数 h_{FE} 读数的标度尺，第 5 条刻度尺是供测量 NPN 型晶体三极管放大倍数共发射极直流放大倍数 h_{FE} 的专用刻度尺。第 6 条是刻度尺是负载电流 LI 标度尺；第 7 条是负载电压 LV

标度尺；最下面的一条测电平用的标度尺。

（2）转换开关。MF50 型万用表转换开关单层 3 刀 18 位结构，如图 2-20 所示。拨动转换开关，就可以使某一刀与某一位接触，从而接通不同的测量线路，选择测量的项目及量程。

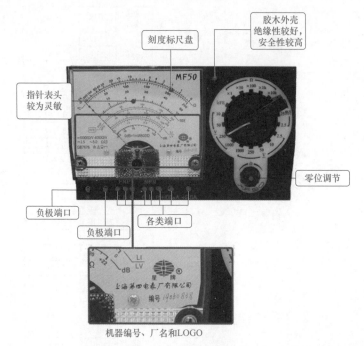

图 2-18　MF50 型万用表的面板

图 2-19　MF50 型万用表的表盘

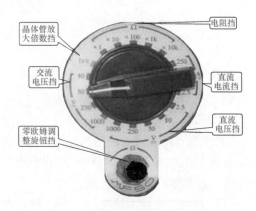

图 2-20　MF50 型万用表转换开关

1）直流电压有 2.5、10、250、1000V 这 4 个量程挡位。

2）交流电压有 10、50、250、1000V 这 4 个量程挡位。

3）直流电压有 2.5、25、250mA 这 3 个常用挡位及 100μA、2.5A 这 2 个扩展量程挡位。

4）h_{FE} 测量三极管直流放大倍数的专用挡位。

5）电阻有×1、×10、×100、×1k、×10k 这 5 个倍率挡位。

转换开关下方是零欧姆调整旋钮，用于测电阻时调零。

（3）表笔插孔。如图 2-21 所示为 MF50 型万用表的表笔插孔，共有 4 个，表头左下方是两个表笔插孔，标有"+"插红表笔，标有"*"插黑表笔；表盘正下方是 2 个供测 PNP 和 NPN 型晶体管直流放大倍数 h_{FE} 的三极管插孔；表盘右下方还有供测直流小电流 0～100μA 和直流大电流 2.5A 的专用红表笔插孔。

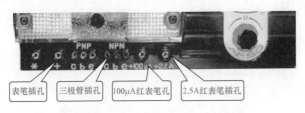

图 2-21 MF50 型万用表表笔插孔

2. 内部电路板

MF50 型万用表的内部电路板如图 2-22 所示。

图 2-22 MF50 型万用表内部电路板

3. 测量线路

为了适应各种不同测量项目和测量量程（或倍率），MF50 型万用表内部设置了一套测量线路，如图 2-23 所示。

2.1.5 MF500 型万用表

MF500 型万用表外形如图 2-24 所示，外观结构坚固，标度盘宽阔，读数清晰，具有 24 个测量量程，能测量交直流电压、直流电流、电阻及音频电平，适宜于无线电、电信及电工事业单位做一般测量。MF500 型万用表主要由面板、表头、测量线路和转换开关等 4 个部分组成。

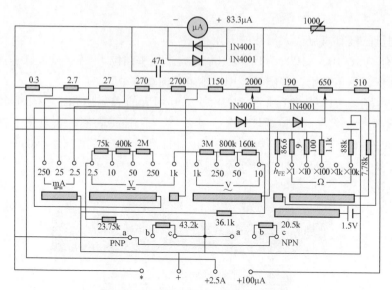

图 2-23　MF50 型万用表的测量线路

图 2-24　MF500 型万用表外形

1. MF500 型万用表的面板

MF500 型万用表的面板结构如图 2-25 所示。面板分为上下两部分，上半部分为表头表盘，表盘上有 6 条标度尺及反射镜，面板下方中央位置（即表盘下方中间）是机械调零旋钮；面板下半部分是两个转换开关，转换开关的中间是三极管插孔，下方是零欧姆调节旋钮；面板底部是正、负表笔插孔和大电压 2500V 专用红表笔插孔及 5A 大电流专用红表笔插孔。

（1）表盘。MF500 型万用表的表盘由标度尺、指针和机械调零旋钮组成，如图 2-26 所示。由指针所指标度尺的位置读取测量值上共有 5 条标度尺，从上往下依次是：第 1 条是测量读电阻值的电阻（Ω）刻度尺，刻度不均匀，且右边为零，左边为∞；第 2 条是交、直流电压（$\underset{\smile}{V}$）和直流电流（mA）共用标度尺，有两行数字 0~50 和 0~250 供选择不同挡位相对应的刻度值；第 3 条是 10V 交流电压（AC$\underset{\smile}{V}$）专用标度尺；第四条是交流电流刻度线；最后一条是音频电平测量（dB）刻度尺等。

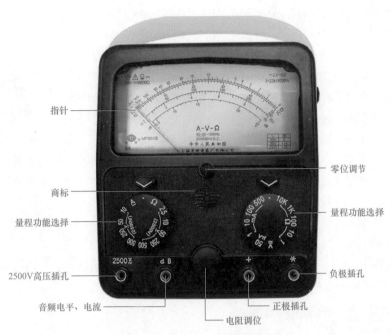

图 2-25　MF500 型万用表面板

指针

零位调节

商标

量程功能选择

量程功能选择

2500V高压插孔

负极插孔

音频电平、电流

正极插孔

电阻调位

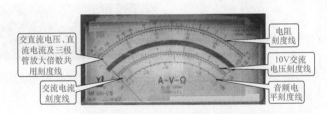

交直流电压、直流电流及三极管放大倍数共用刻度线

电阻刻度线

10V交流电压刻度线

交流电流刻度线

音频电平刻度线

图 2-26　MF500 型万用表表盘

（2）转换开关。如图 2-27 所示，MF500 型万用表的转换开关由两个选择开关组合而成，分别标有不同的挡位和量程。

交流电压量程

交直流电压挡

50μA直流电流挡

直流电压量程挡

直流电流挡

电阻倍率挡

交直流电流倍率挡

电阻挡

交流电流挡

放大倍数挡

图 2-27　MF500-C 型万用表转换开关

直流电压（DCV）：0~2.5~10~50~250~500~2500V 这 6 个量程。

直流电流（DCA）：0~50μA~1mA~10mA~100mA~1000mA~5A 这 6 个量程。

交流电压（ACV）：0~10~50~250~500~2500V 这 5 个量程。

交流电流（ACA）：0~1~10~100~1000mA 这 4 个量程。

电阻（Ω）：$R×1$、$R×10$、$R×100$、$R×1k$、$R×10k$ 这 5 个倍率挡。

三极管放大倍数（h_{FE}）：0~250。

音频电平：−10~+220dB。

使用时两个选择开关要相互配合，才能接通不同的测量线路，完成测量项目和测量量程的选择，如测照明电路电压时，左边的旋转开关旋转交流电压 500V 对准 "∨"，右边的旋转开关转动 V∽ 对准 "∨"，如图 2-28（a）所示。

有的 MF500 型万用表设有空挡，用完应将转换开关拨到 "·" 位置，使测量机构内部短路，如图 2-28（b）所示。

（3）表笔插孔。如图 2-29 所示，面板底部右下方是两个表笔插孔，标有 "+" 插红表笔，标有 "∗" 插黑表笔；面板底部左下方 2500V 交、直流电压和 5A 直流电流专用红表笔插孔。

图 2-28　MF500 型万用表使用

（a）测量交流电压转换开关选择；（b）不用时的关闭方法

图 2-29　MF500 型万用表表笔插孔

2. 内部电路

MF500-C 型万用表的内部电路板如图 2-30 所示。

图 2-30　MF500-C 型万用表内部电路板

3. 测量线路

MF500 型万用表测量线路如图 2-31 所示。

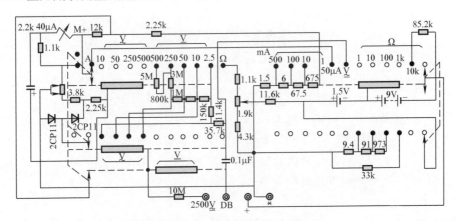

图 2-31　MF500 型万用表测量线路

2.2　如何使用指针式万用表

2.2.1　使用指针式万用表的基础知识

（1）熟悉表盘上各符号的意义及各个旋钮和转换开关的主要作用。图 2-32 为常用的 MF47 型万用表，各主要部件的作用如图所示。

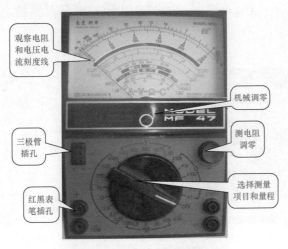

图 2-32　MF47 型万用表的外形

（2）看表头指针是否在零位，如果不在零位，要进行机械调零，如图 2-33 所示，用一字螺丝刀进行调节。机械调零可分 3 个步骤进行，口诀如下。

指点迷津

万用表机械调零口诀

一放、二看、三调节。

说明：

一放：将万用表按照放置方式适当放置好（MF47型万用表是水平放置）。

二看：看指针是否指向左端的零刻度线上。

三调节：若指针不是指向零刻度线，则用一字形螺钉旋具调节机械调零螺钉。

图 2-33　万用表机械调零的方法

（3）根据被测量的种类及大小，选择转换开关的挡位及量程，找出对应的标度尺，明确刻度线上每一小格的含义，正确读数。

图 2-34 所示为测某电阻时的挡位选择及指针位置，挡位为 $R \times 1k$，第 1 条标度尺为电阻挡读数专用，刻度不均匀，每小格与每小格代表的欧姆值不同，读数据时要根据左边和右边刻度缩小或扩大的趋势进行读数，图中指针在"5~10"之间，且有 5 小格，读数刚好是 8.5，最后电阻读数是 $8.5 \times 1k = 8.5$（kΩ）。

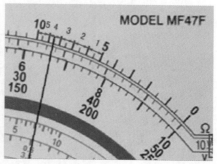

图 2-34　电阻挡读数

（4）选择表笔插孔的位置，一般红表笔插"+"插孔，黑表笔插"＊"或者"-"插孔，如图 2-35 所示。有些万用表另有交直流 2500V 高压测量端，在测高压时黑表笔不动，将红表笔插入高压测量插孔。

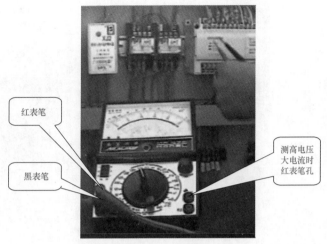

图 2-35　表笔接法

技能提高

使用万用表应正确接线

使用万用表时如果能正确接线，再加上正确选用仪表量程，测试安全就有了基本保证。如果接线出错，贸然测试有源电路，随时都有可能损坏仪表。

测量电流时，应将万用电表电流挡串入回路，其方法如图 2-36（a）所示。

测量电压时，将万用电表的电压挡并入被测对象两端，其方法如图 2-36（b）所示。

测量电阻时，尽可能去除旁路影响，并且被测电路不得带电，其方法如图 2-36（c）所示。

在测量电流、电压时，若被测对象为交流电，可不考虑接线的极性，但也应养成高电位接红表笔、低电位接黑表笔的习惯。当测量对象为直流电时，一定要严格按照"+""－"极性接线，以防止仪表指针反偏转而击伤变形。数字万用电表对此不作要求。

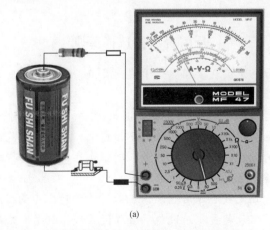

(a)

图 2-36　万用表测量电流、电压、电阻的接线（一）

(a) 测直流电流接线

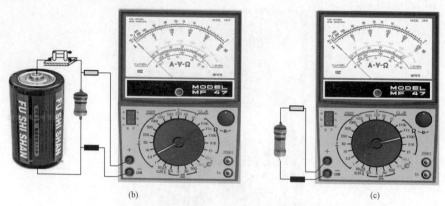

图2-36 万用表测量电流、电压、电阻的接线（二）

（b）测直流电压接线；（c）测电阻接线

（5）当不能估计被测对象的大小时，一定先用高量程挡，用表笔点测一次，粗测它的大小范围，然后根据指针的偏转情况转到合适的量程。如图2-37所示，指针在"a"位置，如果是测电压、电流，表明是量程选择太大；如果是测电阻，表明倍率挡选择太小，不适宜读数。否则读数不准确，误差太大。指针在"c"位置（满刻度的2/3左右），无论是测电压、电流还是电阻，说明量程选择合适。读数时，指针至少也要在"b"（满刻度的1/2处）位置，才能减少误差。

图2-37 读数时指针位置

📺 知识链接

万用表量程选择原则

万用电表量程选择原则是仪表量程要大于被测量值，仪表的精度等级要与测试要求、经济性、合理性、可靠性相统一。

（1）量程一定要大于被测量值。如果不知道被测量的准确范围，应根据电路构成估算出大致范围，再从万用电表的最高量程开始，逐挡点试，即用测试笔快速接触测试点，观察表上示值，当被测量约为量程的2/3时，再由点测转为直接测量，待表上读数稳定后，读取测量结果。这种方法不适宜于高电压、大电流的测试。

无论是指针万用电表还是数字万用电表，在选用量程时，其量程范围必须大于被测量的最大值，否则会导致测试仪表超量程而过载。轻者使表头指针受冲击而变形，数字仪表溢出显示；重者会使仪表中的保护器件动作，如熔断器引爆、保护二极管烧坏、限位二极管短路或放电器击穿等。

（2）选量程要兼顾仪表的满度值和准确度等级。例如，现在要测试一个40V左右的直流电压，手头有两块万用电表，其中一块为1.5级，选用直流250V挡；另一块为2.5级，选用直流50V挡，选用哪一块表合适呢？若选用量程为250V、1.5级的万用电表测量，经计算，由此产生的绝对误差为±3.75V，这个误差的范围是相当大的。若选用量程为50V、2.5级的万用电表测量，由此产生的绝对误差为1.25V，若表上指示值为40V，被测电压的真值就在40V±1.25V范围内，这个误差的范围小了很多。因此，应该选用50V、2.5级的万用电表进行测量，而不是仪表的准确度等级越高越好。

（6）注意表笔的握法，手指不要碰到表笔的金属触针，以保证测量安全及测量结果准确，尤其是测交流电压时（测量前还应检查表笔及其表笔线的绝缘性能），如图2-38所示。

图2-38　测量时手的握法

（7）读数时目光应当和表面垂直，不要偏左也不要偏右，否则会造成读数误差。如果表盘上有弧形反射镜的万用表，读数时要看表针与镜子的影像重合的那一个刻度，这样读数才准确，如图2-39所示。

图2-39　读数时表针应与像重合

（8）根据表盘符号选择放置方式，"⊓"表示水平放置，"⊥"表示垂直使用。万用表一般应水平放置，否则会引起倾斜误差。有的万用表如MF47型表后面有一支架，使用时把它拉伸出来，支撑万用表，便于观察，如图2-40所示。

（9）测量电压时，表笔应并联在被测电路的两端，即万用表与被测电路。测量交流电压时不用考虑哪支表笔接相线，哪支表笔接中性线的问题。如果被测量是直流电压，还应注意正负极性，红表笔接正极（高电位），黑表接负极（低电位），表笔不能接反，否则表针反向偏转。测量电压的方法如图2-41所示。

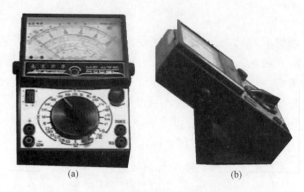

图 2-40 MF47 型万用表使用时的放置方式

（a）正面；（b）侧面

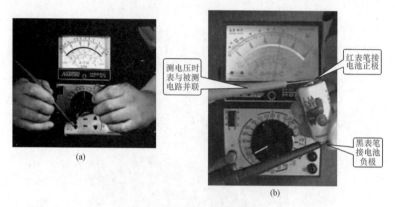

测电压时表与被测电路并联

红表笔接电池正极

黑表笔接电池负极

图 2-41 测量电压的方法

（a）测量交流电压；（b）测量直流电压

（10）测量直流电流时，选好量程，万用表应串联在被测电路中，同时注意极性，如图 2-42 所示，红表笔接电流来的方向（即红表笔接高电位），黑表笔接电流流出的方向（即黑表笔接低电位）。

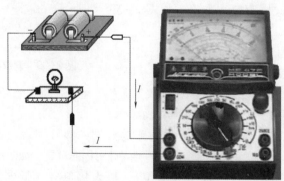

图 2-42 测直流电流接线

（11）在整个测量过程中，不能拨动转换开关来改变量程，以免损坏表头，如图 2-43 所示。

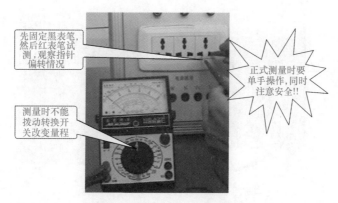

图 2-43　测交流电压注意事项

（12）测量电阻时，万用表应加装电池，表背面的电池盒，左边是低压电池仓，装入一枚 1.5V 的 2 号电池；右边是高压电池仓，装入一枚 15V 的层叠电池。现在有的厂家生产的 MF47 型万用表，$R\times 10k$ 挡使用的是 9V 层叠电池。安装电池时注意正负极性。

（13）从电路原理分析，指针式万用表内干电池的正极与面板上的"–"号插孔相连，干电池的负极与面板上的"+"号插孔相连。因此，在测量电解电容的漏电电阻和晶体管电极间的电阻时要注意极性，如图2-44 所示。

图 2-44　表笔极性

（14）测量完毕，将转换开关置于交流电压最大挡，防止下次开始时不慎烧表。有的万用表（如 500 型）设有空挡，用完应将转换开关拨到"·"所在位置的空挡位，使测量机构内部短路。也有的万用表（如 MF47 型）设置有"OFF"挡，使用完毕应将功能开关拨到此挡，能使表头短路，起到保护作用，如图 2-45 所示。

如果万用表长期搁置不用，应将表内所附电池全部取出，彻底清洁一次，用干净的布在万用表的表面和测试线的表面打上薄薄的一层蜡，防止有害物质或气体侵蚀仪表和测试线。将仪表装入密封的塑料袋中，再用包装袋或盒子装好，存放在干燥、无有害气体、无高温的场所，并远离强磁场或强电场。如果将仪表存放在泡沫塑料盒中，用塑料袋将仪表及测试线

图 2-45　MF47 型万用表的关闭方式

装好后，还应在塑料袋的外层擦一层滑石粉，再放入泡沫塑料盒中。

　　下面以 MF47 型万用表为例具体说明万用表的使用方法。

2.2.2　怎样用万用表测量电阻

1. 用万用表测电阻的方法

（1）表笔插孔位置。测电阻时，红表笔插入"+"插孔，黑表笔插入"-"插孔。

（2）选择合适的倍率挡。把转换开关拨到欧姆挡，选择合适的倍率挡。万用表欧姆挡的刻度线是不均匀的，并且是倒刻度线，右边为 0，右边刻度稀，每小格代表的欧姆值小；左边为∞，左边刻度密，每小格代表的欧姆值大，如图 2-46 所示。

视频 2.3　指针式万用表测量电阻

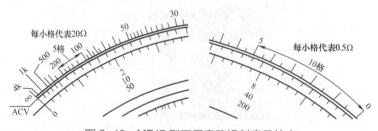

图 2-46　MF47 型万用表欧姆刻度尺特点

　　电阻读数应尽量在欧姆刻度线的 0.1～10 倍之间。相对于 MF47 型万用表中心刻度线值为 16.5，指针应尽量指在欧姆刻度线的 1.65～165 之间，这样读数才准确，如图 2-47 所示。

图 2-47　MF47 型万用表指针范围

所以，倍率挡的选择应使指针停留在刻度线较稀的部分为宜，且指针越接近刻度尺的中间，读数越准确。一般情况下，应使指针指在刻度尺的 1/3~2/3 间。一般测量 100Ω 以下的电阻可选 "R×1Ω" 挡，测量 100Ω~1kΩ 的电阻可选 "R×10Ω" 挡；测量 1~10kΩ 的电阻可选 "R×100Ω" 挡；测量 10~100kΩ 的电阻可选 "R×1kΩ" 挡；测量 10kΩ 以上的电阻可选 "R×10kΩ" 挡。

现测金属电阻时，由于金属电阻值大约是 20kΩ，因此，倍率挡可以选择 R×100Ω 挡。

（3）欧姆调零。测量电阻之前，应将红、黑两支表笔短接，同时旋转 "欧姆调零旋钮"，使指针刚好指在欧姆刻度线右边的零位。并且每换一次倍率挡，都要再次进行欧姆调零，如图 2-48 所示，以保证测量准确。如果指针不能调到零位，说明电池电压不足或仪表内部有问题。

图 2-48　不同倍率挡欧姆调零的方法

（4）测电阻读数。将被测电阻脱离电源，用两支表笔（不分正负）接触电阻的两端引脚，如图 2-49 所示。从表头指针显示的读数乘以所选量程的倍率即为所测电阻的阻值。

表头指针在 20~30 之间，20~30 之间有 5 个小格，每个小格代表 2，由于是倒刻度线，读数时由右向左读数，所以欧姆刻度线上读数为 22，如图 2-50 所示。

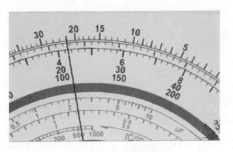

图 2-49　电阻测量　　　　　　　　　　图 2-50　电阻读数

如果所选倍率是 $R×100$ 挡，则该金属电阻阻值等于 $22×100＝2.2$ （kΩ）。

2. 用万用表测量电阻时的注意事项

（1）被测电阻不能带电，如电路中有电容器，应先将电容器充分放电后才能测量，否则会烧坏万用表。

（2）对于同一倍率挡，测量不同的电阻，阻值越小，指针偏转越大；测量阻值越大，指针偏转越小，如图 2-51 所示。

（a）　　　　　　　　　　　（b）　　　　　　　　　　　（c）

图 2-51　不同倍率挡的指针偏转情况

（a）电阻值指针偏转很大；（b）电阻值较大指针偏转较大；（c）电阻值最大指针偏转小

（3）不准用两只手捏住表笔的金属部分测电阻，否则会将人体电阻并接于被测电阻而引起测量误差。

（4）不允许用万用表电阻挡直接测量微安表、检流计、标准电池等的内阻，以免烧坏表头或打弯表头指针。

（5）测量时，如果倍率挡选择太小，测量时指针不偏转或偏转太小；如果倍率挡选择太大，指针偏转接近零欧姆刻度；这样测量都不准确。并且每换一次倍率挡，要重新进行欧姆调零。

在前面金属膜电阻的测试中，如果倍率挡为 $R×1$，指针几乎不偏转（在欧姆刻度线∞位置），如图 2-52（a）所示，表示倍率选择太小；如果倍率挡为 $R×10$，指针偏转很小（接近欧姆刻度线∞位置），如图 2-52（b）所示，也表示倍率挡选择小；如果倍率挡为 $R×1k$，指针偏转太大（接近欧姆刻度线 0 位置），如图 2-52（c）所示；这几种读数都不准确。

所以在测量中，若遇到指针像上述情况，表明倍率挡选得不合适。

（6）调零时，两支表笔不要长时间碰在一起，以免过快消耗表内电池。

（7）测量完毕，将转换开关置于交流电压最高挡或 OFF 挡。

（8）长时间不使用欧姆挡，应将表中电池取出。

图2-52　不同倍率挡的指针偏转情况

（a）$R×1$挡；（b）$R×10$挡；（c）$R×1k$

指点迷津

万用表测量电阻口诀

量程开关拨电阻，选好量程先调零。

两笔短接看指针，不在零位要调整。

旋钮到底仍有数，更换电池再调零。

断开电源再测量，接触一定要良好。

两手悬空测电阻，防止并联变精度。

测量数值要准确，指针最好在格中。

读数勿忘乘倍率，完毕旋到电压中。

视频2.4　指针式万用表
测量交流电压

2.2.3　用万用表测量交流电压

1. 测交流电压的方法

（1）选择合适的量程。测量前，先将转换开关拨到交流电压"V̰"挡，选择合适的量程。例如，要测照明电路的交流电压，因为照明电路的电压大约为220V，所以选择量程可以选交流电压250V̰或500V̰挡，如图2-53（a）所示，选择量程为交流250V。

当被测电压数值范围不清楚时，可先选用较高的测量范围挡，再逐步选用低挡，测量的读数最好选在满刻度的2/3处附近，至少也要在满刻度的1/2处，以保证测量准确。

（2）试测。测量时，如果不知道量程，先试测（固定一支表笔，另外一支表笔试接触），观察指针的偏转方向，待指针偏转方向正确且指针在合适的位置，再进行正式测量，将万用表两表笔并接在被测电路或被测负载的两端，表笔的接法不分正负极。

（3）正确读数。根据指针稳定时的位置及所选量程，正确读数，其读数为交流电压的有效值。图2-53（b）中指针在200~250之间〔因为图2-53（a）中选择的量程为交流电

  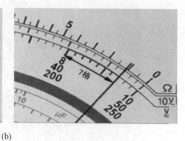

图 2-53　测量交流电压的方法

（a）量程选择；（b）测交流电压读数

压 250V，所以读数时在第 2 条标度尺读第 3 组 250 的刻度线］，这时每一小格代表 5V，指针左边的位置是 200，而且比 200 大出 7 格，交流电压的值为 200+7×5＝235（V），故此次交流电压测量值为 235V。

如果指针停留两刻度线之间，还要估读数据才准确。

（4）测高电压的方法。测量 1000～2500V 的交流电压时，将转换开关置于"交流电压 1000V"挡，红表笔插入交直流 2500V 专用插孔，如图 2-54 所示。

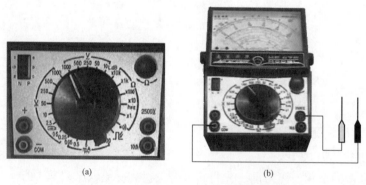

图 2-54　测 1000V 以上交流电压方法

（a）转换开关位置；（b）表笔接法

2. 测量交流电压的注意事项

（1）严禁在测量过程中拨动转换开关选择量程，避免产生电弧烧坏转换开关的触点。

（2）测交流电压时，养成单手操作的习惯。

（3）表盘上大多数标明了使用频率范围，一般为 45～1000Hz，如果被测交流电压的频率超过这个范围，测量误差将会增大，这时的数据只能作为参考。

（4）表盘上交流电压刻度尺是按正弦交流电的有效值来标度的，当被测电学量不是正弦量（如方波、尖脉冲等）时，误差会很大，这时的测量结果也只能作为参考。

（5）如果不知道被测电压的大小，先从最大量程挡逐一试测，直到指针偏转在满刻度的 2/3 位置。

（6）在电气维修中遇到的交流电压值大都是 220V 或者 380V 的较高电压，如果选错量程，容易烧表，在测量时要特别注意。

 指点迷津

交流电压测量口诀

量程开关拨交流，挡位大小要合适。

确保安全防触电，表笔绝缘很重要。

接线不分零与火，表笔并接路两端。

测出电压有效值，测量高压要换孔。

表笔前端不要碰，勿忘换挡先断电。

2.2.4 用万用表测量直流电压

1. 测量直流电压的方法

（1）选择量程。测量前，先将转换开关拨到直流电压"V"挡，估计被测电路电压的大小（干电池电压一般为 1.5V 左右），选择直流电压 2.5V 为合适的量程，如图 2-55 所示。

视频 2.5 指针式万用表测直流电压

当被测电压数值范围不清楚时，可先选用较高的测量范围挡试测，观察表头指针的偏转情况，再逐步选用低挡，直到表头指针的位置最好在满刻度的 2/3 处附近，至少也要在满刻度的 1/2 处。

(a) (b)

图 2-55 测量干电池的方法

（a）量程选择；（b）测量干电池时表笔接法

（2）测量。测量前，把万用表的两表笔并联接到被测电路或被测元器件的两端，并且红表笔接到被测电路或元器件的正极（或高电位端），黑表笔接到被测电路或元器件的负极（或低电位端），不能接反，如图 2-55（b）所示。

（3）读数。根据指针稳定时的位置及所选量程，正确读数。在干电池的测量中，由于所选的量程为 2.5V，又交直流电压刻度尺对应有 3 组读数分别是 0~10、0~50 和 0~250，根据 2.5 是 250 缩小 100 倍的值，所以读数时选 0~250 这组数据，读取的数据再缩小 100 倍，就是测量的干电池电压值。

指针右边的位置是 150，而且比 150 大出 1.8 格，每小格代表 5V，表盘的读数是 $150+5\times1.8=159$（V），再缩小 100 倍就是实际测量干电池电压值，即 $159\div100=1.59$（V），所以此次测量干电池电压值为 1.59V，如图 2-56 所示。

 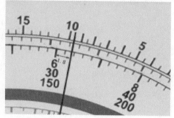

图 2-56　测干电池电压读数

2. 测量直流电压的注意事项

（1）注意表笔的接法，红表笔接被测电路的高电位，黑表笔接被测电路的低电位。若接反了，表头指针向反方向转偏，容易撞弯指针。

（2）如果事先不知道被测点电位的高低，可将任意一支表笔先接触被测电路或元器件的任意一端，另一支表笔轻轻地试触一下另一被测端，若表头指针向右偏转（正偏），说明表笔正负极性接法正确，可以继续测量；若表头指针向左偏转（反偏），说明表笔极性接反了，交换表笔就可以测量。

（3）测量 1000~2500V 的直流电压时，将转换开关置于"直流电压 1000V"挡，红表笔插入交直流 2500V 专用插孔，如图 2-57 所示。

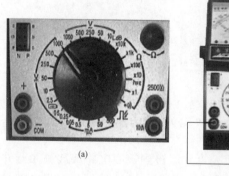 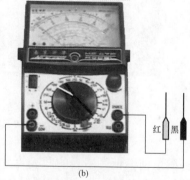

(a)

(b)

图 2-57　测直流 2500V 的挡位选择及表笔接法
(a) 挡位选择；(b) 表笔接法

指点迷津

直流电压测量口诀

量程开关拨直流，不知量程就选高。
确定电路正负极，极性不定要试测。
红色表笔接正极，黑色表笔接负极。
表笔并联路两端，若是表针反向转。
接线正负反极性，换挡之前先断电。

2.2.5　用万用表测量直流电流

1. 用万用表测直流电流的方法

（1）选择合适量程。测量前，把转换开关拨到直流电流（mA）挡，估计被测电流的大小，选择合适的量程。

视频 2.6　指针式万用表测电流

如果不知道被测电流的大小，先选最大电流挡，试测根据指针的偏角度，再选择合适的量程。

（2）表笔串接在被测电路中测量电流。测量前，把万用表串联入被测电路中，如图 2-58 所示。万用表置于直流电流挡时，相当于直流表，内阻会很小。如果误将万用表与负载并联，就会造成短路，烧坏万用表。

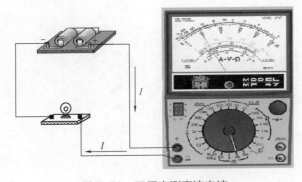

图 2-58　万用表测直流电流

（3）正确读数。根据指针稳定时的位置及所选量程，正确读数，如图 2-59 所示。由于所选的量程是 50mA，第 2 条交直流刻度尺刚好有 0~50 的数据（第 2 组），可以直接读取测量值，指针又指在 10 上，所以此次测量直流电流的值为 10mA。

图 2-59　直流电流值读数

2. 用万用表测直流电流的注意事项

（1）用万用表测直流电流时，万用表不可以并联在被测电路中，更不允许并接在电源上，来测电源电流。否则会烧坏表头。

（2）注意表笔正、负极性：红表笔接电路中电流来的方向（或高电位端），黑表笔接电路电流流出的方向（或低电位端），不可接反。若表笔正负极性接反了，表头指针向反方向转偏，如图2-60所示，后果是容易撞弯指针。

如果事先不知道极性，可以采用试测法。

（3）测量500mA～5A的直流电流时，将旋转开关置于"500mA"挡，红表笔插入"5A"插孔，如图2-61所示。

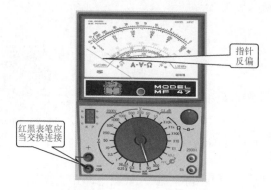

图2-60　反偏时指针位置

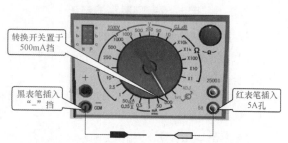

图2-61　测大电流的挡位选择及表笔接法

 指点迷津

直流电流测量口诀

量程开关拨直流，确定电路正负极。

红色表笔接正极，黑色表笔要接负。

表笔串联电路中，极性不定要试测。

不知量程就选高，挡位由大换到小。

若是表针反向转，接线正负反极性。

2.3　万用表的符号、测量范围及主要参数

图2-62　MF500型万用表的表盘

所有万用表的表头上都装有一块表盘，表盘上除了有与各种测量项目相对应的几条刻度尺外，还有各种符号、刻度线和数值，如图2-62所示。正确识读和理解这些符号是用好万用表的基础。

2.3.1　万用表上的字母符号

万用表上的字母符号的含义见表2-3。

表 2-3 万用表的字母符号含义

字母符号	含　义
A-V-Ω	基本功能符号，表示该万用表可以测量电流、电压和电阻，其余功能（如测电感、电容、音频电平、晶体管直流放大倍数等）为附加功能，是在基本功能上的延伸
⌐	仪表工作原理符号，表示该仪表为磁电式仪表
⊓	仪表工作位置符号，表示标度尺位置为水平的。使用时，在一般情况下万用表应当水平放置，必要时可利用提把做倾斜支撑，但标度尺与水平面的倾斜度不能超过 60°，以确保读数的准确性
☆6	绝缘强度等级符号，表示该仪表绝缘强度试验电压为 6kV
"–"（或 DC）	表示直流
"~"（或 AC）	表示交流
Ω 标度尺	专用测量电阻读数用
ACV（或 ~V）	测量交流电压
DCmA（或 –mA）	测量直流电流
DCV（或 –V）	测量直流电压
10V̌	10V 交流电压专用刻度尺
×1、×10、×100、×1kΩ、×10kΩ	电阻倍率挡
⌣ 标度尺	测量交、直流电压，直流电流读数用
— 2.5 … ~5.0　Ω $^{2.5}_{V}$	准确度等级的符号。"–2.5"表示测量直流时，以标度尺的上量限百分数表示的准确度等级为 2.5 级。"~5.0"表示交流测量时，以标度尺的量限百分数表示的准确度等级为 5.0 级。"Ω $^{2.5}_{V}$"表示测量电阻时，以标度尺的长度百分数表示的精确度等级为 2.5 级

2.3.2　MF47 型万用表表盘上几个符号的含义

MF47 型万用表表盘上几个符号的含义见表 2-4。

表 2-4 MF47 型万用表表盘上几个符号的含义

符号或字母	含　义
MF47	M—仪表； F—多用式； 47—型号
DC 20kΩ/V	测量直流电压时，输入电阻为每伏 20kΩ，相应灵敏度为 50μA
AC 9kΩ/V	测量交流电压时，输入电阻为每伏 9kΩ
C（μF）刻度尺	测量电容器电容量读数用
LV（V）标度尺	测量在不同电流下非线性电压降性能参数或反向电压降性能参数，如发光二极管、整流二极管、稳压二极管及三极管等

续表

符号或字母	含　义
h_{FE} 标度尺	晶体管直流放大倍数测量。同 Ω 挡相同方法调零后将晶体管 NPN 或 PNP 对应插入 N 或 P 插孔内，指针指示值为即为晶体管放大倍数
BATT 标度尺	测量 1.2~3.6V 各类电池（不包括纽扣电池）电力用，负载电阻 R_L＝8Ω。测量时将电池按正确极性搭接在两根表笔上，观察表盘上 BATT 对应刻度，分别为 1.2、1.5、2、3、3.6V 刻度。绿色区域表示电池电力充足，黄色区域表示电池尚能使用，进入红色区域则表示电池电力不足。如果测量的电池为充电电池时，进入黄色区域此时应及时充电
dB 标度尺	以分贝（dB）为单位测量电路增益或衰减

2.3.3　MF47 型万用表的测量范围及其参数

MF47 型万用表测量范围及其参数见表 2-5。

表 2-5　　　　　　　　　　MF47 型万用表测量范围及其参数

测量项目	量　程	灵敏度及电压降	精度	误差表示方法
直流电流	0~50μA~500μA~5mA~50mA~500mA~5A	0.3V	2.5	以时量限的百分数计算
直流电压	0~0.25~1~2.5~10~50~250~500~1000~2500V	20kΩ/V	2.5	以时量限的百分数计算
交流电压	0~10~50~250~500~1000~2500V	4kΩ/V	5	以时量限的百分数计算
直流电阻	$R×1$，×10，×100，×1k，×10k	$R×1$ 中心刻度线为 16.5	2.5	以标度尺弧长的百分数计算
直流电容	$C×1$（$R×10k$），$C×10$（$R×1k$），$C×100$（$R×100$），$C×1k$（$R×10$），$C×10k$（$R×1$）			
晶体管直流放大倍数	0~1000			
电感	20~1000H			
音频电平	−10~+22dB			

视频 2.7　指针式万用表的维护

2.4　指针式万用表的保养

（1）在使用万用表之前，应当熟悉转换开关、旋钮、插孔等的作用，了解每条刻度线对应的测电量。测量前首先明确要测什么和怎样测，然后拨到相应的测量项目和量程挡。每一次拿起表笔准备测量时，务必再核对一下测量种类及量程选择开关是否拨对位置。

（2）万用表应在干燥、无振动、无强磁场、环境温度适宜的条件下存放万用表。潮湿的环境能使仪表的绝缘强度下降，还能使元器件受潮而变质。机械震动和冲击，可使表头磁钢退磁，导致灵敏度下降。

（3）万用表在使用过程中不要碰撞硬物或跌落到地面上。

（4）万用表在使用过程中不要靠近强磁场。在强磁场附近使用，测量误差会增大，测量结果将不准确。

（5）严禁在测较高电压（如220V）或较大电流（如0.5A）时拨动转换开关，以免产生电弧，烧坏开关的触点。

（6）在测量某一电学量时，不能在测量的同时换挡，尤其是在测量高电压或大电流时，更应注意。否则，会使万用表毁坏。如需换挡，应先断开表笔，换挡后再去测量。

（7）不得使用电阻挡直接测量高灵敏度表头和检流计的内阻，以免烧坏动圈或打弯表针。

（8）更换万用表的熔断器时，必须选同一规格的熔断器，万用表熔断器位置如图2-63所示。

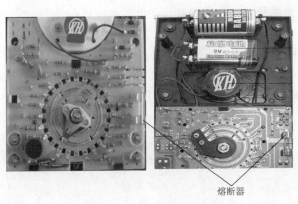

熔断器

图2-63　万用表熔断器

（9）万用表使用完毕，应拔下表笔，将转换开关置于交流电压的最大挡，防止下次使用时不慎烧表。有的万用表（如500型）设有空挡，用完应将转换开关拨到"·"置，使测量机构内部短路。也有的万用表（如MF47型）设置有"OFF"挡，使用完毕应将功能开关拨到此挡，能使表头短路，起到保护作用。

（10）万用表应定期校验。若无专用的校验仪，可用三位半数字式万用表代替；电阻挡也可用标准电阻箱来校准。校验时环境温度应保持在（20±5）℃，以免引起附加温度误差。

（11）如果长期不使用，还应将万用表内部的电池取出来，以免电池腐蚀表内其他器件。

技能提高

使用万用表应注意安全

（1）严禁使用电阻挡、电流挡、电容挡等去测量电压。

（2）严禁使用电阻挡去测试带电电路的电阻。同时也严禁使用电阻挡测试刚断电而尚未放电的电源滤波电容器或电力补偿电容器。不得用导线直接对电解电容器"+""−"端短路放电。如果必须放电，应加一只放电电阻、否则极易损坏电容器。电容器放电时，要戴上绝缘电压大于电容器电压等级的合格的绝缘手套，以防放电时电弧发散灼伤手指等。

（3）严禁在测试过程中带电切换万用电表的量程开关或项目开关。

（4）在测量 50V 以下的电压时，避免用双手直接接触测试线的金属部分。被测电压超过 50V 时，应单手操作，即先将参考点的测试线固定好，再一手握测试笔的绝缘体去测量被测电压。禁止使用低于被测电压等级的万用表电压量程测量高压电源、输电信号或有源变压器等。用万用表测量超过 500V 的电压时，要戴相应电压等级的绝缘手套。条件不具备时，要采取相应的安全措施。测试高压除了选用电压等级相当的测量仪表，测试者本人作好个人安全防护外，还应有专人监护，或有能够为测试者提供安全保护的其他人员在场。

（5）严禁带电将电流表接入不知大概数的、电压高、电流大的电路中进行冒险测试。如果确需测试，对交流电流量较大的电路，可用钳形电流表粗测后，再根据粗测结果选用万用表合适的挡位进行准确测量。

（6）雷雨天气不得在野外进行高压测试，以防止测试人员遭受雷击。

（7）绝缘不良的测试线、有裂纹的测试线不得使用。如果万用表面板上有多个插孔可供测试选用，不得插错位置进行测试，否则极易产生严重后果。

（8）每次拿起测试笔准备测量时，应再核对一下测量项目和量程开关的位置是否正确，以免因粗心大意而造成万用表的意外损坏。

第 3 章

数字式万用表的使用与维护

数字式万用表DMM（Dital Multi Meter）是半个多世纪以来数字技术发展的产物，是近十年来出现的先进测试仪器，如图3-1所示。数字式万用表采用大规模集成电路LSI（Large-Scal Integration）和数字显示（Digital Dispiay）技术，具有结构轻巧、测量精度高（误差可达十万分之一以内）、输入阻抗高、显示直观、过载能力强、功能全、用途广、

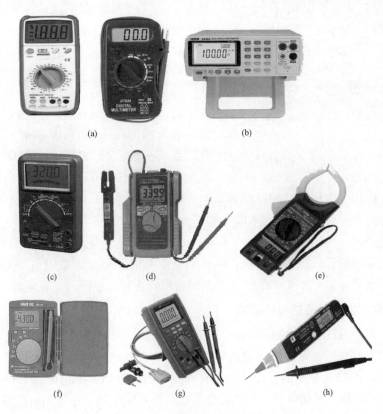

图3-1 各型数字式万用表

（a）便携式数字式万用表；（b）台式数字式万用表；

（c）模拟数字式万用表；（d）开口传感器数字式万用表；（e）钳形数字式万用表；

（f）迷你型数字式万用表；（g）智能型数字式万用表；（h）笔式数字式万用表

耗电省等优点，以及自动量程转换、极性判断、信息传输等功能，深受人们的欢迎，目前有逐步取代传统的指针式万用表的趋势。

3.1 常用数字式万用表介绍

视频 3.1 数字式万用表面板介绍

3.1.1 数字式万用表的基本组成

数字式万用表的面板如图 3-2 所示。从面板上看，数字式万用表由液晶显示屏、量程转换开关与测试笔插孔等组成。

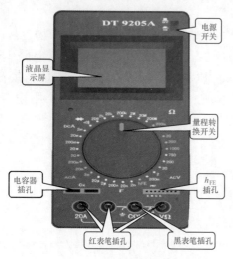

图 3-2 数字式万用表的面板结构

（1）液晶显示屏。液晶显示屏直接以数字形式显示测量结果。普及型数字式万用表多为三位半仪表（如 DT9205A 型），其最高位只能显示"1"或"0"（0 亦可消隐，即不显示），故称半位，其余 3 位是整位，可显示 0~9 全部数字。三位半数字式万用表最大显示值为 1999。

数字式万用表位数越多，它的灵敏度越高。如较高档的四位半仪表，最大显示值为±19 999。

（2）量程转换开关。量程转换开关位于面板的中间，用来测量时选择项目和量程。由于最大显示数为±1999，不到满度 2000，所以量程挡的首位数几乎都是 2，如 200Ω、2kΩ、2V 等。数字式万用表的量程也较指针式表要多。在 DT9205A 表上，电阻量程从 200Ω 至 200MΩ 就有 7 挡。除了直流电压、电流和交流电压及 h_{FE} 挡外，还增加了指针式表少见的交流电流和电容量等测试挡。

（3）表笔插孔。表笔插孔有 4 个。标有"COM"字样的为公共插孔，通常插入黑表笔。标有"V/Ω"字样插孔应插入红表笔，用以测量电阻值和交直流电压值。测量交直流电流有两个插孔，分别为"A"和"20A"，供不同量程挡选用，也插入红表笔。

3.1.2 数字式万用表的基本结构

普通数字式万用表的基本结构如图 3-3 所示。双积分 A/D 转换器是数字式万用表的"心脏"，通过它实现模拟量—数字量的转换。外围电路主要包括功能转换器、功能及量程转换开关、LCD 或 LED 显示器。此外，还有蜂鸣器振荡电路、驱动电路、检测线路通断电路、低电压指示电路等驱动电路。有的表还设有电容测量电路、温度测量电路、自动延时关机电路等（如 DT890C+、M890D、KT105 等型号）。更新型的还有电感、频率测量电路（如 DT930F+、KT102、VC9808 等型号）。

A/D 转换器是数字式万用表的核心，采用单片大规模集成电路。大规模集成电路采用内部异或门输出，可驱动 LCD 显示器，耗电极省。它的主要特点是：单电源供电，

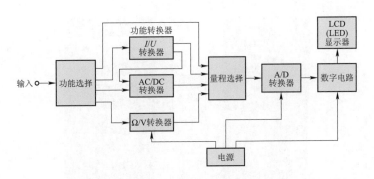

图 3-3　普通数字式万用表的基本结构

且电压范围较宽，使用 9V 叠层电池，以实现仪表的小型化，输入阻抗高，利用内部的模拟开关实现自动调零与极性转换。缺点是 A/D 转换速度较慢，但能满足常规电测量的需要。

　　常见的物理量都是幅值（大小）连续变化的模拟量（模拟信号）。指针式仪表可以直接显示模拟电压、电流。而对数字式仪表，需要把模拟电信号（通常是电压信号）转换成数字信号，再进行显示和处理（如存储、传输、打印、运算等）。

　　数字信号与模拟信号不同，其幅值（大小）是不连续的，也就是说数字信号的大小只能是某些分立的数值。就像人站在楼梯上时，人站的高度只能是某些分立的数值一样。这种情况被称为是"量化的"。若最小量化单位（量化台阶）为 Δ，则数字信号的大小一定是 Δ 的整数倍，该整数可以用二进制数码表示。但为了能直观地读出信号大小的数值，需经过数码变换（译码）后由数码管或液晶屏显示出来。

　　三位半数字式万用表大多采用 ICL7106（或 TSC7106、TC7106）型 CMOS 单片 A/D 转换器，使用时需知道该类集成电路的管脚及特性。

3.1.3　数字式万用表的分类

数字式万用表的种类繁多，分类方法也有多种。

（1）按量程转换方式的不同分类如下：

视频 3.2　常见
数字式万用表类型

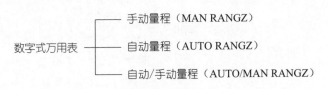

　　其中，手动量程转换式数字式万用表内部电路结构较为简单，价格也相对低。常用的三位半仪表如 DT890 型和 DT9205 型等均属于手动转换量程式数字式万用表，如图 3-4 所示。但操作比较繁琐，而且量程选择不合适时易使仪表过载。

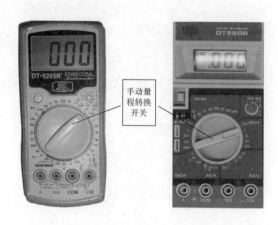

图 3-4　手动量程转换式数字式万用表

（2）按工作原理的不同（即 A/D 转换电路的类型）分类如下：

目前使用较多的是积分型数字式万用表，其中三位半的数字式万用表的应用最为普遍。

（3）根据其使用领域的不同分类如下：

（4）根据显示数字位数的不同分类如下：

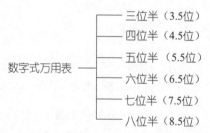

常用的数字式万用表显示数字位数一般为 3~8 位，即有效读数为 3~8 位，最大值分别为 1999、19 999、199 999、1 999 999、19 999 999 和 199 999 999，并由此构成不同型号的数字式万用表。近年来，市场上又推出了 $3\frac{3}{4}$ 位数字式万用表，其最大显示值为 3999 或 2999 对应的数字显示。

（5）根据功能、用途不同分类如下：

数字式万用表
- 普及型数字式万用表
- 多功能型数字式万用表
- 高精度智能型数字式万用表
- 示波万用表
- 数字模拟双显示数字式万用表

3.1.4 数字式万用表的特点

同指针式万用表相比，数字式万用表有其明显的特点。

（1）数字显示直观准确。数字式万用表普遍采用先进的数显技术（LCD 液晶显示器或者 LED 发光二极管显示器），显示清晰直观、读书准确。它既能保证读数的客观性，又符合人们的读数习惯，能够缩短读数或记录时间，如图 3-5 所示。液晶显示屏上常见的内容及意义见表 3-1。

图 3-5 数字式万用表液晶显示屏

表 3-1 液晶显示屏常见的内容及意义

项目	显示符号	意 义	状态显示常见的内容及意义	
			显示符号	意 义
项目显示常见的内容及意义	DC 或 ⎓	被测量为直流量	LOW BATT 或 LOW BATTCONT 或 "⎓" 或 "⊞"	内电池电力不足欠电压，使用时要更换电池
	AC 或 ~	被测量为交流量	OR 或 OVER 或 RANGE，也可能是 "OL" "1" 的闪烁表示	超过量程，使用时应调高量程再测量
	Ω	被测量为电阻	H 或 HOLD	表示读数保持
	C	被测量为电容	MIN	最小值
	T	被测量为温度	MAX	最大值
	▷⊢	二极管检测	TYP	典型值
	●))) 或音乐符号	具有声响的通断测试（蜂鸣）	RMS 或 rms	有效值
	AUTO	自动	TRMS 或 TEV	真有效值
	MAN	手动	AV 或 av 或 AVG	平均值

续表

项目	显示符号	意　义	状态显示常见的内容及意义	
			显示符号	意　义
计量单位常见的显示内容及意义	A，mA，μA	电流的单位	PK 或 PEAK	峰值
	V，mV	电压的单位	△	相对值测量
	Ω，kΩ，MΩ	电阻的单位	MEM	数据存储
	μF，PF	电容的单位	SET	预置
	dBM	功率电平	LOGICOL	逻辑电平测试
	Hz，kHz	频率单位	▲或▼	高电平、低电平
	℉，℃	温度单位	HV	高电压量程
			HΩ	高电阻量程

（2）准确度高、分辨率高。

1）准确度。数字式万用表的准确度是反映测量结果与真实值一致的程度。数字式万用表的准确度可以达到相当高，这是指针式万用表所达不到的。数字式万用表基本量程（通常为最低直流电压挡）精度最高，随着量程的扩展或经各种转换器后精度指标会下降。一般三位半仪表基本量程精度可达±0.5%～±0.1%，四位半仪表达±0.05%～±0.07%，五位半仪表达±0.01%～±0.005%，七位半仪表则达±0.000 1%。

2）分辨率。数字式万用表的分辨率是指最低量程上末位一个字所对应的电压值，是仪表对下限被测量值的反应能力。它反映仪表灵敏度的高低，三位半数字式万用表的分辨力可达0.1mV，即100μV；四位半仪表达10μV；八位半仪表则高达10nV（1V＝1000mV，1mV＝1000μV，1μV＝1000nV）。

3）准确度与分辨率的区别。数字式万用表的准确度和分辨率是两个不同的概念。分辨率表征仪表的"灵敏性"，即对微小电压的"识别"能力；准确度反映测量的"准确性"，即测量结果与真值的一致程度。

在实用上，并不是准确度和灵敏度越高越好，这要看被测的具体对象而定，否则也是一种浪费。一般来讲，三位半（3.5）或四位半（4.5）数字式万用表已能满足通常测量需要。

（3）输入阻抗高，测量参数多。测量电压时，数字式万用表具有很高的输入阻抗，这样在测量过程中从被测电路中吸取的电流极少，不会影响被测电路或信号源的工作状态，能够减少测量误差，从而能提高测量的准确性。

普及型数字式万用表不仅可以测量直流电压（DCV）、交流电压（ACV）、直流电流（DCA）、交流电流（ACA）、电阻（Ω）、二极管正向压降（VF）、晶体管发射极电流放大系数（h_{FE}），还能测电容量（C）、检查线路通断的蜂鸣器挡（BZ）等，如图 3-6 所示。

图 3-6　数字式万用表的测量范围

有的仪表还具有电感挡、温度（T）挡、频率（f）挡、信号挡、AC/DC 自动转换功能等。

（4）自动化和智慧化程度很高，具有完善的保护电路。具有 CMOS 集成电路，双积分原理 A/D 转换，自动校零，自动极性选择，自动量程转换，超量程指示（见图 3-7）。

如图 3-7 所示，量程太大时，显示"0.00"；量程过小即超量程时，在最高位显示"1"。

图 3-7　超量程指示

（a）量程太大时；（b）超量程（量程太小）时

手持式数字式万用表采用单片 A/D 转换器，外围电路比较简单，只需少量辅助芯片和元器件。近年来，单片数字式万用表专用芯片不断问世，使用一片 IC 即可构成功能比较完善的自动量程数字式万用表，为简化设计和降低成本创造了有利条件。

新型数字式万用表大多增加了下述新颖实用的测试功能：读数保持（HOLD，见图 3-8）、逻辑测试（LOGIC）、真有效值（TRMS）、相对值测量（RELΔ）、自动关机（AUTO OFF POWER）等。

图 3-8　数字式万用表功能显示键

数字式万用表设有自动电源切断电路，当仪表工作时间 30~60min 时，电源自动切断电路，仪表进入睡眠状态。

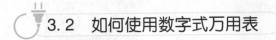

3.2　如何使用数字式万用表

3.2.1　使用数字式万用表的基础知识

现在，数字式测量仪表已成为主流，有取代模拟指针式仪表的趋势。与指针式仪表相比，数字式仪表灵敏度高，准确度高，显示清晰，过载能力强，便于携带，使用更简单。下面主要以 DT-890A（或 DT9205A）型数字式万用表为例，介绍其使用方法和注意事项。

1. 使用方法

（1）使用前，应认真阅读有关的使用说明书，熟悉电源开关、量程开关、插孔、特殊插口的作用，附 DT920 系列万用表使用说明书。

（2）将电源开关置于"ON"位置。打开万用表的电源，将量程转换开关置于电阻挡，对表进行使用前的检查：将两表笔短接，显示屏应显示"0.00"；将两表笔开路，显示屏应显示"1"，如图 3-9 所示。以上两个显示都正常时，表明该表可以正常使用，否则将不能使用。

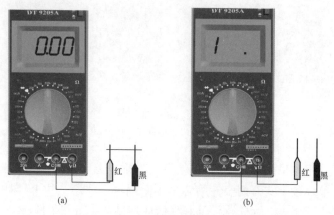

图 3-9 数字式万用表使用前检查

（a）短路检查；（b）开路检查

注意：如果量程转换开关置于其他挡，两表笔开路时，显示屏将显示"0.00"。

（3）测量之前应先估计一下被测量物理量的大小范围，尽可能选用接近满度的量程，这样可提高测量精度。如测 1kΩ 电阻，宜用 2kΩ 挡而不宜用 20kΩ 或更高挡。如果预先不能估计被测量值的大小，可从最高量程挡开始测，逐渐减小到恰当的量程位置，如图 3-10 所示。

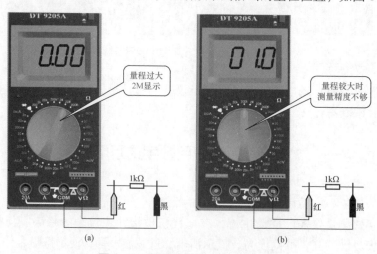

图 3-10 量程选择偏大的显示情况

（a）量程为 2M 的显示情况；（b）量程为 200k 的情况

当量程选择过大，如 2M 或 2M 以上时，显示屏将显示"0"，如图 3-10（a）所示；当量程选择为 200k 时，显示屏将显示"01.0"，如图 3-10（b）所示，这种情况可以读数，但精度不够。

当量程选择为 2k 时，显示屏将显示"1.000"，如图 3-11（a）所示，这时读数最合适，有足够的精度。

当测量结果只显示"1"时，如图 3-11（b）所示，表明被测值超出所在挡范围，说明量程选得太小（如测 1kΩ 电阻时，选择 200Ω 挡），应调高一挡量程。

（4）数字式万用表在刚测量时，显示屏的数值会有跳数现象，这是正常的（类似指针式表的表针在摆动），应当待显示数值稳定后（不到 1~2s）才能读数。初次使用数字式万用表者，切勿以最初跳数变化中的某一数值当作测量值读取。

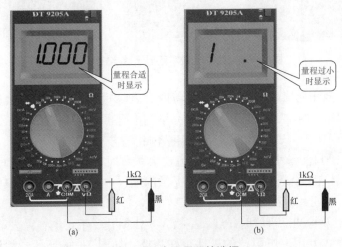

图 3-11　合适量程的选择

（a）量程为 2k 的显示；（b）量程为 200 的显示

（5）普通型数字式万用表相邻挡位之间距离很小，如图 3-12 所示。习惯使用指针式表的人会感到量程转换开关"吃"挡，手感不如指针式表明显，容易造成跳挡或拨错挡位。

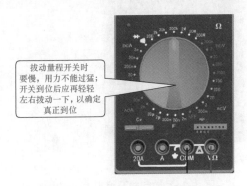

图 3-12　数字式万用表量程转换开关

（6）数字式万用表在测量一些连续变化的量时不如指针式万用表方便直观，如测电解电容器的充、放电过程，测热敏电阻，光敏二极管等，这时可将数字式万用表与指针式万用表相结合使用，或使用数字、模拟双显示数字式万用表，如图3-13所示。

图 3-13　模拟、数字双显示数字式万用表

（7）用200Ω挡测低值电阻时，应首先将两支表笔短路，测出两根表笔引线的电阻值（一般为0.1～0.3Ω，视仪表而定），待测量完毕则需把测量结果减去此值，得到实际电阻值。对于2kΩ～20MΩ挡，表笔引线电阻可忽略不计。

（8）使用 h_{FE} 插口测量小功率晶体管电流放大系数时，管子的3个电极和管型（PNP、NPN）均不可搞错。因测试电压较低，插口提供的基极电流又很小（一般为 $10\mu A$），故测量结果仅供参考，但可用来挑选配对管。

（9）测量电阻及检测二极管时，红表笔接 V·Ω 插孔，带正电；黑表笔接 COM 插孔而带负电，这与指针式万用表电阻挡的极性正好相反，如图3-14所示。检测二极管、晶体管、发光二极管、电解电容器、稳压管等有极性的元器件时，必须注意表笔的极性。

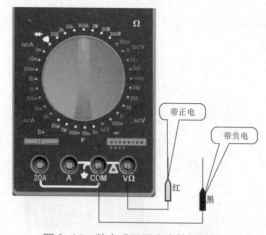

图 3-14　数字式万用表表笔的极性

（10）数字式万用表电阻挡所提供的测试电流较小，测二极管正向电阻时要比用指针万用表电阻挡的测量值高出几倍，甚至几十倍，有的数字式万用表根本不能测二极管的正向电阻。此时建议改用二极管挡去测 PN 结的正向压降值，由此可判定管子的质量好坏，并能识别硅管（$U_F = 0.500 \sim 0.700V$）和锗管（$U_F = 0.150 \sim 0.300V$），如图 3-15 所示。

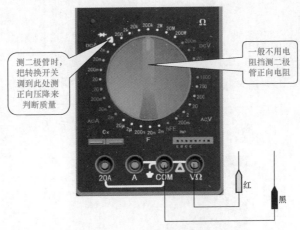

测二极管时，把转换开关调到此处测正向压降来判断质量

一般不用电阻挡测二极管正向电阻

红　黑

图 3-15　测二极管时量程开关位置

（11）尽管数字式万用表有比较完善的各种保护功能，使用中仍应力求避免误操作，如用电阻挡去测 220V 交流电压等，以免带来不必要的损失。

（12）每次测量结束应及时关断电源，将量程开关拨到最高电压挡，同时取下表笔。长期不用，应取出电池。

对设置了自动断电电路（一般 15min 自动断电）的数字式万用表，自动断电后要重新启动电源，可连续按动电源开关两次。

（13）数字式万用表应经常保持清洁干燥，避免接触腐蚀性物质和受到猛烈撞击。

2. 使用注意事项

（1）如果无法预先估计被测电压或电流的大小，则应先拨至最高量程挡测量一次，再视情况逐渐把量程减小到合适位置。

（2）满量程或超过量程时，仪表仅在最高位显示数字"1"，其他位均消失，这时应选择更高的量程。如测市电时，误用 ACV 20V 或 200V 挡，结果都将显示"1"，如图 3-16 所示。

（3）测量电压时，应将数字式万用表与被测电路并联，测量电压时不要超过所标示的最高值。测电流时应与被测电路串联，测直流量（直流电压或直流电流）时不必考虑正、负极性，如图 3-17 所示。

（4）当误用交流电压挡去测量直流电压，或者误用直流电压挡去测量交流电压时，显示屏将显示"000"，或低位上的数字出现跳动，如图 3-18 所示。如测市电时误用直流电压挡。

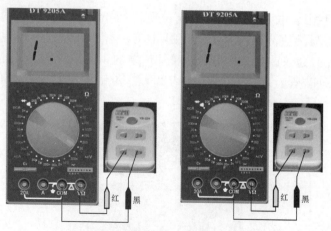

图 3-16　满量程或超过量程时的显示

图 3-17　测直流电压时表笔的连接

图 3-18　测市电误用直流电压挡

（5）被测元器件的引脚因日久氧化或有锈污，造成被测件和表笔之间接触不良，显示屏会产生长时间的跳数现象，无法读取正确测量值，并增加测量误差。应当先清除氧化层和锈污后再测量。

（6）少数仪表增加了200MΩ高阻挡。该挡存在1MΩ的零点固有误差，对于三位半仪表是10个字，对于四位半仪表则是100个字。测量高阻时，应从读数中扣除此值，即为实际值。

（7）禁止在测量高电压（220V以上）或大电流（0.5A以上）时拨动量程开关（见图3-19），以防止产生电弧，烧毁开关触点。

（8）当显示"⊟－ ＋"　"BATT"或"LOW BAT"时，表示电池电压低于工作电压，此时应更换电池。

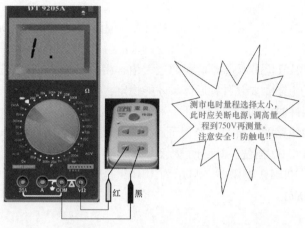

图 3-19　测大电压时的注意事项

3.2.2　用数字式万用表测量电阻

1. 用数字式万用表测量电阻的方法

视频 3.4　数字式
万用表测电阻

（1）插接表笔。将黑表笔插入 COM 插孔，红表笔插入 V/Ω 插孔（注意：红表笔极性为"+"）。

（2）选择量程。估计被测项目的大小，将转换开关置于"Ω"范围内，并选合适量程。

（3）测量并读数。将数字式万用表与被测电阻并联，将数字式万用表的开关置于"ON"，如图 3-20 所示，测量的电阻值为 $1.2k\Omega$。

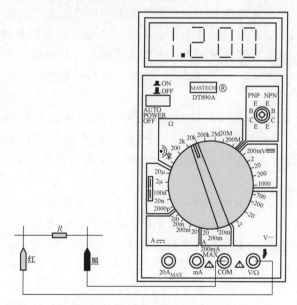

图 3-20　数字式万用表测电阻

2. 使用注意事项

（1）所测电阻不乘倍率，直接按所选量程及单位读数，图 3-20 所示测量的电阻值应为 1.2kΩ。

（2）如果被测电阻值超出所选择量程的最大值，将显示为"1"，应选择更高的量程；对于大于 1MΩ 或更高的电阻，要几秒钟后读数才能稳定，这是正常的。

（3）当没有连接好时，如开路情况下，仪表显示为"1"。

（4）当检查被测线路的阻抗时，要保证移开被测线路中的所有电源，所有电容放电。

（5）万用表的 200MΩ 挡位，短路时显示为 10，测量时，应从测量读数中减去 10，才为实际电阻值。如测量 100MΩ 电阻时，显示为 1010，应从 1010 中减去 10，被测电阻的实际阻值为 1000，即 100MΩ。

指点迷津

> **数字式万用表测电阻操作口诀**
> 仪表电压要富足，先将电路电关闭。
> 红笔插入 V/Ω 孔，量程大小选适宜。
> 精确测量电阻值，引线电阻先记录。
> 笔尖测点接触好，手不接触测点笔。
> 若是显示数字 1，超过量程最大值。
> 若是数字在跳变，稳定以后再读数。

仪表电压要富足，先将电路电关闭——为了不影响测量结果的准确性，使用前要检查数字式万用表的电池电压是否足够。测量在路电阻时（在电路板上的电阻），应先把电路的电源关断，若带电测量，很容易损坏万用表。当检查被测线路的阻抗时，要保证移开被测线路中的所有电源，所有电容放电。被测线路中，如有电源和储能元件，会影响线路阻抗测试的准确性。

禁止用电阻挡测量电流或电压（特别是交流 220V 电压），否则容易损坏万用表。

红笔插入 V/Ω 孔，量程大小选适宜——测量时，将黑表笔插入 COM 插孔，红表笔插入 V/Ω 插孔；然后将量程开关置于合适的欧姆量程。准备工作完成后，即可进行电阻测量操作。

精确测量电阻值，引线电阻先记录——在使用 200Ω 电阻挡时，如果需要精确测量出电阻值，应先将两支表笔短路，测量出两支表笔引线的电阻值，并做好记录；然后进行电阻测量，每一次测量的显示数字减去表笔引线的电阻值，就是实际电阻值。当然，如果对测量结果的准确性要求不高，可免去这一操作步骤。在使用 200Ω 以上的电阻挡测量时，由于被测量电阻的阻值比较大，表笔的引线电阻可不予考虑。

笔尖测点接触好，手不接触测点笔——测量操作时，表笔笔尖与被测量电阻引脚要接触良好。如果电阻引脚已氧化、锈蚀，应先予以刮干净，让其露出光泽，再进行测量。操作者的两手不要同时碰触两支表笔的金属部分或被测量物件的两端，否则，会引起测量误差增大。

若是显示数字"1"，超过量程最大值——如果被测电阻值超出所选择量程的最大值，显示屏将显示过量程"1"，此时应选择更高的量程（当没有连接好时，例如开路情况，显示为"1"是正常现象）。

若是数字在跳变，稳定以后再读数——对于大于 1MΩ 或更高的电阻，要几秒钟后读数才能稳定，这是正常现象。等待数字稳定不再跳变即可读数。

3.2.3　用数字式万用表测量直流电压

1. 直流电压的测量方法

（1）插接表笔。将黑表笔插入 COM 插孔，红表笔插入 V/Ω 插孔。

（2）选择量程。将功能开关置于直流电压挡"DCV"或"V-"合适量程范围。

视频 3.5　数字式万用表测直流电压

（3）测量并读数。两支表笔与被测电路并联，将数字式万用表的开关置于"ON"，如图 3-21 所示。在显示电压读数时，同时会指示出红表笔的极性，在图 3-21 中，显示"-10.00"，表明此次测量电压值为 10V，负号表示红表笔接的是电压的负极。

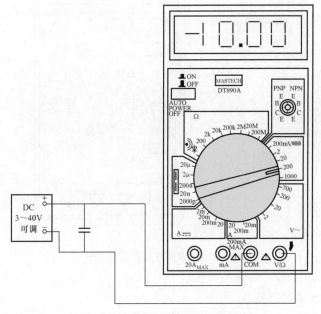

图 3-21　数字式万用表测直流电压

2. 用数字式万用表测量直流电压的注意事项

（1）如果不知被测电压范围，将功能开关置于最大量程并逐渐下调。

（2）如果显示器只显示"1"，说明已超过量程，需调高一挡，调挡时应切断输入电压。

（3）"⚠"表示不要测量高于 1000V 的电压，虽然有可能读得数据，但可能会损坏内部线路。

（4）测试笔连接并联到电源或负载两端上，红表笔所接端的极性将在显示测试值显示出来。

（5）当测量高电压时，要格外小心，保持一定的间距，注意避免触电。

视频3.6　数字式万用表测交流电压和区分相线中性线

3.2.4　用数字式万用表测量交流电压

1. 测量交流电压的方法

（1）插接表笔。将黑表笔插入 COM 插孔，红表笔插入 V/Ω 插孔。

（2）选择量程。将功能开关置于交流电压挡"ACV"或"V～"合适的量程范围。

（3）测量并读数。测量时表笔与被测电路并联，并且表笔不分极性，如图 3-22 所示，将数字式万用表的开关置于"ON"，即可测出交流电压的值，在图 3-22 中所测出的变压器的输出电压为 6V。

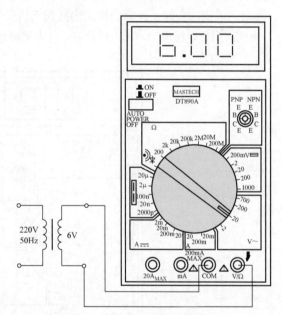

图 3-22　数字式万用表测交流电压

2. 测量交流电压的注意事项

（1）如果不知被测电压范围，将功能开关置于最大量程并逐渐下调。

（2）如果显示器只显示"1"，说明已超过量程，需调高一挡，调挡时应切断输入电压。

（3）该仪表不得用于测量高于 700V 有效值的交流电压。虽然有可能读得数据，但可能会损坏内部线路。

（4）当测量高电压时，要格外小心，保持一定的间距，注意避免触电。

指点迷津

> ### 数字式万用表测电压操作口诀
> 表笔插入相应孔，直流交流要分析。
> 不知被测电压值，量程从大往小移。
> 量程必须选择好，过载测量符号溢。
> 表笔并联测电压，接触良好防位移。
> 确保表笔绝缘好，最好右手握表笔。
> 测量直流电压时，红笔测正黑负极。
> 红黑表笔极性反，"–"号表红测负极。
> 交流电压不分极，握笔安全为第一。
> 正在通电测量时，禁忌换挡出问题。
> 数字跳变为正常，稳定之后读数值。

表笔插入相应孔，直流交流要分析——数字式万用表测量电压时，将黑表笔插入 COM 插孔，红表笔插入 V/Ω 插孔；根据被测电量是直流电压还是交流电压，将量程选择开关置于直流电压挡或交流电压挡。

不知被测电压值，量程从大往小移——如果不知被测电压的大小范围，可先将量程选择开关置于最大量程，根据情况并逐一置于较低一级的量程挡。注意，减小量程挡时，表笔应从待测量处移开。

量程必须选择好，过载测量符号溢——电压量程一定要必须选择合适，量程过大会影响测量结果；量程过小时显示屏只显示"1"，表示过量程，此时功能开关应置于更高量程。

表笔并联测电压，接触良好防位移——测量电压时，两支表笔应分别并联在被测电源（例如测开路电压时）或电路负载上（例如测负载电压降时）的两个电位端。如果被测量电极表面有污物或锈迹，应首先处理干净再进行测量。握笔的手不能有晃动，保证表笔与被测量电极保存良好接触。

确保表笔绝缘好，最好右手握表笔——表笔及表笔引线绝缘良好，否则在测量几百伏及以上的电压时有触电危险。操作起来比较顺利。一些初学者喜欢用两个手拿表笔，这是个不良习惯。使用万用表无论进行任何电量从事时，都应该养成单手握笔操作的好习惯，最好是用右手握表笔。

测量直流电压时，红笔测正黑负极。红黑表笔极性反，"–"号表红测负极——虽然数字万用表有自动转换极性的功能，为了减少测量误差，测量时最好是红表笔接被测量电压的正极，黑表笔接被测量电压的负极。如果两支表笔极性接反了，此时显示屏上显示电压数值的前面有一个"–"号，表示此次测量红表笔接的是被测量电压的负极。

交流电压不分极，握笔安全为第一——测量交流电压时，红黑表笔可以不分极性。由于交流电压比较高，尤其是测量220V以上的交流电压时，握笔的手一定不能去接触笔尖金属部分，否则会发生触电事故。

正在通电测量时，禁忌换挡出问题——在使用万用表测量电压，尤其是测量较高电压时，无论什么原因都严禁拨动量程选择开关，否则容易损坏万用表的电路及量程开关的触点。

数字跳变为正常，稳定之后读数值——由于数字式万用表的电压量程的输入阻抗比较大，在测量开始时可能会出现无规律的数字跳变现象，这是正常现象。可稍等片刻，数值即可稳定，然后再读数。

视频3.7 数字式
万用表测
直流电流

3.2.5 用数字式万用表测量直流电流

1. 测量直流电流的方法

（1）插接表笔。将黑表笔插入 COM 插孔，当被测电流在 200mA 以下时，红表笔插入"mA"插孔，当测量 0.2~20A 的电流时，红表笔插入"20A"插孔。

（2）选择量程。将转换开关置于直流电流挡"DCA"或"A-"合适的量程范围。

（3）测量并读数。将数字式万用表串联接入到被测电路中，将数字式万用表的开关置于"ON"，如图 3-23 所示。在显示电流读数时，同时会指示出红表笔的极性。

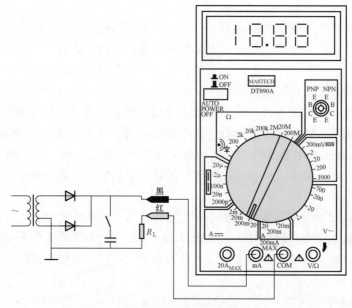

图 3-23 数字式万用表测直流电流

2. 测量直流电流的注意事项

（1）如果使用前不知道被测电流大小范围，将转换开关置于最大量程并逐渐下降。

（2）如果显示器只显示"1"，说明已超过量程，需调高一挡。

（3）在测量电流的过程中，不能拨动转换开关。

(4) "⚠" 表示最大输入电流为 200mA，过量的电流将烧坏熔丝，应再更换。

(5) 20A 插孔无熔丝保护，测量时间不能超过 15s。

3.2.6　用数字式万用表测量交流电流

1. 用数字式万用表测交流电流的方法

(1) 插接表笔。表笔接法与"直流电流的测量相同"。

(2) 选择量程。将量程开关置于"A~"或"ACA"合适的量程范围。

(3) 测量并读数。将万用表表笔串联入被测电路中，并且不分极性。

2. 测交流电流的注意事项

参照测直流电流时的注意事项。

视频 3.8　数字式
万用表测交流电流

　指点迷津

> **数字式万用表测电流操作口诀**
>
> 仪表电压要富足，先将电路电关闭。
> 红笔插入 V/Ω 孔，量程大小选适宜。
> 精确测量电阻值，引线电阻先记录。
> 笔尖测点接触好，手不接触测点笔。
> 若是显示数字"1"，超过量程最大值。
> 若是数字在跳变，稳定以后再读数。

万用电表测电流，红笔插孔很重要——数字式万用表串联电流时，黑表笔插入 COM 插孔中，红表笔插入哪一个插孔（mA 或者 A）则要根据被测电流的大小而定。

电流大小不清楚，最大量程来测量——当要测量的电流大小不清楚的时候，可先用最大的量程来测量（例如 20A 插孔），然后再逐渐减小量程来精确测量。测量电流时，切忌过载。

表笔串联电路中，表笔极性不重要——数字式万用表测量电流时，应将表笔串联入被测电路中，表笔的极性可以不考虑，因为数字式万用表能够自动识别并显示被测电流的极性。

由于表笔已带电，安全操作最重要——万用表测量电流、电压都属于带电作业，应特别注意接触表笔及表笔引线是否完好，如有破损，应在测量之前恢复好绝缘层。人手及身体的其他部位不能接触带电体。必要时，要有人监护。

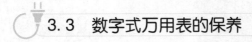 3.3　数字式万用表的保养

数字式万用表是一部精密电子仪表，一般不要随意改动内部电路，以免损坏。

(1) 不要接到高于 1000V 直流或有效值 700V 交流以上的电压上去。

(2) 测量前应检查表笔是否处于正确孔位。

（3）拨动量程开关时用力要适度，避免造成开关金属片的损坏。

（4）切勿误接量程，以免内外电路受损。

（5）仪表后盖未完全盖好时切勿使用。

（6）更换电池须在拔去表笔及关断电源开关后进行。旋出电池盖螺钉，轻轻地稍微向后推电池盖，即可取出电池盖。按后盖上注意说明的规格更换电池。

（7）更换熔丝应在拔去表笔及关断电源开关后进行。旋出后盖螺钉，轻轻地稍微向上拉后盖，即可取下后盖。

（8）数字式万用表常使用一只9V叠层电池，一般使用几个月就要更换。建议购买9V充电电池替代，这种镍镉可充电池型号为GP-15F8K，跟普通9V叠层电池完全一样。

（9）校准。万用表应定期校准，校准时应选用同类或精度更高的数字仪表，按先校直流挡，后校交流挡，最后校电容挡的顺序进行。

（10）使用完毕，功能量程开关最好置于高压挡。

3.4 典型数字式万用表使用技能

3.4.1 760B 数字式万用表的使用

760B 数字式万用表是一种性能稳定、用电池驱动的高可靠性数字式万用表。仪表采用 27mm 字高 LCD 显示器、读数清晰，背光显示及过载保护功能，更加方便使用。

1. 操作面板的组成

760B 数字式万用表的操作面板如图 3-24 所示，操作面板组成及说明见表 3-2。

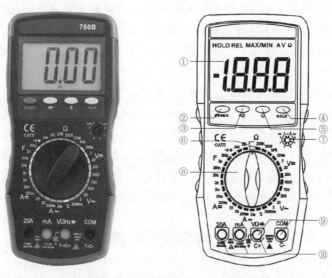

图 3-24　760B 数字式万用表

表 3-2		操作面板组成及说明
序号	项　目	功　能　说　明
1	液晶显示器	显示仪表测量的数值及单位
2	POWER 电源开关	开启及关闭电源
3	拨盘灯开关	开启及关闭拨灯
4	HOLD 保持开关	按下此功能键，仪表当前所测数值保持在液晶显示器上，再次按下，退出保持功能状态
5	LIGHT 背光开关	开启及关闭背光灯
6	拨盘灯	用于拨盘时照明
7	h_{FE} 测试插座	用于测量晶体三极管的 h_{FE} 数值大小
8	旋钮开关	用于改变测量功能及量程
9	机械保护片	—
10	插孔	电压、电阻、频率及温度插座、小于 2A 电流及温度测试插座、20A 电流测试插座、公共地插座

2. 760B 数字式万用表的主要技术指标

（1）直流电压测量指标见表 3-3。

表 3-3　　　　　　　　　　　　直流电压测量指标

量程	准确度	分辨率	说　　明
200mV	±（0.5%读数+8）	100μV	输入阻抗：所有量程为 10MΩ；过载保护：200mV 量程为 250V 直流或交流峰值；其余为 1000V 直流或交流峰值
2V		100mV	
20V		10mV	
200V		1mV	
1000V	±（1.5%读数+8）	1V	

（2）交流电压测量指标见表 3-4。

表 3-4　　　　　　　　　　　　交流电压测量指标

量程	准确度	分辨率	说　　明
2V	±（1.5%读数+10）	1mV	（1）输入阻抗：输入量程在 200mV、2V 为 1MΩ，其余量程为 10MΩ；（2）过载保护：200mV 量程为直流或交流峰值 250V；其余为 1000V 直流或交流峰值；（3）频率响应：200V 以下量程：（40～400）Hz，700V 量程（40～200）Hz；显示：正弦波有效值（平均值响应）
20V		10mV	
200V		1mV	
700V	±（2.5%读数+10）	1V	

（3）直流电流测量指标见表 3-5。

表3-5 直流电流测量指标

量程	准确度	分辨率	说　明
2mA	±(0.8%读数+8)	1μA	最大测量压降：200mV； 最大输入电流：20A（不超过10s）； 过载保护：0.2A/250V、20A/250V 速熔熔丝
20mA		10μA	
200mA	±(1.2%读数+8)	100μA	
20A	±(2.0%读数+10)	10mA	

（4）交流电流测量指标见表3-6。

表3-6 交流电流测量指标

量程	准确度	分辨率	说　明
2mA	±(1.0%读数+8)	1μA	最大测量压降：200mV； 最大输入电流：20A（不超过10s）； 过载保护：0.2A/250V、20A/250V 速熔熔丝； 频率响应：40~400Hz； 显示：正弦波有效值（平均值响应）
200mA	±(2.0%读数+8)	100μA	
20A	±(3.0%读数+15)	10mA	

（5）电阻测量指标见表3-7。

表3-7 电阻测量指标

量程	准确度	分辨率	说　明
200Ω	±(1.2%读数+15)	0.1Ω	开路电压：小于3V； 过载保护：250V 直流或交流峰值； 在使用200Ω 量程时，应先将表笔短路，测得引线电阻，然后在测试中减去
2kΩ	±(0.8%读数+8)	1Ω	
20kΩ		10Ω	
200kΩ		100Ω	
2MΩ		1kΩ	
20MΩ	±(2.5%读数+15)	10kΩ	

（6）电容测量指标见表3-8。

表3-8 电容测量指标

量　程		准确度	分辨率	说　明
2nF		±(2.5%读数+25)	1pF	过载保护：36V 直流或交流峰值
20nF			10pF	
200nF			100pF	
2μF		±(2.5%读数+20)	1nF	
10μF			10nF	
200μF	0~100μF	±(2.5% 读数+25)	100nF	
	100~200μF	±(6.0% 读数+55)		

（7）频率测量指标见表3-9。

表 3-9 频率测量指标

量程	准 确 度	分 辨 率
200kHz	±(3.0%读数+15)	100Hz

（8）温度测量指标见表 3-10。

表 3-10 温度测量指标

量 程	准 确 率	分辨率（℃）
（-20~+1000）℃	±(0.75%读数+3)<400 ±(1.5%读数+15)≥400℃	1℃

（9）二极管及通断测试指标见表 3-11。

表 3-11 二极管及通断测试指标

量程	显示值	测试条件	说 明
→|— •)))	二极管正向压降	正向直流电流约 1mA，反向电压约 3V	过载保护：250V 直流或交流峰值；警告：为了安全在此量程禁止输入电压值
	蜂鸣器发声长响，测试两点阻值小于（70±20）Ω	开路电压约 3V	

（10）晶体三极管 h_{FE} 参数测试指标见表 3-12。

表 3-12 晶体三极管 h_{FE} 参数测试指标

量程	显示值	测 试 条 件
h_{FE}	0~1000	基极电流约 10μA，U_{ce} 约为 3V

3. 760B 数字式万用表的使用方法

760B 数字式万用表的使用方法见表 3-13。

表 3-13 760B 数字式万用表的使用方法

测量项目	操 作 步 骤	注 意 事 项
直流电压测试	（1）将黑表笔插入"COM"插孔，红表笔插入 V/Ω/Hz 插孔； （2）将量程开关转至相应的 DCV 量程上，然后将测试表笔跨接在被测电路上，红表笔所接的该点电压与极性显示在屏幕上	（1）如果事先不知道被测电压的范围，应将量程开关转到最高挡位，然后根据显示值转至相应挡位上； （2）未测量时小电压挡有残留数字，属正常现象，不影响测试；如测量时高位显"1"，表明已超过量程范围，须将量程开关转至较高挡位上； （3）输入电压切勿超过 1000V，如超过，则有损坏仪表线路的危险； （4）当测量高压电路时，注意避免触及高压电路

续表

测量项目	操作步骤	注意事项
交流电压测试	（1）将黑表笔插入"COM"插孔。红表笔插入 V/Ω/Hz 插孔； （2）将量程开关转至相应的 ACV 量程上，然后将测试表笔跨接在被测电路上	（1）如果事先不知道被测电压的范围，应将量程开关转到最高挡位，然后根据显示值转至相应挡位上； （2）未测量时小电压挡有残留数字，属正常现象，不影响测试，如测量时高位显"1"，表明已超过量程范围，须将量程开关转至较高挡位上； （3）输入电压切勿超过 700Vrms（有效电压值），如超过，则有损坏仪表线路的危险； （4）当测量高压电路时，注意避免触及高压电路
直流电流	（1）将黑表笔插入"COM"插孔。红表笔插入"mA"插孔中（最大为 2A），或红笔插入"20A"中（最大为 20A）； （2）将量程开关转至相应的 DCA 挡位上，然后将仪表串入被测电路中，被测电流值及红色表笔点的电流极性将同时显示在屏幕上	（1）如果事先不知道被测电压的范围，应将量程开关转到最高挡位，然后根据显示值转至相应挡位上； （2）如 LCD 显"1"，表明已超过量程范围，须将量程开关调高一挡； （3）最大输入电流为 2A 或 20A（视红表笔插入位置而定），过大的电流会将熔丝熔断，在测量 20A 要注意，该挡位没保护，连续测量大电流将会使电路发热，影响测量精度甚至损坏仪表
交流电流测试	（1）将黑表笔插入"COM"插孔。红表笔插入"mA"插孔中（最大为 2A），或红笔插入"20A"中（最大为 20A）； （2）将量程开关转至相应的 ACA 挡位上，然后将仪表串入被测电路中	
电阻测试	（1）将黑表笔插入"COM"插孔，红表笔插入 V/Ω/Hz 插孔； （2）将所测开关转至相应的电阻量程上，将两表笔跨接在被测电阻上	（1）如果电阻值超过所选的量程值，则会显示"1"，这时应将开关转高一挡；当测量电阻值超过 1MΩ 以上时，读数需几秒时间才能稳定，这在测量高电阻值时是正常的； （2）当输入端开路时，则显示过载情形； （3）测量在线电阻时，要确认被测电路所有电源已关断而所有电容都已完全放电时，才可进行； （4）不能在电阻量程输入电压
电容测试	（1）将量程开关置于相应之电容量程上，将测试电容插入"Cx"插孔； （2）将测试表笔跨接在电容两端进行测量，必要时注意极性	（1）如被测电容超过所选量程之最大值，显示器将只显示"1"，此时则应将开关转高一挡； （2）在测试电容之前，LCD 显示可能尚有残留读数，属正常现象，它不会影响测量结果； （3）大电容挡测严重漏电或击穿电容时，将显示一数字值且不稳定； （4）在测试电容容量之前，要对电容做充分的放电，以免损坏仪表

续表

测量项目	操 作 步 骤	注 意 事 项
三极管 h_{FE} 测试	（1）将量程开关置于 h_{FE} 挡； （2）决定所测晶体管为 NPN 型或 PNP 型，将发射极、基极、集电极分别插入相应插孔	三极管的管型及其引脚极性不能插错
二极管及通断测试	（1）将黑表笔插入"COM"插孔，红表笔插入 V/Ω/Hz 插孔（注意红表笔极性为"+"）； （2）将量程开关置 →┃• •))) 挡，并将表笔连接到待测试二极管，红表笔接二极管正极，读数为二极管正向降压的近似值； （3）将表笔连接到待测线路的两点，如果内置蜂鸣器发声，则两点之间的电阻值低于约（70±20）Ω	—
频率测试	（1）将表笔或屏蔽电缆接入"COM"和 V/Ω/Hz 输入端； （2）将量程开关转到频率挡位上，将表笔或电缆跨接在信号源或被测负载上	（1）输入超过 10Vrms（有效电压值）时，可以读数，但不能保证准确度； （2）在噪声环境下，测量上信号时最好使用屏蔽电缆； （3）在测量高电压电路时，千万不要触及高压电路； （4）禁止输入超过 250V 直流或交流峰值的电压，以免损坏仪表
温度测量	将量程开关置于℃或℉量程上，将热电偶传感器的冷端（自由端）负极（黑色插头）插入 mA 插孔中，正极（红色插头）插入 V/Ω/Hz 插孔，热电偶的工作端（测温端）置于待测物上面或内部，可直接从显示器上读取温度值，读数为摄氏度或华氏度	（1）温度挡常规显示随机数，测温度时必须将热电偶插入温度测试孔内，为了保证测量数据的精确性，测量温度时须关闭 LIGHT 开关； （2）本表随机所附 WRNM-010 裸露式接点热电偶极限温度为 250℃（短期内为 300℃）； （3）不得随意更改测温传感器，否则不能保证测量准确度； （4）严禁在温度挡输入电压； （5）测量高温时，要求配用专用的测温探头
数据保持	按下保持开关，当前数据就会保持在显示器上，弹起保持取消	—
背光显示	按下 LIGHT 键，背光灯亮，再按一下，背光取消	背光灯亮时，工作电流增大，会造成电池使用寿命缩短及个别功能测量时误差变大

图 3-25　FT360 数字式
万用表的面板组成

3.4.2　FT360 数字式万用表

FT360 系列万用表是费思科技生产的手持式 $4\frac{4}{5}$ 位真有效值万用表，最大显示数字为 49 999，具有 0.025% 的基本直流精度，$1\mu V$ 的分辨率，200kHz 的频响，以及普通万用表的所有测量功能。它能通过 USB 连接线与 PC 联机，将万用表的测量数据采集到 PC 机上可实现逻辑分析、趋势绘图、内存查看、单通道示波和 25 次谐波分析等强大的功能。

FT360 系列万用表包括 FT365 和 FT368 两种型号。其中的 FT368 万用表具有独特的电导测量功能，0.25ms 瞬时信号捕获测量功能，以及交直流信号同时主副屏显示功能。

1. FT360 系列数字式万用表的面板由哪些部分组成

FT360 系列数字式万用表的面板组成如图 3-25 所示，各组成的名称及作用见表 3-14。

表 3-14　　　　　　　　　面板各组成的名称及作用

序号	名　　称	作　　用
1	显示屏	采用超大双显示屏显示万，包括主显示屏幕、副显示屏幕、模拟指针显示、单位与量程显示等多个部分。显示屏幕带有明亮的白色背光，读数更清晰
2	按键功能	用户通过按键来启动旋钮开关所选择功能挡位的进一步功能
3	功能旋钮开关	通过旋钮开关可以选择测量功能
4	接线端	有四个接线端：A、mA/μA、和 COM 端。其中 COM 公共端子，除电流测量以外，其他的各种测量都使用和 COM 输入端

2. FT360 系列数字式万用表的测量功能

FT360 系列数字式万用表具有强大的测量功能，见表 3-15。

表 3-15　　　　　　　　　FT360 系列数字式万用表的功能

功　　能	说　　明
双层数字式显示 模拟指针显示	主显示：50 000 个计数 副显示：5000 个计数 条形指针显示：51 段，每秒钟更新 32 次
背景灯	具有白色景灯，光线不足之处也可清晰读数
自动量程	万用表自动选择最佳量程-即时的
AC+DC 真有效值，AC 有效值指定最大至 200kHz	选择公共 AC 测量，AC 或 DC 双显示，或 AC+DC 读数
dBm，dBV	dBm 测量时使用者选择的阻抗参数
通断性/开路测试	蜂鸣器响表示电阻读数低于阈值，或表示电路开路

续表

功　能	说　明
快速条形段显示	51 段供峰值或归零显示
占空比/脉宽	测量信号开或关的时间，以%或毫秒表示
MIN MAX 模式 FAST MIN MAX（24h 时钟标记）	记录最大、最小和平均值。 记录最大或最小值的 24h 时钟，记录平均值的经历时间。 FAST MIN　MAX 模式能捕获 250μs 的峰值
关闭万用表壳校准	不需内部调整
电池/熔丝盖	更换电池或熔丝而不会使万用表的校准失效
超强度模压外壳	护套的功能

当选择直流电压、电流功能挡时，万用表可分开显示输入信号的交流及直流读数，或者显示交流和直流（ac+dc）的总值（有效值），如图 3-26 所示。此功能可用来测量具有直流偏移量的交流电。

图 3-26　交流及直流显示

3. FT360 系列数字式万用表的功能模式

FT360 系列数字式万用表具有超强的功能模式（见表 3-16），使操作更加方便、快捷、安全。

表 3-16　　　　　　　　　　FT360 系列数字式万用表的功能模式

序号	功能模式	操　作　说　明
1	量程模式	有手动量程和自动量程两种模式。当开启万用表或将旋钮开关转换到其他功能挡位时，万用表处于自动量程，屏幕上显示 AUTO 字样。可通过按量程键转换为手动量程
2	显示保持模式	可以保持主显示屏读数不变化。当激活显示保持功能时，显示屏显示 HOLD。此时，万用表将冻结目前的读数和时间。新的读数将出现在副显示屏上
3	频率、占空比、脉冲宽度测量模式	在电压、电流测量中，可以通过功能键进行该信号的频率、占空比、脉宽测量，最大测量频率可高达 1MHz。测量占空比和脉宽可通过上下键来选择正斜率触发或负斜率触发
4	最小、最大和平均值（MIN MAX AVG）模式	能保存读数的最小、最大输入值，并计算所有读数的连续平均值。当输入比保存的最小值更小或比最大值更大时，万用表会发出声响，并且保存新的输入值

续表

序号	功能模式		操 作 说 明
5	FAST MIN MAX 模式		FAST MIN MAX 模式能捕获短至 250μs 的瞬时信号
6	相对模式		选择相对模式（REL△）会使万用表的显示归零，同时万用表会保存目前的读数作为继续测量的参考值。同时，还有相对百分比模式（REL△%），可以测量相对值相对于参考值的百分比。万用表的表笔线存在电阻，万用表和导线存在杂散电容。要获得精确的测量值，相对模式可以使在测量前将这些可能引起误差的值去掉
7	数据存储模式	保存读数	保存读数包括主、辅读数和功能，还包括时间印记和代表各种运行当中的功能图标
		作业记录读数	作业记录区间（Log Int）可以用万用表来设定，使用者可以在万用表显示屏上读取每次作业记录区间的平均读数。一个规定的作业记录区间可能包括稳定的和非稳定的作业记录读数。为了提供更详细的作业记录信息，该万用表还存储每组稳定和非稳定的作业记录读数的高、低及平均值。使用上位机软件可以存取这些作业记录读数，并把数据用图形和表格的形式来显示，并可打印及存储数据

4. FT360 系列数字式万用表与电脑的联机

FT360 系列万用表配备了 Faithtech View 软件，操作人员通过 USB 连接线将万用表与个人电脑（PC）连接（如图 3-27 所示），然后通过在 PC 机上运行 Faithtech View 软件实现趋势绘图（TrendDranwing）、内存查看（MemoryViewing）、逻辑分析（LogicAnalysing）、单通道示波（MonoOsciloscope）和谐波分析（HarmonicAnalysing）功能。

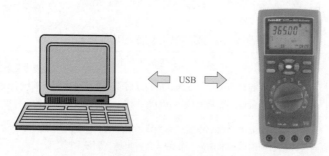

图 3-27 万用表与 PC 联机功能的实现方法

（1）趋势捕获。万用表将实时测量到的数据上传到 PC 机，并转换为一个图形显示，并统计出全部或者局部趋势捕获数据的最大值、最小值、平均值、方差值。趋势捕获可帮助操作者快速了解信号动态行为，如漂移、短时脉冲、浪涌和断开等信号问题。它常用于监视温度、参考测试点，检验电路设计，捕获间歇事件、电源稳定性测试等，如图 3-28 所示。

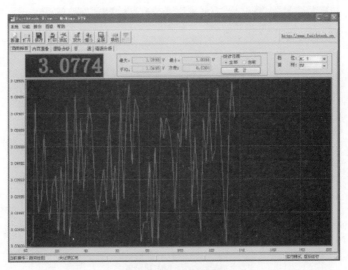

图 3-28　趋势捕获

（2）内存查看。将万用表存储器作业读数上传到 PC 机，转变为图形和表格两种显示方式。内存查看中一项非常重要的功能就是可以"放大"包含事件数据的图形，获得更详细的视图，同时可以计算最小值、最大值、平均值、方差值，便于分析作业读数是否稳定，还可以将数据保存到 PC 机中的数据库或者打印，以便随后分析，如图 3-29 所示。

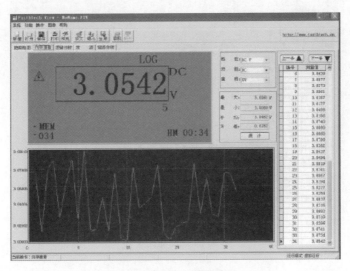

图 3-29　内存查看

（3）逻辑分析。万用表以 80K 的速率上传采样数据到电脑，并加以存储，用图形的方式直观地表达出来，同时提供方便的图形放缩、移动等操作。操作者观察测量波形中是否存在毛刺、干扰，频率是否正确等，从而实现逻辑分析与故障定位，如图 3-30 所示。

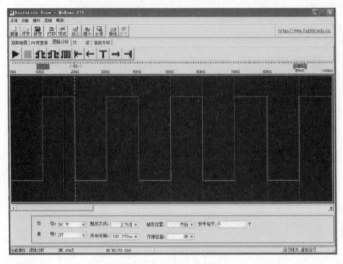

图 3-30　逻辑分析

（4）单通道示波。单通道示波相当于一台单通道示波器。它以图形的方式显示信号随时间变化的历史情况，并且可以测量电压的幅度、频率、时间等电量参数，如图 3-31 所示。

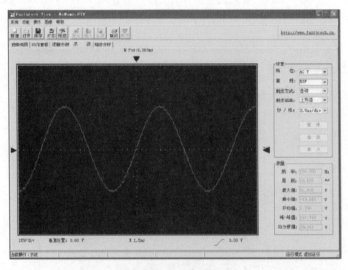

图 3-31　单通道示波

（5）谐波分析。万用表的谐波分析可以监控电力质量，经过对采样数据进行傅立叶变换，计算出电路中的 25 次谐波分量，并以柱状图和列表方式显示，从而帮助操作者分析电力质量，如图 3-32 所示。

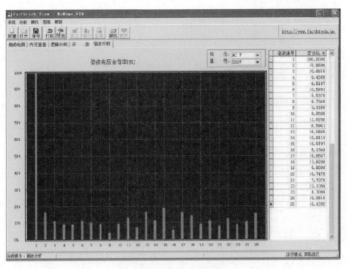

图 3-32　谐波分析

3.5　台式万用表的使用

视频 3.9　台式万用表与
数字式万用表比较

3.5.1　认识台式万用表

台式万用表是一种手动量程、便携台式、交直流供电的高精度数字式万用表。功能多，稳定性好，可靠性强，不但可以测量电阻、电容、三极管 h_{FE} 等元器件参数，还可以测量交直流电压、交直流电流、频率等电路参数，与传感器配合还可以测量温度等非电量。市面上有很多种台式万用表，本书以 UT802 台式万用表为例介绍。

UT802 台式万用表具有全功能显示、全量程过载保护和独特的外观设计，是一款性能优越的电工测试仪表，可用于测量交直流电压、交直流电流、电阻、频率、电容、温度、三极管 h_{EF}、二极管和蜂鸣电路的通断等。具有带背光灯的大屏幕超大字符液晶显示屏，在黑暗环境下也可以有效读数，并且具有数据保持功能，可以保持测量结果，方便测量者随时读取。具备 RS232C 和 USB 双数据传输标准接口，可以实时传输数据与 PC 进行通信。配有多功能测试插座，能够进行电容及晶体管测量，配合 K 型温度探头可以实现测温功能。提供电池、市电两种供电方式，可实现自动关机，节省用电，有效节约使用成本。

UT802 型台式万用表由仪表及附件组成，附件主要包括测试表笔、鳄鱼夹短测试线、K型温度探头、转接插头座、电源适配器、使用说明书等，如图 3-33 所示。仪表的正上方带有工具箱，用于存放所有附件。

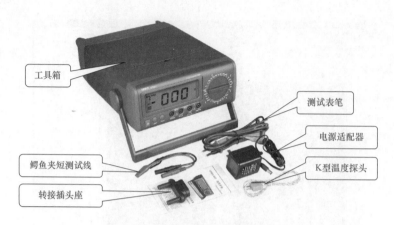

图 3-33　UT802 台式万用表的组成

　　UT802 型台式万用表的操作面板主要由液晶显示屏、电源开关、背光控制开关、数据保持开关、表笔插孔、量程转换开关等组成如图 3-34 所示，各组成部分的功能及作用见表 3-18。

图 3-34　UT802 型台式万用表的操作面板

表 3-18　　　　　　　　　　UT802 型万用表面板各组成部分的功能及作用

名称	图形	功能及作用
电源开关		按下电源开关，仪器通电
背光控制开关		按下此开关，液晶屏背光灯打开，再次按下则关闭

名称	图形	功能及作用
数据保持开关		按下此开关，液晶屏保留当前测量数据显示，不再随被测量值的变化而变化
量程转换开关		转动此开关，选择合适的测量挡位和量程，有三角形标志的一端指示当前所选挡位和量程
表笔插孔		从左往右依次为 10A 电流插孔（测量电流大于 100mA，小于 10A 时使用），mA 级电流插孔（测量电流小于 100mA 时使用），公共端 COM 插孔，ΩVHz 插孔（测量电压、电阻、频率及二极管时使用）
液晶显示屏		用于显示万用表测量数据、测量单位和常见的提示符号

UT802 型台式万用表的液晶显示屏显示功能非常丰富，常见的显示内容如图 3-35 所示。

图 3-35　UT802 型万用表液晶屏的显示功能

除此之外，还有电池欠压提示符 ▭，二极管测量提示符 ➔▸⊢，警告提示符 Warning!，蜂鸣通断测量提示符◦)))等。

3.5.2　UT802 型台式万用表测量元器件参数

1. 测量色环电阻的阻值

UT802 型台式万用表的电阻挡共有 200Ω、2K、20K、200K、2M、200M 共 6 个量程，测量时，需根据被测阻值的大小，选择合适的量程。下面以测量一个 10kΩ 的电阻为例讲解台式万用表测量电阻阻值的操作步骤，如图 3-36 所示。

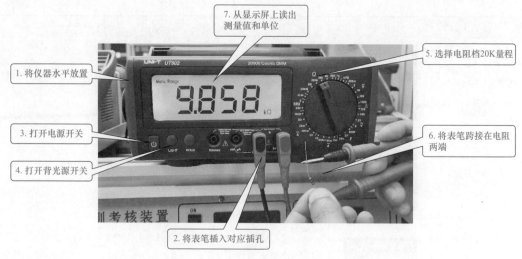

图 3-36　万用表测量电阻的操作步骤

（1）步骤 1　测量前的准备工作。

1）先调整台式万用表的支架，使其水平放置。

2）正确连接表笔，将红表笔插入 Ω/V/Hz 插孔中，黑表笔插入 COM 插孔中。

3）打开电源开关。

4）根据光线情况决定是否需要打开背光控制开关。

（2）步骤 2　选择挡位和量程。

1）通过看色环标注读出被测电阻的标称阻值为 10kΩ。

2）再次检查表笔和插孔，确认红表笔插入 Ω/V/Hz 插孔，黑表笔插入 COM 公共端插孔。

3）根据阻值大小将量程转换开关旋转至电阻挡，使带有三角形标志的一端对准 20K 位置。

（3）步骤 3　测量电阻。

1）将两表笔跨接在被测电阻两端，注意两只手不要同时接触表笔或电阻的引脚。

2）待液晶显示屏上的测量读数稳定后，从显示屏上读出测量数据为 9.858，单位为 kΩ。如有需要，可按下 HOLD 按键，使测量数据保持。

3）记录测量数据。

（4）步骤 4　仪表复位。

1）断开电阻与表笔的连接。

2）将量程转换开关拨到交流电压最高挡，取下表笔，放入顶部工具箱中。

3）关闭万用表电源开关。

2. 测量电容的容量

UT802 型台式万用表的电容挡有 20nF、2μF、200μF 共 3 个量程，测量时，需要使用台式万用表转接插头座。下面以测量一个 47μF 的电解电容为例，介绍台式万用表测量电容容量的操作步骤，如图 3-37 所示。

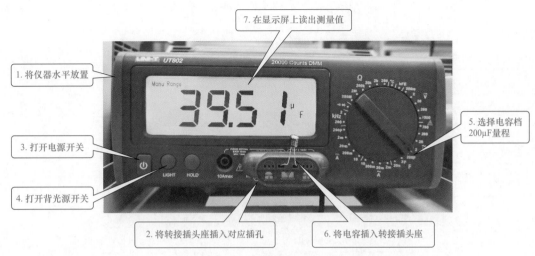

图 3-37　万用表测量电容的操作步骤

（1）步骤 1　测量前的准备工作。

1）调整台式万用表的支架，使其水平放置。

2）将转接插头座插入台式万用表插孔中，转接插头一端插入 mA/μA 插孔，一端插入 Ω/V/Hz 插孔。

3）打开电源开关，根据光线需要打开背光控制开关。

4）利用台式万用表表笔短接电容两只引脚，将电容放电。

（2）步骤 2　选择挡位和量程。

1）在电解电容上读出电容的标称容量为 47μF。

2）将台式万用表量程转换开关拨至电容挡，并选择 200μF 量程。

（3）步骤 3　测量电容量。

1）将电容器的两只引脚插入转接插头座。

2）待读数稳定后，从显示屏上读出测量数据为 39.51，单位为 μF。

3）记录测量数据。

（4）步骤 4　仪表复位。

1）断开电容与台式万用表的连接。

2）将量程转换开关拨到交流电压最高挡，取下表笔，放入顶部工具箱中。

3）关闭万用表电源开关。

3. 测量二极管的正向导通电压

台式万用表的二极管与蜂鸣器共用挡一般用来快速判断电路的通断。测量时，如果红黑表笔间的电阻在 50Ω 以下，蜂鸣器就会发出蜂鸣声。同时，也用于测量二极管的状态，当二极管正向导通时，台式万用表显示的数值为二极管的管压降。下面以测量二极管 1N4007 为例，讲解台式万用表测量二极管的操作步骤，如图 3-38 所示。

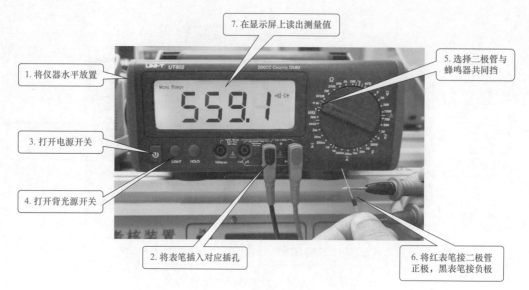

图 3-38　万用表测量二极管的操作步骤

（1）步骤 1　测量前的准备工作。

1）调整台式万用表的支架，使其水平放置。

2）正确连接表笔，将红表笔插入 Ω/V/Hz 插孔中，黑表笔插入 COM 插孔中。

3）打开电源开关，根据光线需要打开背光控制开关。

（2）步骤 2　选择挡位和量程。

将万用表量程转换开关拨至二极管与蜂鸣器共用挡。

（3）步骤 3　测量二极管。

1）将红表笔与二极管的正极连接，黑表笔与二极管的负极连接。

2）观察液晶显示屏，待数据显示稳定时，读出测量值 559.1，该测量值为二极管的正向导通电压，单位为 mV。

3）记录测量数据。

4）交换两表笔，再次测量二极管，此时，液晶显示屏上显示为 1，表示红表笔接二极管负极，黑表笔接二极管正极。

（4）步骤 4　仪表复位。

1）断开二极管与台式万用表的连接。

2）将量程转换开关拨到交流电压最高挡，取下台式万用表表笔，放入顶部工具箱中。

3）关闭台式万用表电源开关。

4. 测量三极管 h_{FE} 值

UT802 型台式万用表的三极管专用挡（h_{FE} 挡），利用三极管的电流放大原理来测量三极管的放大倍数，并判断三极管的引脚和类型。测量时，需配合转换插头座使用。下面以测量 PNP 型三极管 8550 为例，讲解台式万用表测量三极管 h_{FE} 的操作步骤，如图 3-39 所示。

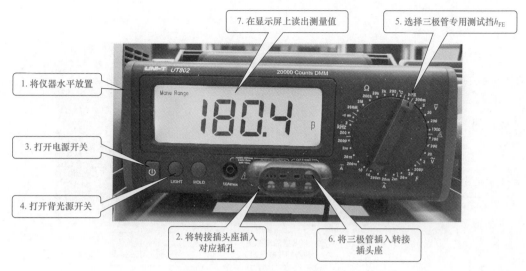

图 3-39 万用表测量三极管 h_{FE}

（1）步骤 1 测量前的准备工作。

1）调整台式万用表的支架，使其水平放置。

2）将转换插头座插入万用表中，转接插头一端插入 mA/μA 插孔，一端插入 Ω/V/Hz 插孔。

3）打开电源开关，根据光线需要打开背光控制开关。

（2）步骤 2 选择挡位和量程。

将万用表量程转换开关拨至三极管专用挡（h_{FE} 挡）。

（3）步骤 3 测量三极管。

1）将三极管正确插入转换插头座中。如被测三极管是 NPN 型管，则将管子的各引脚插入 NPN 插孔相应的插孔中。如被测三极管是 PNP 型管，则将管子的各引脚插入 PNP 插孔相应的插孔中。

2）观察液晶显示屏，此时，显示屏就会显示出被测三极管的 h_{FE}，待数据显示稳定时，读出测量数据为 180.4，无单位。

3）记录测量数据。

（4）步骤 4 仪表复位。

1）将三极管从转接插头座中取出，并将转接插头座从台式万用表上取下来，放入顶部工具箱中。

2）将量程转换开关拨到交流电压最高挡。

3）关闭台式万用表电源开关。

5. 使用 K 型温度探头测量室内温度

UT802 型配备有 K 型温度探头，可以直接测量 350℃ 以下的温度。测量时，需配合转换插头座使用。下面以测量当前室内温度为例，讲解台式万用表测量室内温度的操作步骤，如图 3-40 所示。

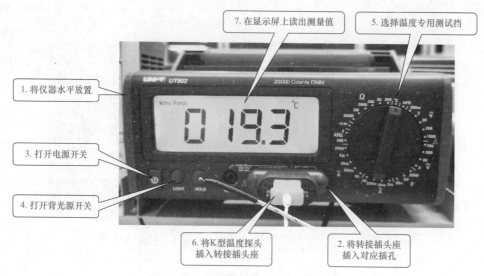

7. 在显示屏上读出测量值

5. 选择温度专用测试挡

1. 将仪器水平放置

3. 打开电源开关

4. 打开背光源开关

6. 将K型温度探头
插入转接插头座

2. 将转接插头座
插入对应插孔

图3-40　万用表测量室温的操作步骤

（1）步骤1　测量前的准备工作。

1）调整台式万用表的支架，使其水平放置。

2）将转换插头座插入万用表中，转接插头一端插入 mA/μA 插孔，一端插入 Ω/V/Hz 插孔。

3）打开电源开关，根据光线需要打开背光控制开关。

（2）步骤2　选择挡位和量程。

将万用表量程转换开关拨至温度专用测试挡（℃挡）。

（3）步骤3　测量室内温度。

1）将 K 型温度探头正确插入转换插头座中，注意 K 型温度探头附近不能存在热源。

2）观察液晶显示屏，此时，显示屏就会显示出被测量的室内温度值，待数据显示稳定时，读出测量数据为 19.3，单位为摄氏度（℃）。

3）记录测量数据。

（4）步骤4　仪表复位。

1）将 K 型温度探头从转接插头座中取出，并将转接插头座从台式万用表上取下来，放入顶部工具箱中。

2）将量程转换开关拨到交流电压最高挡。

3）关闭台式万用表电源开关。

3.5.3　台式数字式万用表测量电路参数

1. 测量直流电压

UT802 型直流电压挡共有 200mV、2V、20V、200V、1000V 等 5 个量程，测量时需要选择适当的量程。下面以测量一个额定电压 1.5V 的 5 号电池为例，介绍万用表测量直流电压的操作步骤，如图 3-41 所示。

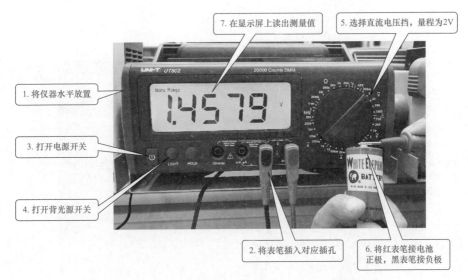

图 3-41　万用表测量直流电压的操作步骤

（1）步骤 1　测量前的准备工作。

1）调整台式万用表的支架，使其水平放置。

2）将表笔插入万用表插孔中，红表笔插入 Ω/V/Hz 插孔，黑表笔插入 COM 插孔。

3）打开电源开关，根据光线需要打开背光控制开关。

（2）步骤 2　选择挡位和量程。

1）从电池商标牌上读出电池的额定电压为 1.5V。

2）再次检查表笔和插孔，确认红表笔插入 Ω/V/Hz 插孔，黑表笔插入 COM 公共端插孔中。

3）根据被测电压大小将量程转换开关旋转至电压挡，使带有三角形标志的一端对准 2V 位置。

（3）步骤 3　测量直流电压。

1）将红表笔接电池的正极，黑表笔接电池的负极。观察液晶屏上数值变化，如表笔接反，液晶屏上将显示负的读数。

2）待液晶显示屏上的数值稳定后，从显示屏上读出测量数据为 1.4579，单位为 V。如有需要，可按下 HOLD 按键，使测量数据保持。

3）记录测量数据。

（4）步骤 4　仪表复位。

1）断开电池与表笔的连接。

2）将量程转换开关拨到交流电压最高挡，取下台式万用表表笔，放入顶部工具箱中。

3）关闭电源开关。

2. 测量交流电压值

UT802 型交流电压挡共有 2、20、200、750V 等 4 个量程，测量时需要选择适当的量程。下面以测量实训台插座中的 220V 工频交流市电为例，介绍万用表测量交流电压的操作步骤，如图 3-42 所示。

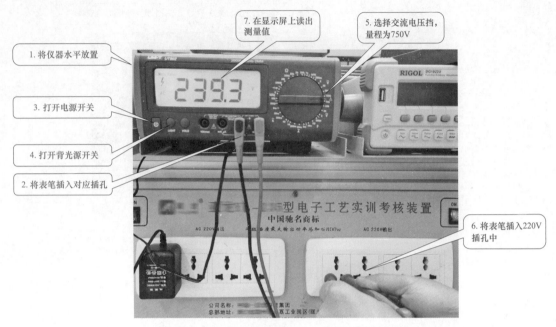

图 3-42　万用表测量交流电压的操作步骤

（1）步骤 1　测量前的准备工作。

1）调整台式万用表的支架，使其水平放置。

2）将表笔插入万用表插孔中，红表笔插入 Ω/V/Hz 插孔，黑表笔插入 COM 插孔。

3）打开电源开关，根据光线需要打开背光控制开关。

（2）步骤 2　选择挡位和量程。

1）检查表笔和插孔，确认红表笔插入 Ω/V/Hz 插孔，黑表笔插入 COM 公共端插孔中。

2）根据被测交流电压大小为 220V，将量程转换开关旋转至交流电压挡，使带有三角形标志的一端对准 750V 位置。

（3）步骤 3　测量直流电压。

1）将两支表笔插入插座中，观察液晶屏上的数值变化。万用表测量交流电压时不分正负极性。

2）待液晶显示屏上的数值稳定后，从显示屏上读出测量数据为 239.3，单位为 V。如有需要，可按下 HOLD 按键，使测量数据保持。

3）记录测量数据。

（4）步骤 4　仪表复位。

1）断开电池与表笔的连接。

2）取下台式万用表表笔，放入顶部工具箱中。

3）关闭电源开关。

3. 测量直流电流

UT802 型直流电流挡有 200μA、2mA、20mA、200mA、10A 共 5 个量程，测量时需要选

择适当的量程，并将万用表串联在电路中。下面以测量一个正在工作中的直流电路的整机工作电流为例，介绍万用表测量直流电流的操作步骤，如图 3-43 所示。

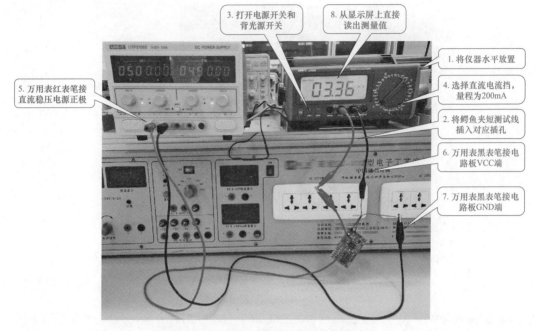

图 3-43　万用表测量直流电流的操作步骤

（1）步骤 1　测量前的准备工作。

1）调整台式万用表的支架，使其水平放置。

2）将表笔插入万用表插孔中，红表笔插入 μA/mA 插孔，黑表笔插入 COM 插孔。

3）打开电源开关，根据光线需要打开背光控制开关。

（2）步骤 2　选择直流电流挡最大量程，进行试测。

1）检查表笔和插孔，确认红表笔插入 μA/mA 插孔，黑表笔插入 COM 公共端插孔中。

2）由于不知被测直流电流的大小，应首先选择较大挡位进行测量，将量程转换开关旋转至直流电流挡，使带有三角形标志的一端对准 200mA 位置。

3）打开直流稳压电源，将输出电压值调整为电路所需的工作电压值，将万用表红表笔接直流稳压电源的正极，黑表笔接电路板的+端，直流稳压电源的负极与电路板负端相接。待读数稳定后，从液晶显示屏上读出测量值为 3.36mA。

（3）步骤 3　根据试测结果选择合适量程，再次进行测量。

1）断开万用表与电路板的连接，根据试测的测量值，将量程转换开关对准 20mA 挡。重新连接电路，再次进行测量，如图 3-44 所示。

2）从液晶显示屏上读出本次测量的测量值为 3.317mA，并记录量数据。

（4）步骤 4　仪表复位。

1）断开电路板与表笔的连接。

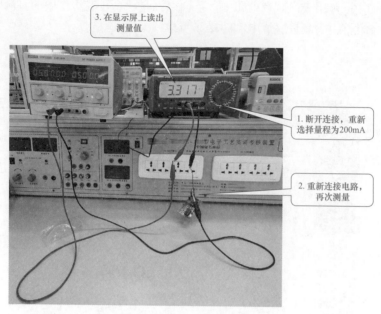

图 3-44   万用表测量直流电流

2）将量程转换开关拨到交流电压最高挡，取下台式万用表表笔，放入顶部工具箱中。

3）关闭电源开关。

4. 测量交流电流

UT802 型交流电流挡有 2mA、20mA、200mA、10A 共 4 个量程，测量时需要选择适当的量程，并将万用表串联在电路中。下面以测量一个正在工作中的交流电路的整机工作电流为例，介绍万用表测量交流电流的操作步骤，如图 3-45 所示。

（1）步骤 1   测量前的准备工作。

1）调整台式万用表的支架，使其水平放置。

2）将表笔插入万用表插孔中，红表笔插入 μA/mA 插孔，黑表笔插入 COM 插孔。

3）打开电源开关，根据光线需要打开背光控制开关。

（2）步骤 2   选择交流电流挡最大量程，进行试测。

1）检查表笔和插孔，确认红表笔插入 μA/mA 插孔，黑表笔插入 COM 公共端插孔中。

2）由于不知被测交流电流的大小，应首先选择较大挡位进行测量，将量程转换开关旋转至交流电流挡，使带有三角形标志的一端对准 200mA 位置。

3）打开交流电源，选择输出电压为 3V，将万用表红表笔接交流电源的 L 端，黑表笔接电路板的 L 端，电路板的 N 端与交流电源的 N 端相接。待读数稳定后，从液晶显示屏上读出测量值为 3.45mA。

（3）步骤 3   根据试测结果选择合适量程，再次进行测量。

1）断开万用表与电路板的连接，根据试测的测量值，将量程转换开关对准 20mA 挡。重新连接电路，再次进行测量，如图 3-46 所示。

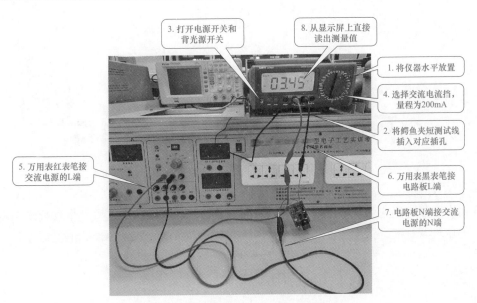

图 3-45　万用表测量交流电流的操作步骤

2）从液晶显示屏上读出本次测量的测量值为 3.205mA，并记录量数据。

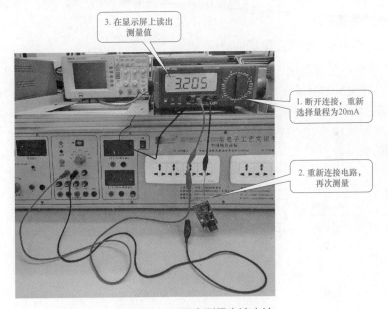

图 3-46　万用表测量交流电流

（4）步骤 4　仪表复位。

1）断开电路板与表笔的连接。

2）将量程转换开关拨到交流电压最高挡，取下台式万用表表笔，放入顶部工具箱中。

3）关闭电源开关。

第4章

万用表检测常用元器件

万用表不仅可用来测量电阻、电压、电流等参数，还可以借助这些基本参数来判定常用元器件的质量及性能，如检测晶体管、电容器、电感、晶闸管、扬声器、继电器等。

4.1 用万用表检测二极管

视频 4.1 指针式
万用表测二极管

二极管由两种不同的半导体（P 型和 N 型半导体）形成的一个 PN 结组成。半导体二极管的主要作用有整流、稳压等。利用二极管的单向导电性，通过用万用表检测其正、反向电阻值，不但可判别出二极管极性，还可判定二极管的质量好坏。

4.1.1 普通二极管的检测

1. 判定二极管的正、负极

二极管由一个 PN 结组成，如图 4-1 所示，由于 PN 结具有单向导电性，即 PN 结加正向电压时，电阻很小，处于导通状态；PN 结加反向电压时，电阻很大，处于截止状态。因此，二极管也具有单向导电的特性，其反向电阻远大于正向电阻，因此，可用万用表的欧姆挡来判定二极管的极性。

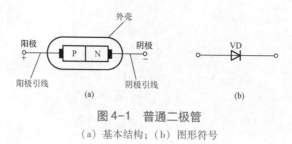

图 4-1 普通二极管

(a) 基本结构；(b) 图形符号

📒 知识链接

万用表检测二极管的原理

由于万用表安装有电池，与万用表 "+" 输入相连的红表笔与电池负极相通，而与万用表 "−" 输入端相连的黑表笔与电池正极相通，如图 4-2 所示。所以，通过用万用表合适的欧姆挡测量二极管的正、反向电阻，就可知道二极管的极性，同时还可判定二极管内部 PN 结的好坏及质量。

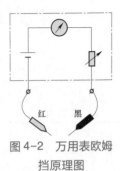

图 4-2 万用表欧姆
挡原理图

用万用表判定二极管极性的方法和步骤如下：

（1）选择合适的倍率挡并调零。先把万用表拨到欧姆挡（通常用 $R×100$ 或 $R×1k$），如图 4-3 所示，然后按第 2 章介绍的欧姆调零方法进行欧姆调零。

图 4-3 选择合适的欧姆倍率挡

（2）正向连接测量。把表笔分别接到二极管的两个电极。当表内的电源使二极管处于正向接法时，二极管导通，阻值较小（几十到几千欧），如图 4-4（a）所示，此时，黑表笔接触的是二极管的正极，红表笔接触的是二极管的负极。

（3）反向连接测量。当表内电源使二极管处于反向接法时，如图 4-4（b）所示。二极管截止，电阻值很大（一般为几百千欧），此时，黑表笔接的是二极管的负极，红表笔接的是二极管的正极。

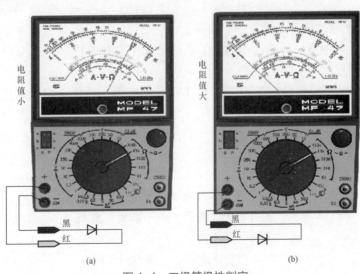

图 4-4 二极管极性判定

（a）正向电阻；（b）反向电阻

上述规律可归纳于表4-1中。

表4-1 二极管的极性判定

测二极管的电阻值	红表笔接的电极	黑表笔接的电极
阻值小	被测管的负极	被测管的正极
阻值大	被测管的正极	被测管的负极

注意事项:

以上说的正、反向电阻值,只适用于小功率检波二极管。对于整流二极管,其正向电阻很小,一般为几十欧姆,应选择 $R \times 10$ 挡或者 $R \times 1$ 挡测量。

2. 二极管单向导电性的检测

通过测量正、反向电阻,可以检查二极管的单向导电性。一般情况下,二极管的正、反向电阻值相差越悬殊,说明它的单向导电性越好。在正常情况下,二极管的反向电阻比正向电阻大几百倍。也就是说,正向电阻越小越好,反向电阻越大越好。选择万用表的 $R \times 1k$ 挡分别测出正、反向电阻,对照表4-2即可判断二极管单向导电性的好坏。

表4-2 用 $R \times 1k$ 挡检查二极管电阻值分析

正向电阻(Ω)	反向电阻(Ω)	二极管 PN 结质量好坏
一百欧至几百欧姆	几十千欧至几百千欧姆	好
0	0	短路损坏
∞	∞	开路损坏
正、反向电阻比较接近		管子失效

注 硅二极管正向电阻为几百至几千欧姆,锗二极管为 $100 \sim 1000k\Omega$。

注意事项:

(1)表4-2规定的只是大致范围。实际上,正、反向电阻不仅与被测管有关,还与万用表的型号有关。各种型号的万用表 $R \times 1k$ 挡的欧姆中心值不同,向二极管提供的电流不同,反映在电阻值上就有一定差异。

(2)若选择 $R \times 100$ 挡,或 $R \times 10$ 挡、$R \times 1$ 挡,则电阻挡越低,向被测管提供的电流越大,测出的电阻值就越小。

 指点迷津

普通二极管测量口诀

单向导电二极管,一个正极一负极。

正反测量比阻值,一大一小记清楚。

阻值小者看表笔,黑正红负定电极。

反向测量针不动,在路测量有特殊。

正反都通是坏管,正向无阻芯不疏。

【说明】

反向测量针不动，在路测量有特殊——二极管的反向电阻为几千欧，甚至接近无穷大，所以测量时表针基本不动，但是如果在路测量二极管的反向电阻，则表针要动，会有一定的阻值。

正反都通是坏管，正向无阻芯不疏——"芯不疏"即开路。

技能提高

硅、锗二极管的简易区分方法

硅、锗二极管通常在管壳上有标记，如无标记，可用万用表电阻挡测量其正反向电阻来区分硅二极管和锗二极管（一般用 $R \times 100$ 或 $R \times 1k$ 挡），如图 4-5 所示。

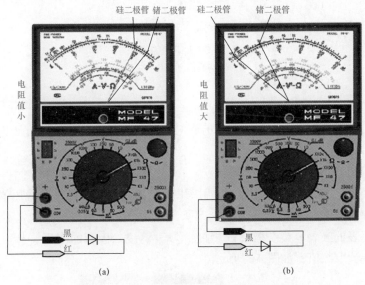

图 4-5　硅二极管和锗二极管的判断方法
(a) 正向电阻；(b) 反向电阻

（1）正向电阻测量，如图 4-5（a）所示。

硅管：表头指针位置在中间或中间偏右一点。

锗管：表头指针在右端靠近 0Ω 刻度的地方，表明二极管正向特性是好的。

如果表头指针在左端不动，则表明二极管内部已经断路损坏。

（2）反向电阻测量，如图 4-5（b）所示。

硅管：表头指针在左端基本不动，即靠近满刻度（∞）位置。

锗管：表头指针从左端起偏一点，但不超过满刻度的 1/4，表明反向特性是好的；如果指针指在零位，则二极管内部已经短路。

4.1.2 测稳压二极管

稳压二极管是利用反向击穿电流在较大范围内变化时，二极管两端电压变化很小的原理制成。稳压二极管稳压时工作在反向电击穿状态，这就是稳压二极管的特性。稳压二极管的实物图和图形符号如图 4-6 所示。

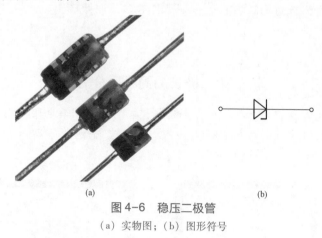

（a） （b）

图 4-6 稳压二极管

（a）实物图；（b）图形符号

1. 稳压二极管极性的检测

对于稳压二极管极性的检测，可参考前面对普通二极管的极性检测方法进行检测，这里不再重复。

2. 稳压二极管稳压值的检测

稳压值在 15V 以下的稳压二极管，可用 MF47 型万用表直接测量其稳压值，方法如下：

（1）选择 $R\times10k$ 挡，然后调零。

（2）用万用表的红表笔接二极管的阳极，黑表笔接二极管的阴极，从万用表直流电压挡 10V 刻度线上读取数值，如图 4-7 所示。

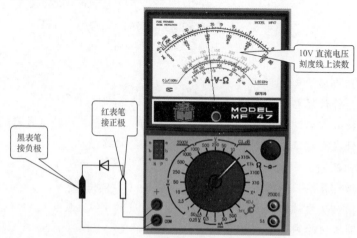

图 4-7 测稳压二极管稳压值

（3）再用公式 $U_Z = (10-读数值) \times U_S/10$ 计算出稳压值。公式中，U_S 为万用表内两种电池之和。计算时要注意，MF47 型万用表的 $R \times 10k$ 挡有 9V 和 15V 电池两种型号，10 表示电压的满刻度值。

例如：若测得某一稳压二极管万用表的指针读数刚好是 4，如图 4-8 所示，而该表内电池电压为 $9+1.5 = 10.5$（V），则该稳压二极管的稳压值为 $U_Z = (10-4) \times 105/10 = 6.3$（V）。

图 4-8　指针读数

对于稳压值不小于 15V 的稳压二极管，如图 4-9 所示，用一个输出电压大于稳压值的直流电源（例如 0~30V 连续可调直流稳压电源），通过限流电阻 R（例如 $1.5k\Omega$）给稳压二极管加上反向电压，用万用表直流电压挡即可测量出稳压二极管的稳压值。测量时，适当选取限流电阻 R 的阻值，使稳压二极管反向工作电流约为 5~10mA。

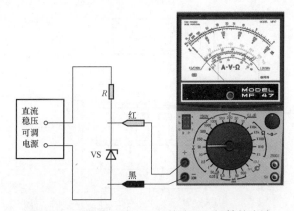

图 4-9　测量稳压值 ≥15V 的稳压二极管的方法

技能提高

稳压二极管与普通二极管的鉴别

当一些稳压值较小的稳压二极管标志不清或脱落时，可用下面方法鉴别出来：首先将二极管的正负极性判断出来，再用万用表的 $R \times 10k$ 挡，黑表笔接二极管的阴极，红表笔接二极管的阳极。如果此时反向电阻值变得很小（与 $R \times 1k$ 挡测量时相比较），则说明该管为稳压二极管。若测得反向电阻值很大，则说明该管为普通二极管。

4.1.3　数字式万用表测量二极管

1. 判断二极管的极性

用数字式万用表的二极管挡（"—▷⊢—"挡或者"—▷⊢♪"挡），通过测量二极管的正、反电压降来判断出正、负极性。正常的二极管，在测量其正向电压降时，硅二极管正向导通压降范围为 0.5~0.8V，锗二极管正向导通压降范围

视频 4.2　数字式
万用表测二极管

为 0.15~0.3V；测量反向电压降时，表的读数显示为溢出符号"1"。在测量正向电压降时，红表笔接的是二极管的正极，黑表笔接的是二极管的负极。

另外，此法也可用来辨别硅二极管和锗二极管。若正向测量的压降范围为0.5~0.8V，则所测二极管为硅管；若压降范围为 0.15~0.3V，则所测二极管为锗管。

2. 检测普通二极管好坏的方法

（1）将红表笔接被测二极管的阳极，黑表笔接被测二极管的阴极。

（2）将转换开关置于"▷▷"挡或"▷▷♪"挡。

（3）将数字式万用表的开关置于"ON"，此时显示屏所显示的就是被测二极管的正向压降。测量方法见表4-3。

表4-3 数字式万用表检测二极管的好坏

接线示意图	显示屏显示	说　明
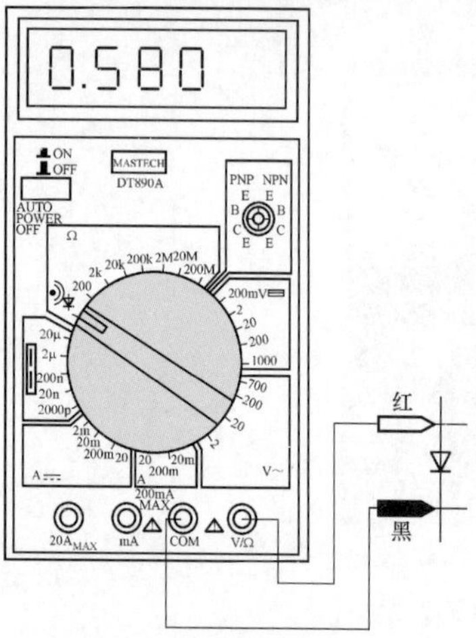 测正向电压	0.580	如果被测二极管是好的，正偏时，硅二极管应有 0.5~0.7V 的正向压降，锗二极管应有 0.1~0.3V 的正向压降
	0.000	表明被测二极管已经击穿短路
	1.	表明被测二极管内部已经开路
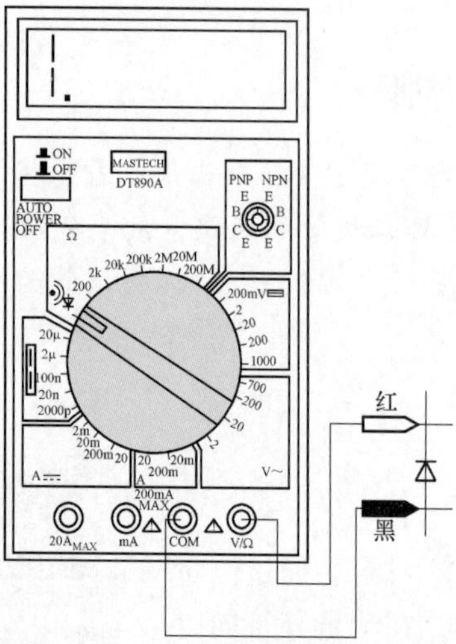 测反向电压	1.	反偏时，硅二极管与锗二极管均显示溢出符号"1"
	1.	若正、反向均显示溢出符号"1"，表明被测二极管内部已经开路
	0.000	若正、反向均显示"000"，表明被测二极管已经击穿短路

4.2　用万用表测量三极管

三极管由两个 PN 结（发射结和集电结）、3 个区（发射区、基区和集电区）、3 个电极（发射极、基极和集电极）组成。发射极、基极和集电极分别用字母 e、b 和 c 表示。三极管可分为 NPN 型和 PNP 型两种类型。晶体三极管具有电流放大作用，在三极管符号中，发射极上标的箭头代表电流方向。

无论 PNP 型三极管还是 NPN 型三极管，均可看成是由两只半导体二极管反极性串联而成，如图 4-10 所示。

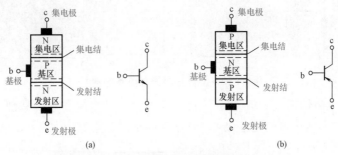

图 4-10　三极管结构示意和图形符号

（a）NPN 型三极管；（b）PNP 型三极管

目前，生产的三极管型号已经达到上万种，封装形式及管脚排列顺序差异很大，如图 4-11 所示。若三极管的标记模糊不清，无法根据型号查阅资料，那么可借助于万用表的 $R{\times}1k$ 挡来识别电极的位置，还能准确测量出三极管的 h_{FE}。

图 4-11　常用三极管的实物

4.2.1　用指针式万用表检测三极管

1. 三极管管型和电极判断

（1）判断基极。利用三极管的基极对集电极和发射极具有对称性的结构特点，即基极对集电极、发射极的正向电阻都很小，且这两个阻值基本相等，可

视频 4.3　指针式
万用表测三极管

117

以迅速判定出基极。具体做法是：

1）先把转换开关拨到欧姆 $R\times1k$ 挡，调零。

2）然后用第一支表笔（如红表笔）碰触某个电极，用另一支表笔（如黑表笔）依次碰触其他两个电极，如图 4-12 所示，记下两次测量的电阻值。

 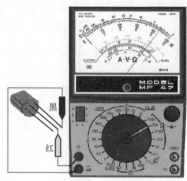

图 4-12　晶体三极管基极 b 的判断

3）如测出的电阻值都很大或很小（或者都很大，但交换表笔后又都很小），则可判断第一支表笔（即红表笔）接的是基极 b。若两次测出的电阻值一大一小，相差很多，说明第一只表笔接的不是基极，应更换其他电极重测。

（2）判定管型。若已知黑表笔接的是基极，而红表笔依次接触另外两个电极时测出的电阻都较小，则该三极管属于 NPN 管；若两次测出的电阻值都比较大，即为 PNP 管。

在图 4-12 中，红表笔接的是三极管中间的引脚，黑表笔分别接另外两个引脚，根据万用表指针的偏转结果，阻值都很小，可判定红表笔接的是 PNP 型三极管的基极 b。

同理，如果用万用表的黑表笔接假定的基极 b，红表笔分别接另外两个引脚，若测得的阻值都很小，则黑色表笔接的引脚是 NPN 型三极管的基极 b。

技能提高

快速判定三极管的基极和管型

利用三极管的基极对集电极和发射极具有对称性的结构特点（基极对集电极、发射极的正向电阻都很小，且这两个阻值大致相等），可以迅速判定出基极。只要两次测得的电阻值都很小，说明固定不动的那支表笔连接的就是基极。

用万用表的黑笔接基极、红笔接另外两个极，阻值都很小，则为 NPN 型三极管的基极。如果红笔接基极、黑笔接另外两个极，阻值都很小，则为 PNP 型三极管的基极。

（3）判断发射极和集电极。确定基极以后，再测量发射极 e、集电极 c 之间的电阻，然后交换表笔重测一次，两次电阻应不相等，其中较小的一次为正常接法，如图 4-13 所示。

判别理由：按正常接法，e、c 极之间通过的电流较大，测出的电阻值就较小。由于三极管的内部结构并不是完全对称的，故表笔接反了，测出的电阻值就较大。

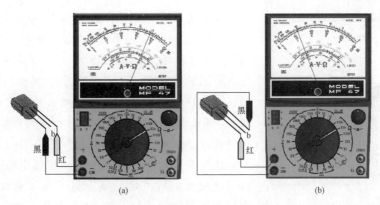

图 4-13 三极管 e、c 极的判断

（a）正常接法；（b）不正常接法

在图 4-13 中，若三极管为 PNP 型，则黑色表笔接的是集电极 c，红表笔接的是发射极 e；若三极管为 NPN 型，则红表笔接的是集电极 c，黑色表笔接的是发射极 e。

上述方法是通过比较 c-e 极间正、反向电阻的差异来识别 e、c 电极的，但此法并不一定完全可靠。因为若两次测出的电阻值非常接近，就容易造成误判。

▶ 技能提高

三极管管脚判别的三种常用方法

现在常用的三极管大部分是采用塑封的，用万用表很容易测 b 极，但怎么准确断定哪个电极是 c，哪个是 e 呢？这里推荐 β 值法、手捏法和直接测量法 3 种方法，供读者参考。

（1）第一种方法：β 值法。对于有测三极管 h_{FE} 插孔的万用表，先测出基极 b 后，将万用表转换开关置于 h_{FE} 挡，如图 4-14 所示。再将三极管随意插到插孔中去（当然 b 极是可以插准确的），测一下 h_{FE} 值，记录下此数据。然后将管子倒过来再测一遍，测得 h_{FE} 值，也记录下此数据。比较两次测量数据，h_{FE} 值大的一次，各管脚插入的位置是正确的，按照插孔旁边对应的字母，就可以确定集电极和发射极。

图 4-14 测量 β 值判断 c、e 极

注意：NPN 和 PNP 管应该插入各自对应的插孔。MF47 型上字母"N"代表 NPN 型三极管，字母"P"代表 PNP 型三极管。

（2）第二种方法：手捏法（或舌尖舔法）。对无 h_{FE} 测量插孔的万用表，或管子太大不方便插入插孔的，可以用这种方法。

对 NPN 型三极管，先测出 b 极，万用表置于 $R×1k$ 挡，将红表笔接假设的发射极 e（1脚，注意拿红表笔的手不要碰到表笔尖或管脚），黑表笔接假设的集电极 c（2脚），同时用

图4-15　手捏b、c极判断c、e极

手指捏住黑表笔尖及这个管脚，将管子拿起来，用舌尖舔一下基极b（也可以用手指把假设的集电极和基极捏住，但两管脚不要相碰，如图4-15所示）。看表头指针偏转的位置，并记下此阻值，如图4-16（a）所示。然后再做相反的假设，即把原来假设为集电极c的2引脚假设为发射极e，原来假定为发射极的1引脚假设为集电极c，再做同样的测试，并记下此阻值，如图4-16（b）所示。

比较两次的阻值的大小，阻值较小的一次（指针偏转角度较大）所假定的集电极c和发射极e是正确的，由此就可判定管子的c、e极。在图4-16中，编号"1"脚为发射极，编号"2"脚为集电极，如图4-17所示。

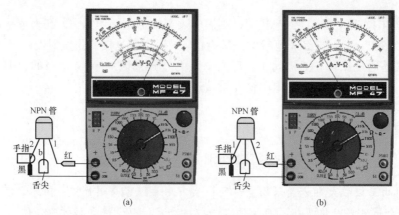

图4-16　手捏法或舌尖舔法判断c、e极
（a）指针偏转大阻值小；（b）指针偏转小阻值大

对PNP型三极管，要将黑表笔接假设的e极（手不要碰到笔尖或管脚），红表笔接假设的c极，同时用手指捏住红表笔尖及这个管脚，然后用舌尖舔一下b极，如果各表笔接得正确，表头指针会偏转得比较大（阻值较小），如图4-18所示。

测量时表笔要交换一下测两次，比较读数后才能最后判定，电阻值读数最小的一次管脚极性假设正确。

测量时注意：手指一定不能碰到笔尖或管脚。

这个方法适用于所有外形的三极管，方便实用。根据表针的偏转幅度，还可以估计出管子的放大能力，当然这是凭经验的。

归纳以上测试过程，可以用这样的口诀来帮助记忆。

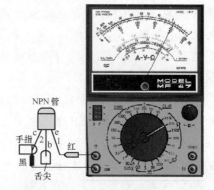

图4-17　NPN型三极管判别c、e极

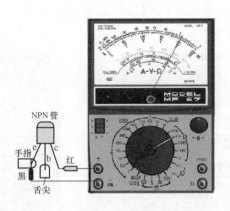

图 4-18　PNP 管判断 c、e 极

万用表测量三极管口诀

三极管，两类型，三个极，e、b、c。

万用表，电阻挡，找基极（b），固黑笔，NPN，固红笔，PNP。

NPN，捏基极（b），阻值小，黑接集（c）。

PNP，捏基极（b），阻值小，红接集（c）。

剩余极，是发射（e）。

（3）第三种方法：直接测量法。先判定出管子的 NPN 或 PNP 类型及其 b 极后。将万用表转换开关置于 R×10k 挡，对 NPN 管，黑表笔接 e 极，红表笔接 c 极时，表针可能会有一定偏转，如图 4-19 所示；反过来接指针不会有偏转。

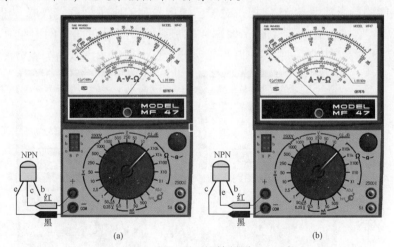

图 4-19　NPN 型三极管判别 c、e 极

（a）正接；（b）反接

对 PNP 管，黑表笔接 c 极，红表笔接 e 极时，表针可能会有一定的偏转；反过来都不

会有偏转，如图 4-20 所示。由此也可以判定三极管的 c、e 极。

注意：直接测量法不适于高耐压的管子。

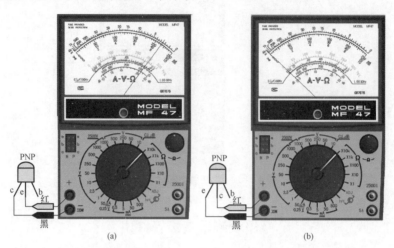

图 4-20　PNP 型三极管判别 c、e 极

(a) 正接；(b) 反接

2. 三极管性能测试

在三极管安装前，首先要对其性能进行测试。下面介绍用普通万用表对晶体管进行粗略测量。

(1) 估测穿透电流 I_{ceo}。不管是 NPN 型三极管还是 PNP 型三极管，不管是小功率、中功率、大功率管，测其 b-e 结 c-b 结都应呈现与二极管完全相同的单向导电性。即反向电阻无穷大，正向电阻大约为 10kΩ。

三极管性能测量通常用 R×1kΩ 挡，对于已知型号和管脚排列的三极管，可判别其性能好坏。现以 NPN 型三极管为例说明，如图 4-21 所示为测量正向极间电阻（红表笔接基极），电阻值大约均为 10kΩ；如图 4-22 所示为测量反向电阻，电阻值为无穷大。

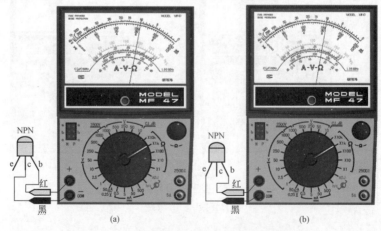

图 4-21　NPN 型三极管正向极间电阻测量

(a) c-b 结；(b) b-e 结

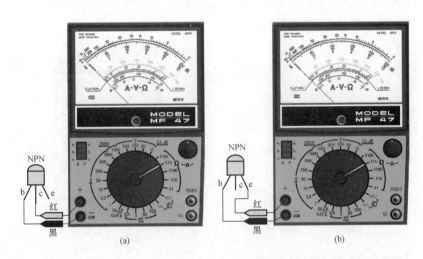

图 4-22 NPN 型三极管反向极间电阻测量

(a) c-b 结；(b) b-e 结

注意：在图 4-21 中，若为 PNP 型三极管测试，测正向电阻时，应是黑色表笔接基极 b；在图 4-22 中，测反向电阻时，应是红表笔接基极。

知识点拨

测量穿透电流判断三极管的性能

在测量三极管穿透电流时，选用万用表 $R×1k$ 挡。

对于 PNP 型管，红表笔接集电极，黑表笔接发射极（对于 NPN 型管则相反），此时测得阻值在几十到几百千欧以上。若阻值很小，说明穿透电流大，已接近击穿，稳定性差；若阻值为零，表示管子已经击穿；若阻值无穷大，表示管子内部断路；若阻值不稳定或阻值逐渐下降，表示管子噪声大、不稳定，不宜使用。

（2）测量放大倍数（β 值）。利用 h_{FE} 刻度线和测试插孔，可以很方便测量三极管的放大倍数。具体方法是：先将万用表的功能转换开关拨到欧姆挡，量程开关拨到"ADJ（校准）"位置，如图 4-23（a）所示。把红、黑表笔短接，调整零欧姆旋钮，使万用表指针对准 h_{FE} 刻度线的"300"刻度（也就是零欧姆位置），如图 4-23（b）所示。然后分开两表笔，将挡位选择开关置于"h_{FE}"位置，如图 4-23（c）所示。把被测晶体管的引脚插入对应的测试插孔进行测量，如图 4-23（d）所示，即可从 h_{FE} 刻度线读出三极管的放大倍数。

如果 β 值太小，表示该管已失去放大作用，不宜使用。

注意：图 4-23 中，万用表左上角的晶体管插孔"N"供测量 NPN 管用，"P"供测量 PNP 管用。读数时，再从 h_{FE} 刻度线读。

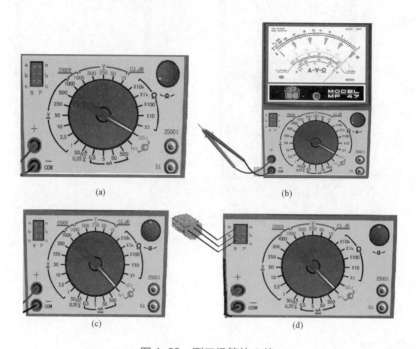

图 4-23 测三极管的 β 值

（a）ADJ 挡；（b）ADJ 挡调零；（c）h_{FE} 挡；（d）测 NPN 管的 β 值

4.2.2 用数字式万用表检测三极管

1. 判断三极管的管型和基极

视频 4.4 数字式
万用表测三极管

按照判断二极管的方法，可以判断出其中一极为公共正极或公共负极，此极即为基极 b。对 NPN 型三极管，基极是公共正极；对 PNP 型三极管，基极则是公共负极。因此，判断出基极是公共正极还是公共负极，即可知道被测三极管是 NPN 或 PNP 型三极管。

在实际测量时，每两个管脚间都要测正反向压降，共要测 6 次，其中有 4 次显示开路，只有两次显示压降值，否则三极管是坏的或是特殊三极管（如带阻三极管、达林顿三极管等，可通过型号与普通三极管区分开来）。具体做法是：

（1）将黑表笔插入"COM"插孔，红表笔插入"V/Ω"插孔（红表笔极性为"+"）。

（2）将转换开关置于"⊸▷⊢"挡或者"⊸▷♩"挡，打开数字式万用表的电源开关。

（3）将三极管的 3 个脚分别编号为 1、2、3，如图 4-24 所示，并把红表笔接 1 脚，黑表笔接 2 脚，观察数字式万用表的读数，记下该数值。测量情况见表 4-4。

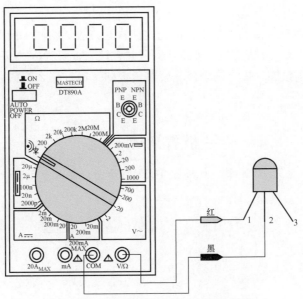

图 4-24 数字式万用表测三极管的基极

表 4-4 数字式万用表测三极管的极性

表 笔 接 法	显示屏显示	说 明
红表笔接 1 脚,黑表笔接 2 脚	1.	反向截止
红表笔接 1 脚,黑表笔接 3 脚	1.	反向截止
红表笔接 2 脚,黑表笔接 1 脚	0.642	2 脚为基极 b,三极管为 NPN 型硅管。1 脚为集电极 c,3 脚为发射极
红表笔接 2 脚,黑表笔接 3 脚	0.685	
红表笔接 3 脚,黑表笔接 2 脚	1.	反向截止
红表笔接 3 脚,黑表笔接 1 脚	1.	反向截止

[说明]

1）表4-4中两次有数值的测量中，因为这两次是红表笔接同一极即"2"（红表笔极性为"+"），所以该"2"极是公共正极即基极，并且该三极管为NPN型。

2）如果是黑表笔接同一极，则该极是公共负极即基极，那么该三极管为PNP型。

知识链接

三极管管型判定

三极管是PNP型还是NPN型，可用图4-25所示图形等效表示。

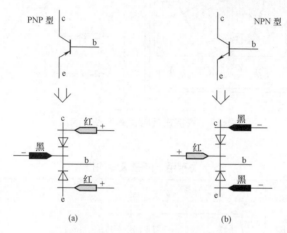

图4-25 判别三极管的等效电路

（a）PNP型；（b）NPN型

三极管箭头所指示的图形为"意念"模型，这样就可以将以前学到的二极管PN结的概念直接应用到这里来：当负表笔作为公共端接三极管的一个引脚，正表笔接其余两个引脚，得到接近的压降时（如图4-24中1-2、3-2所示），可确定被测试晶体管为PNP型。当正表笔作为公共极接晶体管的一个引脚，负表笔测其余两个引脚获得接近的压降时（如图4-24中2-1、2-3所示），可确定被测试晶体管为NPN型。

2. 判断发射极和集电极

（1）方法一。用上述方法测试时，其中万用表的红表笔接"3"脚的电压稍高，那么"3"脚为三极管的发射极e，剩下的电压偏低的"1"脚为集电极c。

（2）方法二。在判断出基极和管型的基础上，把数字式万用表的转换开关旋转至h_{FE}位置，把其余管脚分别插入c、e孔观察显示屏的读数，再将c、e孔中的管脚对调再看数据，数值大的说明管脚插对了。

3. 硅、锗三极管的区分

根据导通的压降来区分硅管还是锗管，压降为0.6V左右的是硅管，压降为0.2V左右的是锗管。如图4-26（a）所示，b-e、b-c的极间电压降在0.6~0.7V之间，因此该三极管为硅管。如图 4-26（b）所示，b-e、b-c 的极间电压降在 0.15～0.30V 之间，因此该三极管为锗管。

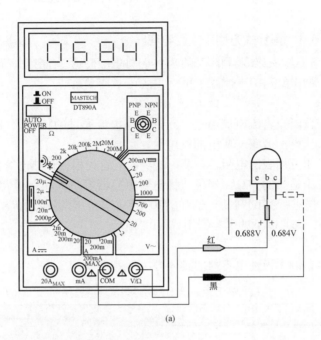

(a)

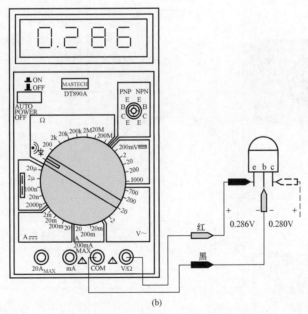

(b)

图 4-26　硅三极管和锗三极管判别

（a）硅三极管的判定；（b）锗三极管的判定

4.3　用万用表检测电容器

4.3.1　指针式万用表检测电容器

电容器是被绝缘材料隔开的两个导体的总和，具有储存电荷的功能，符号为 C。法定单位 F（法拉），常用单位 μF（微法），pF（皮法），换算关系是

$$1F = 10^6 \mu F = 10^{12} pF$$

在电路中，电容器阻止直流电流通过、允许交流电流通过的特性，可起到调谐、耦合、滤波、去耦、隔断直流电、旁路交流电的作用。

电容器的好坏可用万用表的电阻挡检测。检测时，首先根据被测电容器容量的大小，将万用表的转换开关置于适当的"Ω"挡位，视电解电容器容量大小，通常选用万用表的 $R×100$、$R×1k$、$R×10k$ 挡进行测试判断。例如，100μF 以上的电容器用 $R×100$ 挡，$1~100μF$ 的电容器用 $R×1k$ 挡，1μF 以下的电容器用 $R×10k$ 挡。

1. 无极性电容器

用指针式万用表检测无极性电容器的具体方法见表4-5。

表4-5　　　　　　　用指针式万用表检测无极性电容器的方法

接线示意图	表头指针指示	说　明
$R×10k$ 黑　红 测量0.01μF以下的电容器		由于容量小，充电电流小，现象不明显，指针向右偏转角度不大，阻值为无穷大
		如果测出阻值为（指针向右摆动）为零，则说明电容漏电损坏或击穿
$R×10k$ 红 黑 测量0.01μF以上的电容器		容量越大，指针偏转角度越大，向左返回也越慢
		如果指针向右偏转后不能返回，说明电容器已经短路损坏；如果指针向右偏转然向左返回稳定值后，阻值小于 500kΩ，说明电容器绝缘电阻太小，漏电电流较大，也不能使用

2. 有极性（电解）电容器

一般有极性（电解）电容器的容量比无极性（非电解）电容器的容量大，测量时，应根据不同容量选择合适的量程。一般来说，容量在$1\sim47\mu F$的电容器检测，可用$R\times1k$挡测量，大于$47\mu F$的电容器可用$R\times100$挡测量。具体检测方法见表4-6。

表4-6　　　　　　　　　　用指针式万用表检测有极性电容器的方法

接线示意图	表头指针指示	说　明
	不接万用表	检测前，先将电容器两引脚短接，以放掉电容内残余的电荷
有极性（电解）电容器质量检测		黑表笔接电容器的正极，红表笔接电容的负极，指针迅速向右偏转，而且电容量越大，偏转角度越大，若指针没有偏转，说明电容器开路失效
		指针到达最右端之后，开始向左偏转，先快后慢，表头指针向左偏到接近电阻无穷大处，说明电容器质量良好。指针指示的电阻值为漏电阻值。如果指示的值不是无穷大，说明电容器质量有问题。若阻值为零，说明电容器已经击穿
电解电容器极性判断		若电解电容器的正、负极性标注不清楚，用万用表$R\times1k$挡可以将电容器正、负极性判定出来。方法是先任意测量漏电电阻，记住大小，然后交换表笔再测一次，比较两次测量的漏电电阻的大小，漏电电阻大的那一次黑表笔接的就是电容器正极，红表笔为负极

实际使用经验表明，电解电容的漏电阻一般应在几百千欧以上，否则将不能正常工作。在测试中，若正向反向均无充电现象，即指针不动，则说明容量消失或内部短路；如果所测阻值很小或为零，说明电容漏电大或已击穿损坏，不能再使用。

如果指针不动，说明该电容器已经断路损坏；如果指针向右偏转后不向左返回，说明该电容器已经短路损坏；如果指针向右偏转然后向左返回稳定后，指针指示的阻值小于500kΩ，说明该电容器绝缘电阻太小，漏电电流较大，也不能使用。

指点迷津

指针式万用表测量电容器口诀

使用电阻 1k 挡，表笔各接一极端。

表针摆到接近零，然后慢慢往回返。

达到某处停下来，返回越多越康健。

到零不动有短路，返回较少有漏电。

开始测量表不走，电容内部线路断。

表针摆幅看容量，积累经验巧判断。

测前放电保安全，换个量程来校验。

3. 可变电容器的检测

万用表置于 $R×10k$，两根表笔分别接可变电容器的动片和定片的引出脚，此时来回旋转可变电容器的转轴，万用表的指针都应在（电阻值）无穷大处不动。如果旋转到某一角度指针有偏转现象，说明该可变电容器的动片和定片之间有短路现象或漏电现象，该电容器不能继续使用。

技能提高

指针式万用表检测电容器应注意的问题

（1）指针式万用表只能用来大致判断电容器的好坏，不能把容量测得很准。

（2）电解电容器是允许有一定漏电的，漏电大小与表笔的接法有关。正确的接法是红表笔接电容器的负极，黑表笔接正极，这时候漏电小；反之，就是好的电容器漏电也会加大，这是正常的。利用这一特点，可判断标记不清的电解电容器引脚的正负极性。

（3）瓷片电容、涤纶电容一般容量较小，可用 $R×10k$ 挡来测量。对于 $0.01\mu F$ 以上的电容，还是可以看到表针有轻微的偏转。

4.3.2 用数字式万用表检测电容器

视频 4.6 数字式
万用表测电容器

测量电容时，不用表笔，转换开关置于适当的"C"挡，将被测电容器插入"CAP"插孔即可，不必考虑电容器的极性，也不必事先给电容器放电，大多数数字式万用表可以测量 $1pF\sim20\mu F$ 的电容量。

用数字式万用表检测电容器时应注意以下问题：

（1）有的数字式万用表本身已对电容挡设置了保护，故在电容测试过程中不用考虑极性及电容充放电等情况；但有的数字式万用表在把电容器连接到电容插孔前应注意极性连接，并且还要放完电。

（2）测量大电容时，稳定读数需要一定的时间，需要耐心等待。

（3）在待测电容插入之前，注意每次转换量程时，万用表显示屏复零需要一定的时间，这个时段会有漂移读数存在，但不会影响测试精度。

（4）根据量程选择的不同，显示屏上显示出电容值大小，其单位是 μF、pF、nF。它们之间的单位换算关系为

$$1\mu F = 10^6 pF, \quad 1\mu F = 10^3 nF$$

（5）不要把一个外部电压或充好电的电容器（特别是大电容器）连接到测试端。

📺 技能提高

用数字式万用表电阻挡检测电容的方法

当某些数字式万用表无电容挡或电容挡损坏时，可用电阻挡粗略检测电容的好坏。

将数字式万用表转换开关拨至电阻挡，用红表笔接电容正极，黑表笔接电容负极，如图 4-27 所示，数字式万用表内的基准电源将通过基准电阻对电容充电。

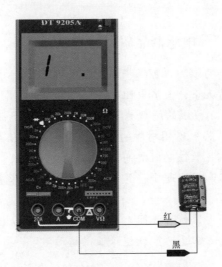

图 4-27　数字式万用表电阻挡检测电容

正常时，数字式万用表显示的充电压降将从一个低值开始逐渐升高，直至显示溢出。如果充电开始即显示溢出"1"，说明电容开路；如果电容始终显示有一定电阻值或"000"，说明电容漏电或已短路。

上述方法能测量的电容范围在 0.1μF 以上。电容值小于 0.1μF，由于充电时间太短，数字式万用表将始终显示溢出"1"。为保证有一定的充电过程，电容值越小，选用的电阻挡应越大。比如，测 0.22μF 电容时，选 20M 挡，充电时间为 5s；测 1000μF 时，选 20k 挡，

充电时间为6s。

4.4 万用表检测电感器

视频 4.7 万用表
检测电感器

电感元件（电感器）的主要技术参数是电感量 L 和品质因数 Q，一般需要用专门的测量仪器进行检测。

如果万用表有电感量测量功能，那么可直接从万用表中直接读出被测电感器的电感量。如果被测电感器的电感量太小，可在万用表的"+"与"＊"插孔之间并接一只电阻器，以便于读数。例如，MF30 型万用表，原电感测量范围在 20~1000H，当并接一只 1.1kΩ 电阻器后，测量范围变为 0.5~20H。

如果万用表无电感量检测功能，那么只能对电感器是否开路或短路进行判断，或对品质因数有个大致的推测。

电感器开路或短路的检测方法是：选择万用表的 $R×1k$ 挡，检测电感器两端（引脚）的电阻值。具体电阻值的大小与绕组匝数有关，匝数越多，电阻值越大。最好与同型号的电感器相比较，才能准确判断出其电阻值是否正常，是否有局部短路现象。如果检测时，万用表指示值为 0 或无穷大，则说明该电感器内部已短路或开路损坏。

📱 知识链接

电感器品质因数 Q 的推测

电感器品质因数 Q 大小的推测，可根据以下几种情况进行：

（1）在电感量相同的情况下，直流电阻越小，Q 值越高。即所用导线的直径越粗，Q 值越高。若采用多股线绕制时，导线的股数越多（一般不超过 13 股），Q 值越高。

（2）电感器骨架（或铁芯）所用材料的耗损越小，其 Q 值越高。比如高硅硅钢片做铁芯时，其 Q 值较用普通硅钢片做铁芯时要高。

（3）电感器的分布电容和漏磁越小，其 Q 值越高。比如蜂房式绕法的线圈，其 Q 值较平绕时要高，比乱绕时也高。

（4）电感器无屏蔽罩，安装位置周围无金属构件时，其 Q 值也较高；相反，则 Q 值较低。屏蔽罩或金属构件离线圈越近，其 Q 值降低得越厉害。

4.5 万用表检测场效应管

视频 4.8 万用表
检测场效应管

场效应晶体管（FET）属于电压控制型半导体器件，它具有输入阻抗高、噪声小、功耗低、无二次击穿现象、安全工作区宽等优点。常见的场效应晶体管分两种：一是结型场效应晶体管（JFET），它有两个 PN 结；二是 MOS 场效应晶体管，即金属—氧化物—半导体场效应晶体管（MOSFET）。

下面重点介绍用万用表检测结型场效应晶体管的方法。

4.5.1　判定结型场效应晶体管的电极

1. 检测原理

单栅结型场效应晶体管的构造及符号如图 4-28 所示，3 个电极分别为栅极 G、源极 S、漏极 D。国产 N 沟道管典型产品有 3DJ2、3DJ4、3DJ6、3DJ7，P 沟道管有 CS1~CS4，利用万用表 R×100 挡可以判定其电极。

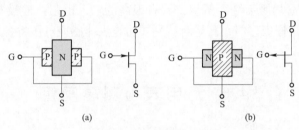

图 4-28　单栅结型场效应晶体管的结构及图形符号

(a) N 沟道；(b) P 沟道

由图 4-28 可见，在 G-S、G-D 之间各有一个硅 PN 结，栅极对源极和漏极呈对称结构，根据这一点很容易识别栅极。用万用表黑表笔碰触管子的一个电极，再拿红表笔依次碰触另外两个电极。若两次测出的电阻值都很小（几百欧至几千欧），说明测的均是正向电阻，且压降 $U_F \approx 0.65V$，被测管属于 N 沟道场效应晶体管，此时黑表笔接的是栅极。若两次测出的电阻值都很大，说明均为反向电阻，被测管属于 P 沟道场效应晶体管，黑表笔接的也是栅极。由于源极和漏极在结构上是对称的，一般用万用表很难区分，且在多数情况下即使把两者接反了，管子照样能工作。若必须区分 S、D 极，可采用其他方法，通过测量放大能力来加以识别。按正常接法 JFET 的放大能力较强，S、D 极接反时放大能力略有降低。

2. 检测实例

选择 500 型万用表 R×100 挡判定 3DJ6G 结型场效应晶体管的电极。为叙述方便，现按照管子的底视图，从管壳突起处顺时针方向给 3 个管脚编上序号①、②、③，全部测量数据见表 4-7。由表 4-7 可见，当黑表笔接③时两次测出的都是正向电阻，由此判定③为栅极，且两个 PN 结的正向压降都是 0.675V。其余两脚分别是源极和漏极，可互换使用，一般不必再区分了。对 3DJ6G 而言，①脚是源极，②脚是漏极。

表 4-7　　　　　　　　　　　　3DJ6G 结型场效应晶体管测量数据

红表笔接管脚	黑表笔接管脚	电阻值（Ω）	U'_N（V）	U_F（V）	说　明
①	③	840	22.5	0.675	
②	③	840	22.5	0.675	$U_F = 0.03 U'_N$
①	②	2.02k			
②	①	2.02k			

4.5.2　估测结型场效应晶体管的放大能力

以 N 沟道管为例，将万用表拨至 $R \times 100$ 挡，红表笔接源极 S，黑表笔接漏极 D，场效应管加上电源电压，这时指针示出 D-S 极间电阻值。然后用手捏住栅极 G，将人体感应的 50Hz 交流电作为输入信号加到栅极上。由于管子的放大作用，U_{DS} 和 I_S 都发生变化，这反映到 D-S 极间电阻的变化上，可观察到指针有较大幅度的偏转，例如从几百欧变成几千欧，或者阻值明显变小，若指针偏转很小，说明管子的放大能力弱；指针不动，证明管子已损坏。

MOS 场效应晶体管均属于绝缘栅型，具有很高的输入电阻，栅极与其他管脚的电阻都是无穷大，由此可判定栅极。但在测量时特别要防止人体感应电压将管子损坏，必要时可给人体接一根地线。

4.6　万用表检测晶闸管

视频 4.9　万用表
检测单向晶闸管

4.6.1　万用表检测单向晶闸管

1. 极性的检测

目前国内常见的晶闸管主要有螺栓型、平板型和封装（金属或塑料）型，外形区别很大，可从外观上直接判别出其电极来，也可以用万用表对晶闸管的极性进行检测，具体方法如下：

选择万用表的欧姆 $R \times 1k$ 挡，测量晶闸管任意两引脚之间的正、反向电阻，如果在测量过程中某两引脚间正、反向电阻值均趋于无穷大，则说明该两引脚一个是阳极 A，一个是阴极 K，那么另一引脚（两表笔未接触）就是门极 G。然后再用黑表笔接触门极 G 不动，红表笔依次接触另外两极（阳极 A 和阴极 K），其中测得电阻值较小时，红表笔接触的是阴极 K，电阻值较大时，红表笔接触的是阳极 A。

2. 性能的检测

（1）质量的检测。晶闸管内部共有 3 个 PN 结，只有这 3 个 PN 结的特性都良好时，晶闸管才能正常工作。因此，可用万用表检测每个 PN 结正、反向电阻值，来判断晶闸管的好坏。

选择万用表欧姆挡 $R \times 1k$，按表 4-8 中的内容进行检测。

表 4-8　　　　　　　　　　　　晶闸管质量检测表

检测内容	正向	反向	说明
阳极 A 与阴极 K	∞	∞	质量良好
门极 G 与阴极 K	小于 2kΩ	大于 80kΩ	
阳极 A 与门极 G	几千欧或∞	几千欧或∞	
阳极 A 与阴极 K	很小或 0	很小或 0	内部击穿短路或漏电
门极 G 与阴极 K	很大或很小		G、K 极间开路或短路
	正、反向相等		G、K 极失去单向导电性
阳极 A 与门极 G	正、反向不相等		G、A 极间反向串联的两个 PN 结中的一个击穿短路

（2）触发能力的检测。可采用以下两种方法对晶闸管触发能力进行检测。

1）方法一：用万用表直接检测。如果是工作电流在 5A 以下的小功率晶闸管，可选择万用表的欧姆 $R\times 1$ 挡，红表笔接阴极 K，黑表笔接阳极 A，电阻值应为无穷大，在此时用一条导线将门极 G 与阳极 A 相连，如图 4-29 所示。即相当于给门极 G 加上一个正向触发电压，如果万用表指示的电阻值由无穷大变到几欧姆至几十欧姆范围内，则说明该晶闸管因正向触发而导通。然后，再断开门极 G 与阳极 A 连接的导线，如果万用表指示的电阻值仍保持在几欧姆至几十欧姆范围内没有变化，则说明该晶闸管触发性能良好。

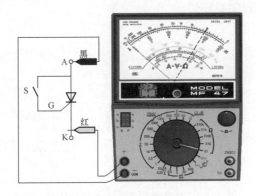

图 4-29 晶闸管触发能力检测方法（一）

如果是工作电流在 5A 以上的中、大型功率晶闸管，因万用表 $R\times 1$ 挡提供的电流偏低（通态压降 U_T、维持电流 I_H 及门极触发电压 U_G 均相对较大），晶闸管不能完全导通，所以在黑表笔上串接一只 200Ω 的可调电阻器和 1 节 1.5V 干电池（如果晶闸管工作电流大于 100A，应改用 3 节 1.5V 干电池串联），如图 4-30 所示。然后，再按上述方法进行检测。

2）方法二：检测线路如图 4-31 所示。HL 为 6.3V 小灯泡（可用手电筒上的小灯泡），E 为电源（可用 4 节 1.5V 干电池串联或 6V 直流稳压电源）。

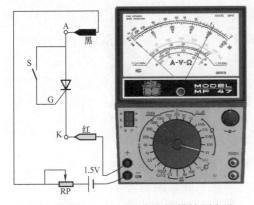

图 4-30 中、大型功率晶闸管检测电路

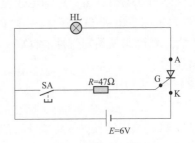

图 4-31 晶闸管触发能力检测方法（二）

当开关 SA 断开时，晶闸管处于阻断状态，小灯泡不亮，如果此时小灯泡亮了，则说明该晶闸管已击穿或漏电损坏。

将开关 SA 迅速闭合一下，晶闸管被触发而导通，此时小灯泡应很亮，再断开关 SA，小灯泡仍很明亮，则说明该晶闸管触发性能良好；如果断开关 SA 后，小灯泡不很亮，则说明该晶闸管性能不良，导通压降大，可用万用表直接测量此时的管压降（一般正常时导通压降在 1V 左右）；如果断开开关 SA 后，小灯泡随即熄灭，则说明该晶闸管触发性能不良或控制极损坏。

4.6.2　万用表检测双向晶闸管

1. 极性的检测

图 4-32 所示是几种常见的双向晶闸管的引脚排列，供使用时参考。

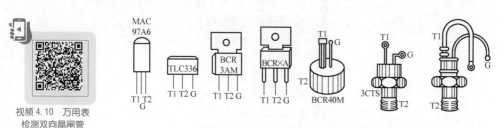

视频 4.10　万用表检测双向晶闸管

图 4-32　几种常见的双向晶闸管引脚排列

检测时，选择万用表的 $R×1$ 或 $R×10$ 挡，分别检测双向晶闸管任意两引脚间的正、反电阻值。如果某一引脚与其他引脚的正、反向电阻值均趋于无穷大，则此引脚即为主电极 T2，另外两个引脚分别为主电极 T1 和门极 G。然后，再用万用表检测另外这两引脚（T1 和 G 极）之间的正、反向电阻值，电阻值较小时，黑表笔所接触的引脚是主电极 T1，红表笔接触的引脚即是门极 G；电阻值相对较大时，黑表笔所接触的引脚是门极 G，红表笔接触的引脚是主电极 T1。

2. 性能的检测

（1）质量的检测。

1）选择万用表的欧姆 $R×1$ 或 $R×10$ 挡，检测双向晶闸管的主电极 T1 与主电极 T2 之间、主电极 T2 与门极 G 之间的正、反向电阻值，均应趋于无穷大。如果电阻值均很小或为 0，则说明该晶闸管电极已击穿或漏电短路。

2）再检测主电极 T1 与门极 G 之间的正、反向电阻值。如果正、反向电阻值在几十欧姆范围内，则说明该晶闸管性能良好；如果正、反向电阻值均趋于无穷大，则说明该晶闸管已开路损坏。

（2）触发能力的检测。

1）对于工作电流在 8A 以下的小功率双向晶闸管，可选择万用表的 $R×1$ 挡，红表笔接触主电极 T1，黑表笔接触主电极 T2，电阻值应为无穷大。此时用一条导线将主电极 T2 与门极 G 相连，相当于给门极 G 加上一个正极性触发电压，如果万用表指示的电阻值由无穷大变为十几欧姆，则说明该晶闸管已被触发导通，导通方向是 T2-T1。然后，再将红、黑两表笔对调（红表笔接触 T2，黑表笔接触 T1）电阻值也应为无穷大，再用导线将主电极 T2 与门极 G 相连，给门极 G 加一个负极性触发电压，此时电阻值应由无穷大变为十几欧姆，说明该晶闸管已被触发导通，导通方向是 T1-T2。

　　如果在晶体管被触发导通后，断开门极 G，而 T2、T1 极间电阻值由低阻值变为无穷大，则说明该晶闸管性能不良或已损坏。如果给门极 G 加上正（或负）极性触发信号后，晶闸管 T1、T2 极间正、反向电阻值仍趋于无穷大（不导通），则说明该晶闸管无触发能力，已损坏。

　　2）对于工作电流在 8A 以上的中、大型功率双向晶闸管，选择万用表 R×1 挡后，在红或黑表笔上串联 1~3 节 1.5V 干电池后，再按上述方法进行检测即可。

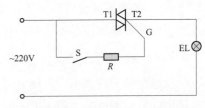

图 4-33　耐压在 400V 以上双向晶闸管检测电路

　　3）如果要检测耐压在 400V 以上的双向晶闸管，可利用图 4-33 所示的电路来进行检测，图中灯泡为 60W、220V，电源为市电（单相交流电 220V）。当接通电源后，双向晶闸管处于截止状态，灯泡不亮。如果此时灯泡正常发光或微亮，则说明该被测晶闸管 T1、T2 极间已击穿短路或漏电损坏。将 S 开关迅速闭合一下，灯泡应正常发光。如果灯泡不亮，说明该被测晶闸管内部已开路损坏。断开开关 S 后，灯泡仍正常发光，说明该被测晶闸管性能良好；如果灯泡又熄灭了，说明该被测晶闸管触发性能不良。

指点迷津

万用表检测晶闸管操作口诀

检测单向晶闸管，表置 R×1k 测分晓，
黑笔任接测两极，找到一次电阻小，
此次黑 G 红接 K，剩下阳极不用找。
测量 AG、AK 值，阻值愈大愈是好，
如果阻值为很小，晶管击穿应知道。
检测双向晶闸管，表置×10 测 G、T，
T2、G 间阻无穷，阻值小在 G、T1，
黑接 T1 红接 G，正阻总比反阻低。
判别双晶好与坏，表置×1 测阻值，
黑接 T2 红 T1，表针不摆才合适，
T2、G 极瞬间通，表针发生偏转急。

4.7 万用表测试灵敏继电器

视频 4.11 万用表
测继电器

电磁继电器是机电结合的电子元件，其断态的高绝缘电阻和通态的低导通电阻等性能使得其他电子元器件无法与其相比。在自动控制电路中，它实际上是用较小的电流、较低的电压去控制较大电流、较高的电压的一种"自动开关"，故在电路中起着自动调节、安全保护、转换电路等作用。电磁式继电器分为直流和交流两种工作方式，凡是交流电磁继电器的铁芯都嵌有一个铜制的短路环。正常的继电器铁芯不应有损坏的痕迹和锈蚀，短路环也应保持完好。

4.7.1 触点组别判别

确认继电器的线圈引线、动合触点组和动断触点组。对于继电器的动合、动断触点，可以这样来区分：继电器线圈未通电时处于断开状态的静触点，称为动合触点；处于接通状态的静触点称为动断触点。也可用万用表的电阻挡，测量动断触点与动点电阻，其阻值应为0；而动合触点与动点的阻值就为无穷大。由此可以区分出哪个是动断触点，哪个是动合触点。

📺 **知识链接**

继电器触点的 3 种基本形式

（1）动合型（H 型）。线圈不通电时，两触点是断开的；通电后，两个触点就闭合。以合字的拼音字头"H"表示。

（2）动断型（D 型）。线圈不通电时，两触点是闭合的；通电后，两个触点就断开。用断字的拼音字头"D"表示。

（3）转换型（Z 型）。这是触点组型。这种触点组共有 3 个触点，即中间是动触点，上下各 1 个静触点。线圈不通电时，动触点和其中 1 个静触点断开和另 1 个闭合；线圈通电后，动触点就移动，使原来断开的变成闭合，原来闭合的变成断开状态，达到转换的目的。这样的触点组称为转换触点，用"转"字的拼音字头"Z"表示。

4.7.2 衔铁工作情况判别

用手拨动衔铁，看衔铁是否灵活，是否有"轧死"现象。如果活动受阻，应找出原因并排除。再用手按下衔铁，看放开后衔铁是否能在弹簧（或弹片）的作用下返回原位。遇到全封闭的，就用额定工作电压对线圈加电、断电，再加电、再断电，观察其动作是否灵敏可靠。如果不知道工作电压，可用调压器由零值开始，逐渐升高电压，用万用电表监视，直至灵敏吸合。再用上述方法检查继电器的工作状态。

4.7.3 接触电阻测量

接触电阻是电磁继电器最主要的参数之一，也是比较难于测准的参数。静态接触电阻综合反映了电磁继电器多方面的性能。例如静态接触电阻可以反映触点间的接触压力，接触压力不够的触点会导致触点接触电阻变大。静态接触电阻还可以反映触点的表面状态，触点表面氧化或生成有机钝化膜也会导致静态接触电阻变大。如能对触点静态接触电阻进行精确地测试，除了能直接剔除那些静态接触电阻已经超出规范的产品，通过对测试数据的分析和比对，还可以对触点的接触压力和表面状态作出判断。对经过长期库存的产品，通过出、入库对接触电阻数据的精确测试和比对，可以推断其性能的稳定性。

电磁继电器接触电阻的数据一般为几毫欧到几十毫欧，对于小型电磁继电器通常为十几毫欧，为了避免由于测试电流过大导致触点打火而造成破坏触点的原始状态，一般规定测试电流不得超过 10mA。

一般来说，继电器动合触点中两点之间的断开点应明显，用万用电表电阻挡测量两点之间的电阻值，应为无穷大；动断触点应密切吻合，两点之间的电阻值用 $R \times 1$ 挡（数字式万用表选用 200Ω 挡）测量，应为零。对开放结构的继电器，可以手动按下衔铁，这时动合触点闭合，每组闭合触点中两点之间的电阻值也应为零，动断触点打开后，两点之间的电阻值应为无穷大。

如果动静触点切换不正常，可以轻轻拨动相应的簧片，使其充分闭合或打开。如果触点闭合后接触电阻极大，看上去触点完整，只是表面上发黑，可用酒精棉清洗一下。如果还不奏效，可用合适的砂纸打磨触点，使表面平整，加大触点之间的接触面，从而使触点接触良好。如果被测继电器是全封闭的，可对继电器线圈加上额定工作电压，然后用万用电表分别测量触点间的接触电阻，当测得触点有故障且可能解体后再修复的，就解体修复。如果不能解体修复的，查出故障后，就另取新的更换。

4.7.4 线圈电阻值测量

继电器线圈的阻值，一般允许 ±10% 的误差。如果不知道它的电阻值，就用万用电表测量并记下；如果没有把握确定，可用同型号的继电器测量对比，也可到产品供应门市部查看或检测获取。如果线圈有开路现象，万用电表测得的值是无穷大，则应查一下线圈的引线是否断路，或触头处是否脱落。如果是烧断，可以修复的就修复。如果断路点在线圈内部，可将线圈拆开，找出断点，焊接牢靠后再绕好继续使用。如果是既无资料可查又无法得知线圈数据，修复又困难的，只能用相同型号的继电器更换。

4.7.5 吸合电压和电流的测定

按照图 4-34 所示电路连接实物。从低到高调节稳压电源，一听到衔铁"嗒"的吸合声，立即记下吸合电压和电流值。需要说明的是，吸合电压和电流不是绝对固定的，多做几次会发现每次得到的吸合电压和电流值会略有不同，但大体上会在某一数值附近变化。一般额定工作电压是吸合电压的 1.3~1.5 倍。

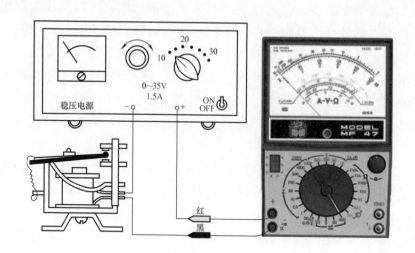

图 4-34　继电器吸合电压和吸合电流的测定

4.7.6　释放电压和电流的测定

继电器产生吸合动作以后，再渐渐降低线圈两端的电压，这时电流表上的读数会慢慢减小，降低到一定程度，原来吸合的衔铁就会释放，记下这时的电压值和电流值。一般继电器的释放电压大概是吸合电压的 10%~50%。如果一只继电器的释放电压小于吸合电压的 10%，这只继电器就不能再使用了。因为这种继电器工作不可靠，可能在断电之后，衔铁仍吸住不放，这样不利于电路的稳定。

4.8　万用表测试数码管

在业余制作或电气设备检修过程中，需要使用 LED 数码管，因此应了解数码管的一些参数（如段的启辉电流、段的额定电流、段的极限电流、各段全亮工作电流、各段全亮极限功率等）的测试方法。

视频 4.12　万用表
测数码管

LED 数码管是由多只发光二极管组合而成的电子器件。将磷砷化镓或磷化镓发光二极管的管芯做成条状，用 7 条条状的发光二极管（简称段）组成 7 段数码显示管，另加 1 个小数点发光二极管。每只二极管的引脚与段符（发光二极管）对应，如图 4-35 所示。

采用不同的组合，就可以点亮 0~9 中任意一个数。对不同引脚加电显示的结果见表 4-9。

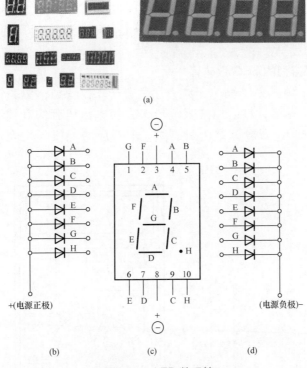

图 4-35 LED 数码管

（a）实物图；（b）共阳极接法；（c）数码管笔画分布；（d）共阴极接法

表 4-9 发光二极管显示工作表

字　　符	加电二极管	不加电二极管
0	A、B、C、D、E、F	G
1	E、F 或 B、C	A、B、C、D 或 A、D、E、F
2	A、B、D、E、G	C、F
3	A、B、C、D、G	E、F
4	B、C、F、G	A、D、E
5	A、C、D、F、G	B、E
6	A、C、D、E、F、G	B
7	A、B、C	D、E、F、G
8	A、B、C、D、E、F、G	—
9	A、B、C、D、F、G	E

4.8.1 用二极管挡检测数码管

将数字式万用表置于二极管挡时，其开路电压为+2.8V。用此挡测量 LED 数码管各引脚之间是否导通，可以识别该数码管是共阴极型还是共阳极型，并可判别各引脚所对应的笔段有无损坏。

1. 检测已知引脚排列的 LED 数码管

检测接线如图 4-36 所示。将数字式万用表置于二极管挡，黑表笔与数码管的 H 引脚（LED 的共阴极）相接，然后用红表笔依次去触碰数码管的其他引脚，触到哪个引脚，哪个笔段就应发光。若触到某个引脚时，所对应的笔段不发光，则说明该笔段已经损坏。

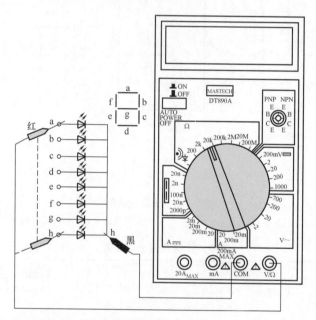

图 4-36　万用表检测已知引脚排列的 LED 数码管

2. 检测引脚排列不明的 LED 数码管

有些市售 LED 数码管不注明型号，也不提供引脚排列图。遇到这种情况，可使用数字式万用表方便地检测出数码管的结构类型、引脚排列，以及全笔段发光性能。

下面举一个实例，说明测试方法。被测器件是一只彩色电视机用来显示频道的 LED 数码管，体积为 20mm×10mm×5mm，字形尺寸为 8mm×4.5mm，发光颜色为红色，采用双列直插式，共 10 个引脚。

（1）将数字式万用表置于二极管挡，红表笔接在①脚，然后用黑表笔去接触其他各引脚，只有当接触到⑨脚时，数码管的 a 笔段发光，而接触其余引脚时则不发光。由此可知，被测管是共阴极结构类型，⑨脚是公共阴极，①脚则是 a 笔段。检测接线如图 4-37 所示。

（2）判别引脚排列的方法是：使用二极管挡，将黑表笔固定接在⑨脚，用红表笔依次

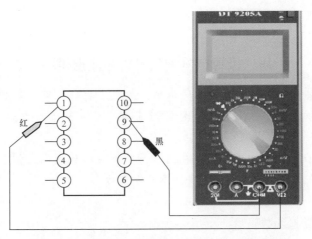

图 4-37　万用表检测引脚排列不明的 LED 数码管

接触②、③、④、⑤、⑧、⑩、⑦脚时，数码管的 f、g、e、d、c、b、p 笔段先后分别发光，据此绘出该数码管的内部结构和引脚排列（面对笔段的一面），如图 4-38 所示。

（3）检测全笔段发光性能。前两步已将被测 LED 数码管的结构类型和引脚排列测出。接下来还应该检测一下数码管的各笔段发光性能是否正常。检测接线如图 4-39 所示，将数字式万用表置于二极管挡，把黑表笔固定接在数码管的公共阴极上（⑨脚），并把数码管的 a~p 笔段端全部短接在一起。然后将红表笔接触 a~p 的短接端，此时，所有笔段均应发光，显示出"8"字。

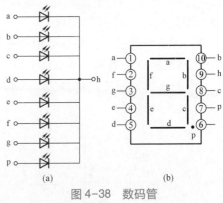

图 4-38　数码管

（a）内部结构；（b）引脚排列

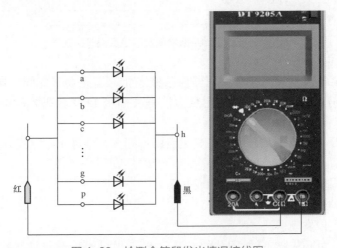

图 4-39　检测全笔段发光情况接线图

知识点拨

用二极管挡检测数码管的注意事项

（1）检测中，若被测数码管为共阳极类型，则只有将红、黑表笔对调才能测出上述结果。特别是在判别结构类型时，操作时要灵活掌握，反复试验，直到找出公共电极（h）为止。

（2）大多数 LED 数码管的小数点是在内部与公共电极连通的，但也有少数产品的小数点是在数码管内部独立存在的，测试时要注意正确区分。

4.8.2　用 h_{FE} 挡检测数码管

利用数字式万用表的 h_{FE} 挡，能检查 LED 数码管的发光情况。若使用 NPN 插孔，这是 C 孔带正电，E 孔带负电。例如，在检查 LTS547R 型共阴极 LED 数码管时，从 E 孔插入一根单股细导线，导线引出端接"-"（第③脚与第⑧脚在内部连通，可任选一个作为"-"）；再从 C 孔引出一根导线依次接触各笔段电极，可分别显示所对应的笔段。若按图 4-40 所示电路，将第④、⑤、①、⑥、⑦脚短路后再与 C 孔引出线接通，则能显示数字"2"。把 a~g 段全部接 C 孔引线，就显示全亮笔段，即显示数字"8"。

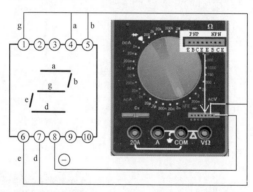

图 4-40　用 h_{FE} 挡检测共阴极数码管接线

检测时，若某笔段发光暗淡，说明器件已经老化，发光效率变低。如果显示的笔段残缺不全，说明数码管已经局部损坏。注意，检查共阳极 LED 数码管时应改变电源电压的极性。

如果被测 LED 数码管的型号不明，又无引脚排列图，则可用数字式万用表的 h_{FE} 挡进行如下测试：

（1）判定数码管的结构类型（共阴或共阳）。

（2）识别引脚列。

（3）检查全笔段发光情况。

具体操作时，可预先把 NPN 插孔的 C 孔引出一根导线，并将导线接在假定的公共电极（可任设一引脚）上，再从 E 孔引出一根导线，用此导线依次去触碰被测管的其他引脚。根据笔段发光或不发光的情况进行判别验证。测试时，若笔段引脚或公共引脚判断正确，则相应的笔段就能发光。当笔段电极接反或公共电极判断错误时，该笔段就不能发光。

技能提高

大型 LED 数码管的检测方法

数字式万用表 h_{FE} 挡所提供的正向工作电流约 20mA，做上述检查绝对不会损坏被测器件。需注意的是，用 h_{FE} 挡或二极管挡不适用于检查大型 LED 数码管。由于大型 LED 数码管是将多只发光二极管的单个字形笔段按串、并联方式构成的，因此需要的驱动电压高（17V 左右），驱动电流大（50mA 左右）。检测这种管子时，可采用 20V 直流稳压电源，配上滑线电阻器作为限流电阻兼调节亮度，来检查其发光情况。

4.9　万用表检测门电路

门电路种类较多，在应用中有时需要对其类型和功能加以鉴别。如果已经知道某门电路集成芯片而不知道它的引脚中哪个是输入端、哪个是输出端时，可借助万用电表区别电路的输入端和输出端。

通常门电路的输入短路电流值不大于 2.5mA，输出低电平电压不大于 0.4V。根据这一特点，就能较为方便地检测出门电路的输入和输出引脚。

具体测试方法分述如下：将待测试的门电路按技术要求接上 5V 工作电源，如图 4-41 所示。

1. 电流判别法

用万用电表的电流挡依次测试各引脚与地之间的短路电流，如果测得的电流值低于 2.5mA，则表示该引脚为输入端，否则就是输出端，如图 4-41（a）所示。

2. 电压判别法

当与非门的输入端悬空时，相当于输入高电平，这时的输出端应为高电平。根据这一特点，可进一步核实一下它的输出端。

测试方法是：选用万用电表的 10V 量程，分别测试集成电路除电源连接的其他引脚的对"地"电压，如果是输出端，则这个电压值将低于 0.4V，如 图 4-41（b）所示。

3. 电阻判别法

如果测试的集成电路为 CMOS 与非门电路，可选用万用电表的 $R×1k$ 挡，测量出各引脚对"地"的反向电阻值，其中电阻值较大的引脚为与非门的输入端，而阻值稍小的引脚为输出端。这种方法同样适用于反相器、或非门、与门等数字集成电路。

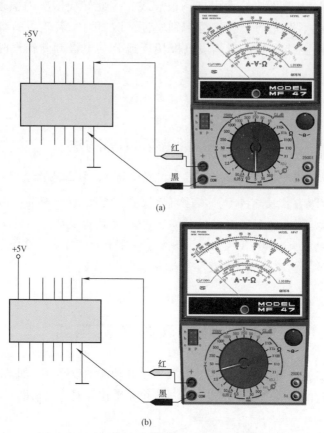

图 4-41　用万用表判别门电路输入/输出端

（a）用直流电流挡判别；（b）用直流电压挡判别

4.10　用万用表检测集成电路

视频 4.13　万用表
测集成电路

　　检测集成电路（IC），一般都采用测引脚电压的方法，但这只能判断出故障的大概部位，而且有的引脚反应不灵敏，甚至有的没有反应。因此单靠某一种方法对集成电路是很难检测的，必须依赖综合的检测手段。现以万用表检测为例，介绍其具体方法。

1. 不在路检测

　　这种方法是在 IC 未焊入电路时进行的，一般情况下可用万用表测量各引脚对应于接地引脚之间的正、反向电阻值，并和完好的 IC 进行比较。若各引脚的正、反向电阻值均符合标准，则说明该集成电路完好；反之，若与标准值相差过大，则表明该集成电路内部损坏。

2. 在路检测

在实际修理中，通常采用在路测量，在路测量是一种用万用表检测 IC 各引脚在路直流电阻，对地交、直流电压及总工作电流的检测方法。

检测时，首先测量 IC 各引脚电压，若电压与标准值不符，可断开引脚连线测接线端电压，以判断电压变化是由外围元件引起的，还是由 IC 内部引起的。

也可以用万用表欧姆挡，直接在电路板上测量 IC 各引脚和外围元件的正、反向直流电阻，并与正常数据相比较，来发现和确定故障。值得注意的是，测量前要先断开电源，以免测试时损坏万用表和元件。

对于一些工作频率比较低的 IC，为了掌握其交流信号的变化情况，可用带有曲插孔的万用表对 IC 的交流工作电压进行近似测量。检测时万用表置于交流电压挡，正表笔插入曲插孔，若无 dB 插孔，可在正表笔串接一只 0.1~0.5μF 隔直电容器。

对于动态接收装置，如电视机，在有无信号时，IC 各引脚电压是不同的。如发现引脚电压不该变化的反而变化大，该随信号大小和可调元件不同位置而变化的反而不变化，就可确定 IC 损坏。

4.11　万用表检测特殊电阻器

4.11.1　熔断器的检测

熔断器是一种具有熔丝和电阻器作用的双功能元件。在正常情况下，具有普通电阻器的电气功能；一旦电路出现故障时，该电阻因过载会在规定时间内熔断电路，从而起到保护电路的作用。

在电路中，当熔断器熔断开路后，可根据经验作出判断：若发现熔断器表面发黑或烧焦，可断定是其负荷过重，通过它的电流超过额定值很多倍造成；如其表面无任何痕迹而开路，则表明流过的电流刚好等于或稍大于其额定熔断值。

对于表面无任何痕迹的熔断器，可借助万用表 $R×1$ 挡来测量，为保证测量准确，应将熔断器一端从电路上拆下。若测得的阻值为无穷大，则说明此熔断器已失效开路，如图 4-42 所示。若测得的阻值与标称值相差甚远，表明电阻变值，也不宜再使用。

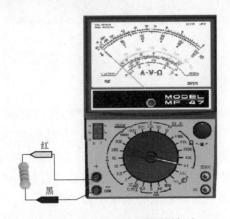

图 4-42　熔断电阻器的检测

4.11.2　电位器的检测

　　检查图 4-43 所示电位器时，首先要转动旋柄，看看旋柄转动是否平滑，开关是否灵活。开关通、断时"喀哒"声是否清脆，并听一听电位器内部接触点和电阻体摩擦的声音，如有"沙沙"声，说明质量不好。

图 4-43　电位器

1~3—接线端子

　　用万用表测试时，先根据被测电位器阻值的大小，选择好合适的欧姆挡，然后可按下述方法进行检测。

　　（1）测量电位器的标称阻值。如图 4-44 所示，用万用表黑、红表笔与电位器的"1""3"挡相接触，观察万用表指示的阻值是否与电位器外壳上的标称阻值一致。若万用表的指针不动或阻值相差很多，则表明该电位器已损坏。

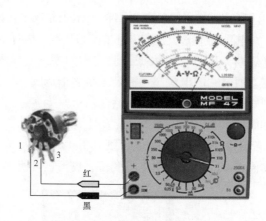

图 4-44　测量电位器的标称阻值

1~3—接线端子

　　（2）检测电位器的活动臂与电阻体的接触情况。如图 4-45 所示，首先将万用表的一支表笔接"2"，另一支表笔接"1"（或"3"），再将电位器的转轴从一个极端的位置旋转或滑动至另一个极端的位置，阻值应从零（或标称阻值）连续变化到标称阻值（或零）。在电位器的轴柄转动或滑动过程中，若万用表指针平稳移动，则说明被测电位器良好；若指针有跳动现象，则说明被测电位器的活动触点有接触不良的故障。

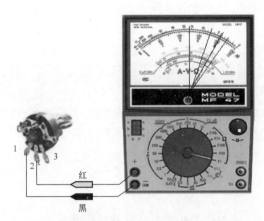

图 4-45 检测电位器活动臂与电阻体的接触情况

1~3—接线端子

需要指出的是，对于反转对数式（或对数式）电位器，当轴柄旋转或滑动均匀时，其表针的移动是不均匀的。一般来说，若开始时较快，则结束时较慢；若开始时较慢，则结束时较快。另外，在电位器轴柄的旋转或滑动过程，不应出现响声，且不应有过松过紧现象。

（3）检测外壳与引脚的绝缘情况。用万用表 $R \times 10k$ 挡的一支表笔接电位器的外壳，另一支表笔逐个接触"1"~"5"端，阻值均应为无穷大。若所测阻值为零或有阻值，则说明所测电位器的外壳与引脚存在短路的故障。

（4）检查带开关的电位器的"开关"是否良好。检查前，应旋动或推拉电位器柄，随着开关的"断开"和"接通"，应有良好的手感，同时可听到开关触点弹动发出的响声。然后按如图 4-46 所示，先用万用表 $R \times 1k$ 挡一支表笔接"4"端、另一支表笔接"5"端，再旋转电位器的轴柄，使开关"开"→"关"，同时观察万用表指针是否"通"或"断"（应"开""关"多次，并观察是否每次都反应良好）。正常情况下，当开关接通时，测量阻值应

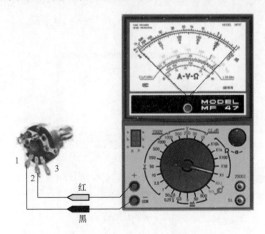

图 4-46 检测带开关的电位器开关的好坏

1~3—接线端子

为零或接近零；当开关断开时，测量阻值应为无穷大。如果开关为双联型，则两个开关均应符合上述要求。若开关在"开"的位置，阻值不为零，则说明内部开关触点接触不良；若开关在"关"的位置，阻值不为无穷大，则说明内部开关已失控。

（5）测试同步电位器的同步特性。对于同步双联或多联电位器，还应检测其同步特性。其具体做法是：在电位器触点滑动的整个过程中选择4~5个分布间距较均匀的检测点，在每个检测点上分别测双联或多联电位器中每个电位器的阻值，各相应阻值应相同，误差一般在±（1~15）%。若所测阻值与上述不符，则说明所测电位器的同步特性较差。

指点迷津

万用表检测电位器操作口诀

用表检测电位器，选择挡位要适宜。

表笔分别接两端，测量两端标称值。

表针不稳接不良，表针不摆体开裂。

检测体臂的接触，测阻同时看针移。

平稳移动为正常，跳动表明体臂离。

视频4.15 万用表测热敏电阻器

4.11.3 热敏电阻的检测

热敏电阻的阻值会随着温度的变化而变化，可以分为正温度系数（PTC）热敏电阻（电阻随温度升高而增大）和负温度系数（NTC）热敏电阻（电阻随温度的升高反而减少），主要用来检测温度的变化，为控制温度提供依据。

下面主要说明正温度系数（PTC）热敏电阻的检测。

检测时，用万用表"$R×1$"挡接到电阻两端，同时改变电阻的温度，可用手或电烙铁加热，正常情况下万用表的读数会随着温度的改变而改变，图4-47所示为正温度系数热敏电阻。如果表头指针没有变化，表明此热敏电阻已损坏或性能下降。

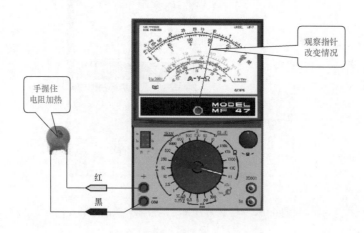

图4-47 压敏电阻检测

万用表检测热敏电阻操作口诀
测量热敏电阻器，室内温度25℃。
烙铁加热引脚处，阻值变化为正常。

4.11.4 压敏电阻的检测

压敏电阻其实是一种半导体器件，在正常情况下，表现出很大的阻抗，但一旦两端施加的电压超过其动作阈值后，其电阻值会急剧下降，几乎呈短路状态，而使电压快速下降，因此常用作电路的电压保护。

视频4.16 万用表测压敏电阻

检测时，用万用表的"$R×1k$"挡测量压敏电阻两引脚之间的正、反向绝缘电阻，应均为无穷大，如图4-48所示。

如果测得的阻值不是无穷大，说明有漏电流。若所测阻值很小，说明压敏电阻已损坏，不能使用。

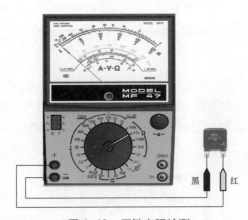

黑 红

图4-48 压敏电阻检测

4.11.5 光敏电阻的检测

光敏电阻的电阻值会随着光照的强弱不同而发生改变。光敏电阻器又叫光感电阻，是利用半导体的光电效应制成的一种电阻值随入射光的强弱而改变的电阻器；入射光强，电阻减小；入射光弱，电阻增大。光敏电阻器一般用于光的测量、光的控制和光电转换（将光的变化转换为电的变化）。

视频4.17 万用表测光敏电阻

1. 遮光检测

检测时，将万用表拨到"$R×1k$"挡，用一黑纸片将光敏电阻的透光窗口遮住，此时万用表的指针基本保持不动，阻值接近无穷大，如图4-49（a）所示。此值越大，说明光敏电阻性能越好。若此值很小或接近为零，说明光敏电阻已经烧坏，不能继续使用。

2. 对光检测

将一光源对准光敏电阻的透光窗口，此时万用表的指针应有较大幅度的摆动，阻值明显减小。此值越小，说明光敏电阻性能越好，如图4-49（b）所示。若此值很大甚至无穷大，说明光敏电阻内部开路损坏，也不能继续使用。

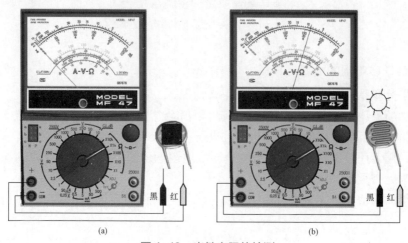

图4-49　光敏电阻的检测

（a）遮光检查；（b）透光检查

3. 闪光检测

将光敏电阻透光窗口对准入射光线，用小黑纸片在光敏电阻的遮光窗上部晃动，使其间断受光，此时万用表指针应随黑纸片的晃动而左右摆动，如图4-50所示。如果万用表指针始终停在某一位置不随纸片晃动而摆动，说明光敏电阻已经损坏。

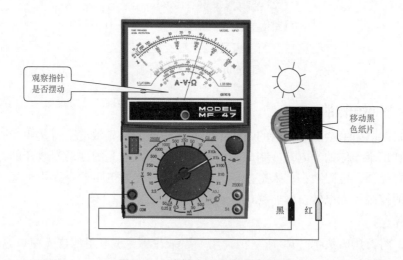

图4-50　光敏电阻间断受光检测

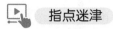

> **万用表检测光敏电阻器操作口诀**
> 测量暗阻要遮盖，测量结果才适当。
> 明阻需用光线晃，表盘数值才下降。
> 暗阻明阻相差大，电阻良好可用上。
> 暗阻明阻一个样，丢弃一旁做看样。

4.12　用万用表检测 LED

发光二极管具有单向导电性，大多数发光二极管的发光电压在 2V 左右，利用这一特点，就可以用万用表检测发光二极管的正负极性和发光性能。

视频 4.18
万用表测 LED

1. 判断正、负电极

（1）用万用表检测发光二极管（LED）时，必须使用 $R\times10k$ 挡，将万用表两表笔分别与二极管两电极相接。若表针向右偏转过半，同时发光二极管中有一发光亮点，如图 4-51（a）所示，则发光二极管正向接入，这时黑表笔（表内电池正极）接的引脚是发光二极管正极，红表笔（表内电池负极）接的引脚是发光二极管负极。

（2）将两表笔对调后再与发光二极管相接，这时为反向接入，表头指针应不动，LED 无发光点，如图 4-51（b）所示。

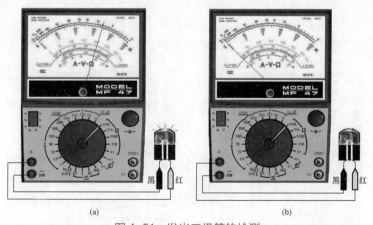

图 4-51　发光二极管的检测
（a）正向接入；（b）反向接入

【提示】发光二极管的正、负极可通过引脚的长、短来识别，长脚为正，短脚为负。红外发光二极管多采用透明树脂封装，管芯下部有一个浅盘，管内宽大的电极为负极，而窄小的电极为正极。

图 4-52 发光二极管性能测量

2. 检测发光性能

将万用表拨到"$R\times10$"或者"$R\times100$"挡，在万用表外部另接一节 1.5V 干电池后，再与发光二极管相接，如图 4-52 所示。

检测时，用万用表两表笔轮换接触 LED 的两引脚。若二极管性能良好，必定有一次是正常发光，此时黑表笔接的引脚为二极管的正极，红表笔接的引脚为二极管的负极。

无论正向接入还是反向接入，如果指针都偏转到头或不动，则说明该发光二极管（LED）已经损坏，不能再用。

4.13 万用表检测电声器件

视频 4.19
万用表测扬声器

4.13.1 万用表检测扬声器

扬声器又称"电喇叭"，是一种十分常用的电声换能器件，在能够发出声音的电子设备中都能见到它。扬声器在电子元器件中是一个最薄弱的器件，而对于音响效果而言，它又是一个最重要的器件，扬声器的性能优劣对音质的影响很大。

1. 判断扬声器的正负极

首先，把指针式万用表拨到直流 0~5mA 挡，然后将两表笔分别接在待测扬声器的两个焊片上。用手轻按扬声器的纸盆，观察万用表指针的摆动方向，若指针正向（向右）偏转，则红表笔接的是扬声器负极，黑表笔接的是扬声器正极，如图 4-53（a）所示。若指针反向（向左）偏转，则红表笔接的是正极，黑表笔接的是负极，如图 4-53（b）所示。

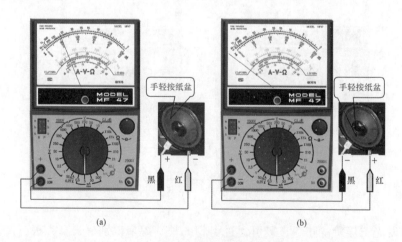

(a) (b)

图 4-53 扬声器正负极性的判别
（a）正偏；（b）反偏

2. 检测扬声器的性能

（1）从外观结构上检查。从外表观察扬声器的铁架是否生锈；纸盆是否受潮、发霉、破裂；引线有无断线、脱焊或虚焊；磁体是否摔跌开裂、移位；用螺丝刀去试磁铁的磁性，磁性越强越好等。

（2）测量扬声器的阻抗。将万用表置于 $R \times 1$ 挡，进行欧姆调零，用两表笔（不分正负极）接触其接线端，直接测量扬声器音圈的直流电阻，此阻值应略小于扬声器的标称阻抗，如图 4-54 所示。

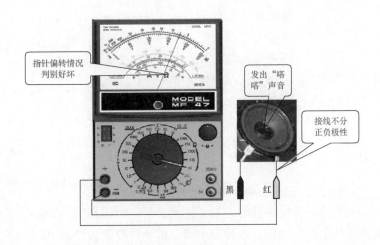

图 4-54 扬声器阻抗测试

（3）检测扬声器的性能。在图 4-54 检测中，测出的阻抗与标称值相近，还同时听到发出的振动声，正常时会发出清脆响亮的"嗒嗒"声，并且声音越大，则表示扬声器电声转换效果越好；声音越清脆，表示扬声器音质越好，总体显示扬声器质量良好。

若测试时，振动声和阻抗值出现表 4-10 所示的现象，则表示扬声器不能正常工作，需要更换。

表 4-10 扬声器故障现象及处理方法

纸盆发出的振动声	扬声器的阻抗	原　　因	处理办法
响声小而尖	实际阻值比标称阻值小得多	扬声器线圈存在匝间短路	更换
没有响声	阻值为∞	线圈内部断路，或接线端有可能断线、脱焊或虚焊	更换

（4）检测扬声器的极性。扬声器的极性用"+""-"标注在接线柱旁边。信号电流"+"端流入、从"-"端流出时，扬声器的纸盆向前运动。反之，纸盆向后运动。安装在

同一个音箱中的扬声器，所接极性必须相同。扬声器相位判断方法如下：扬声器口朝上放置，万用表置于"直流 50μA"挡，两表笔分别接扬声器两引出端，用手轻轻向下压一下纸盆。在向下压的瞬间，如果表针向右偏转，则黑表笔所接为扬声器的"+"端，红表笔所接为扬声器的"−"端。

指点迷津

> **万用表检测扬声器操作口诀**
>
> 接线柱上的引线，连接内部的音圈，
> 万用表置×1挡，测时音圈"嗒嗒"响，
> 响声越大越灵敏，声小不清性能变，
> 完全无声针不摆，音圈烧断应更换。
> 要判极性微安挡，两笔接在接线柱，
> 用手向下压纸盆，瞬间表针向右偏，
> 表笔所接的极性，黑笔接正红接负。

视频 4.20
万用表测话筒

4.13.2　万用表检测话筒

话筒是一种电声器材，属传声器，是声电转换的换能器，通过声波作用到电声元件上产生电压，再转为电能。用于各种扩音设备中。

1. 话筒好坏的检测

用万用表 $R×1\Omega$ 挡，任一表笔接话筒 $\phi6.5$ 插头（有的多媒体话筒为 $\phi3.5$）的一个电极，另一表笔点触（即断续碰触）话筒的另一电极，正常时会发出清脆响量的"沙沙"声，说明话筒是好的，同时观察万用表的指针应有大幅度的摆动，如图4-55（a）所示。

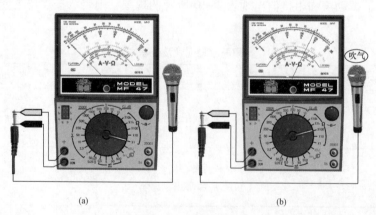

(a)　　　　　　　　　　　　　(b)

图 4-55　话筒检测

（a）话筒好坏的检测；（b）话筒灵敏度检测

2. 话筒灵敏度的检测

将万用表拨至 $R\times100$ 挡，两表笔分别接话筒两电极（注意不能错接到话筒的接地极），待万用表的指针指示一定数值后，用嘴对准话筒轻轻吹气（吹气速度要慢并且要均匀），边吹气边观察指针摆动的幅度。吹气瞬间指针摆动幅度越大，话筒灵敏度越高，送话、录音效果就越好，如图 4-55（b）所示。

如果指针摆动幅度不大或根本就不动，则说明话筒性能差，灵敏度不高，不宜再使用。

指点迷津

万用表检测话筒操作口诀
检测动圈式话筒，表置×1测阻值，
正常话筒"咯咯"响，不发声者不能用。
若测驻体电容式，表置1k接漏极，
用嘴对着吹口气，表针摆动话筒灵。

4.14　万用表检测特殊元器件

4.14.1　检测声表面波滤波器

声表面波滤波器外形如图 4-56 所示，在有线电视系统中，它是实现邻频传输的关键器件。测试时，将万用表置于 $R\times1k$ 或 $R\times10k$ 挡，测量声表面波滤波器的输入端、输出端两个电极，以及输入、输出脚对屏蔽脚之间的电阻值，正常情况下应为无穷大。若表针在数千欧或数百千欧之间摆动，则表明声表面波滤波器有漏电现象；若表针指示很小或为零，则表明声表面波滤波器已被击穿短路。

图 4-56　声表面波滤波器外形

指点迷津

万用表检测声表面波滤波器操作口诀
声表面波滤波器，引脚之间应独立。
表置×1k 测阻值，正常应为无穷大。
若测阻值小或零，说明内部已击穿。

4.14.2 检测石英晶振

石英晶振就是用石英材料做成的石英晶体谐振器，俗称晶振，其实物外形如图 4-57 所示。晶振起产生频率的作用，具有稳定、抗干扰性能良好的特点。它在远程通信、卫星通信、移动电话系统、全球定位系统（GPS）、导航、遥控、航空航天、高速计算机、精密计测仪器及消费类民用电子产品中，作为标准频率源或脉冲信号源，提供频率基准，是目前其他类型的振荡器所不能替代的。小型化、片式化、低噪声化、频率高精度化与高稳定度及高频化，是移动电话和天线寻呼机为代表的便携式产品对石英晶体振荡器提出的要求。

视频 4.21 万用表
测石英晶振

图 4-57 石英晶振

石英晶振的好坏，可用万用表进行初步判定。其方法是：将万用表置于 $R×10k$ 挡，两表笔分别与晶体两电极相碰，同时观察表头指示。若指针在最大处不动，则说明晶体片良好；若指针在最大处有轻微摆动，则表明晶体片存在漏电或接触不良现象；若指针严重偏转或为零，则说明晶体片已被击穿损坏。

用数字式万用表的电容挡（2000pF 或 2nF 挡）测量石英晶体两引脚之间的电容量，被测晶体频率为 500kHz，表中显示电容量为 415pF。遥控发射器中常用石英晶体的频率为 455、480、500、560kHz。这些石英晶体的电容量分别近似等于 296~310、350~360、405~430、170~196pF。如果所测电容量在上述范围之内，则说明该石英晶体是好的。若测出石英晶体的电容量大于近似值或等于零，则说明被测石英晶体已变值或开路损坏。石英晶体的频率不同，所测量的电容量也不相同，如频率为 10MHz 的金属外壳的石英晶体，所测电容量只有 3pF。

将万用表的量程开关拨至直流电压 10V 挡，黑表笔接电源负极，红表笔分别接被测晶体的两个引脚，若测得的电压约为电源电压的 1/2，则表明该晶体是好的。否则，说明晶体是坏的，要么就是遥控器电路出现了故障。在测试时，别忘记按下遥控器的控制键。这种检测方法能快速鉴别各种遥控器中的晶体（石英谐振器）好坏。

 指点迷津

万用表检测石英晶振口诀

判断晶体坏与好，测量电阻便知晓。

表置电阻 10k 挡，晶体电极表笔接。

指针不动为正常，指针摆动性能糟。

如有阻值为漏电，指针在零不能要。

数字式表测电容，判别晶体坏与好。

好的显示电容值，频率兆赫电容小。

检测遥控器晶体，在路测压看数值。

黑笔接地红引脚，按下一键电压低。

视频 4.22
万用表测
单结晶体管

4.14.3　检测单结晶体管

　　单结晶体管又称为双基极二极管，是一种具有一个 PN 结和两个欧姆电极的负阻半导体器件。单结晶体管可分为 N 型基极单结晶体管和 P 型基极单结晶体管两大类。

　　单结晶体管有 3 个引脚，分别是：发射极 e、第一基极 b1 和第二基极 b2。图 4-58 是单结晶体管的图形符号和典型电极。

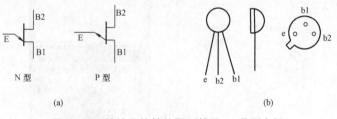

图 4-58　单结晶体管的图形符号、典型电极

（a）图形符号；（b）电极

　　单结晶体管最主要的特性是具有负阻性，其基本作用是组成脉冲产生电路，包括振荡器、波形发生器等，并可使电路结构大为简化。

　　单结晶体管可以用万用表进行检测。检测时，万用表置于 $R×1k$ 挡。

　　（1）检测两基极间电阻。两表笔（不分正、负）接单结晶体管除发射极 E 以外的两个管脚，如图 4-59（a）所示，读数应为 3~10kΩ。

（2）检测 PN 结正向电阻（以 N 型基极管为例，下同）。黑表笔（表内电池正极）接发射极 E，红表笔分别接两个基极，如图 4-59（b）所示，读数均应为数 kΩ。

（3）检测 PN 结反向电阻。红表笔接发射极，黑表笔分别接两个基极，如图 4-59（c）所示，读数均应为无穷大。如果测量结果与上述不符，则被测单结晶体管已损坏。

（4）测量单结晶体管的分压比 η。按图 4-59 所示搭接一个测量电路，用万用表"直流 10V"挡测出 b2 上的电压 U_{b2}，再按公式 $\eta = \dfrac{U_{b2}}{U_b}$ 计算即可。

视频 4.23　万用表测电源变压器

4.14.4　电源变压器的检测

电源变压器使用前或经过修理的电源变压器，都应进行检测。常用的检测项目及方法有以下几种。

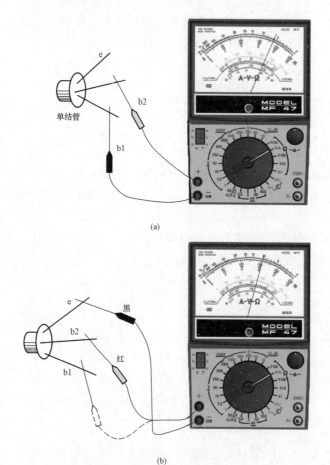

（a）

（b）

图 4-59　单结晶体管检测（一）

（a）检测两基极间电阻；（b）检测 PN 结正向电阻

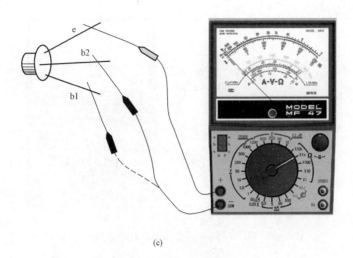

(c)

图 4-59　单结晶体管检测（二）

（c）检测 PN 结反向电阻

1. 判别一、二次绕组

低压电器的电源变压器一次侧引脚和二次侧引脚一般都是分别从两侧引出的，并且一次绕组大多标有 220V 字样，二次绕组则标出额定电压值（如 15、24、35V 等），可根据这些标记进行识别。对于没有任何标记或标记符号模糊的电源变压器，可通过用万用表电阻挡测量变压器各绕组的电阻值的大小来辨别一、二次绕组。通常，电源变压器的一次绕组所用漆包线的线径是比较细的，且匝数较多；而二次绕组所用线径都比较粗，且匝数较少。所以，一次绕组的直流电阻要比二次绕组的直流电阻大得多。

需要指出的是，有些电源变压器（如给电子管供电的变压器）带有升压绕组，升压绕组所用的线径比一次绕组所用线径更细，电阻更大，测试时要注意正确区分。

2. 绝缘性能测试

电源变压器各绕组之间，以及各绕组、屏蔽层与铁芯之间，均应有良好的绝缘性能。变压器绝缘电阻的大小，与其本身的温度高低、绝缘材料及潮湿程度、所加测试电压的高低及时间长短均有较大关系。

电源变压器的绝缘电阻通常要用 500V 绝缘电阻表进行测试，绝缘电阻值应大于 100MΩ。如果没有绝缘电阻表，也可用万用表对其进行粗测，方法如图 4-60 所示。

将万用表的量程开关拨至 $R×1k$ 挡或 $R×10k$ 挡，用一支表笔与变压器的任一绕组端子相接，另一支表笔分别与各绕组的一个端子、屏蔽层引出线、铁芯相接触，所测阻值就是变压器这一绕组与各绕组、屏蔽层及铁芯之间的绝缘电阻值。正常情况下，万用表指针均应指在"∞"处不动。通常各绕组（包括屏蔽层）间、各绕组与铁芯间的绝缘电阻只要有一处低于 10MΩ，就应确认变压器绝缘性能不良。当测得的绝缘电阻小于几百欧到几千欧时，表明已经出现匝间短路或铁芯与绕组间的短路故障。

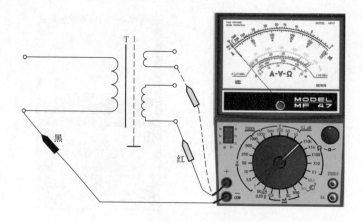

图 4-60　检测电源变压器的绝缘性能

3. 绕组通、断的检测

检查绕组的通、断时，应使用精确度较高的万用表。特别是那些直流电阻值达到欧姆级甚至小于 1Ω 的绕组，检测时应仔细读数，尤其注意万用表调零准确和保证表笔与线圈端头接触良好。

如图 4-61 所示（以测一次绕组为例），用万用表 $R×1$ 挡分别测量变压器二次侧各个绕组的电阻值，一般二次绕组电阻值为几欧到几十欧，电压较高的二次绕组电阻值较大些。一次绕组电阻值一般为几十欧至几百欧，变压器功率越小（通常相对体积也小），则电阻值越大。如果在测试中，测得某个绕组的电阻值为无穷大，则说明此绕组有断路性故障。

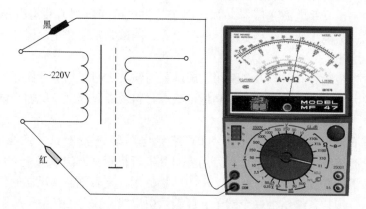

图 4-61　变压器绕组通、断检测

4.14.5　特殊三极管的检测

1. 达林顿管的检测

（1）普通达林顿管的检测。将万用表置 $R×1k$ 挡或 $R×10k$ 挡，测量达林顿管各电极之间的正、反向电阻值。正常时，c-b 极之间的正向电阻为 3 ~ 10kΩ（测量 NPN 型管时黑表笔接基极 b、测量 PNP 管时黑表笔接集电极 c），反向电阻为无穷大；e-b 极之间的正向电阻是 c-b 极之间正向电阻的 2 ~ 3 倍（测量 NPN 型管时黑表笔接基极 b、测量 PNP 型管时黑表笔接发射极 e），反向电阻值为无穷大；c-e 极之间的正、反向电阻值均接近无穷大。

若测得 c-e 极或 b-e 极、b-c 极之间的正、反向电阻值均接近零，则说明该管已被击穿损坏；反之，若测得为无穷大，则说明该管已开路损坏。

（2）大功率达林顿管的检测。用万用表 $R×1k$ 挡或 $R×10k$ 挡，测量达林顿管 c-b 极之间的正、反向电阻值。正常时，正向电阻值（NPN 型管的基极接黑表笔时）为 1 ~ 10kΩ，反向电阻值应接近无穷大。若测得 c-b 极的正、反向电阻均很小或均为无穷大，则说明该管已击穿短路或开路损坏。

用万用表 $R×100$ 挡，测量达林顿管 e-b 极之间的正、反向电阻值。正常时均为几百欧姆至几千欧姆，若测得阻值为零或无穷大，则说明被测管已损坏。

用万用表 $R×1k$ 挡或 $R×10k$ 挡，测量达林顿管 e-c 极之间的正、反向电阻值。测量 NPN 管时，黑表笔接发射极 e、红表笔接集电极 c；测量 PNP 型管时，黑表笔接集电极 c、红表笔接发射极 e。正常时，正向电阻值为 5 ~ 15kΩ，反向电阻为无穷大。否则，说明被测管的 c-e 极（或二极管）击穿或开路损坏。

知识链接

达 林 顿 管

达林顿管也称为复合晶体三极管，可分为普通达林顿管和大功率达林顿管。普通达林顿管的基本电路如图 4-62 所示，它是采用复合过接方式，将两只或更多只三极管的集电极连在一起，而将第一只三极管的发射极直接耦合到第二只三极管的基极，依次级连而成，最后引出 e、b、c 3 个电极。达林顿管总放大系数是各分管放大系数的乘积。

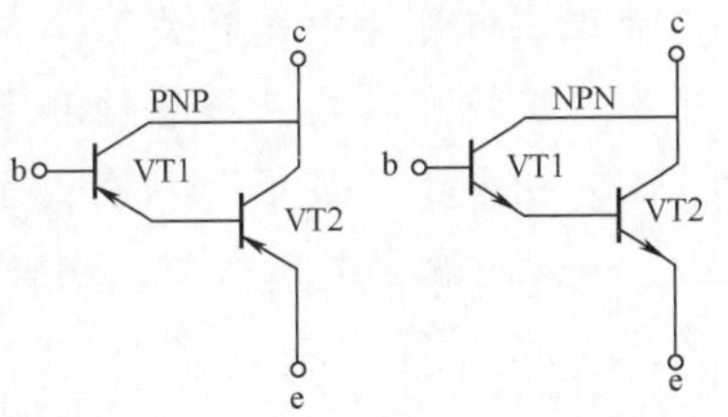

视频 4.24
万用表测
达林顿管

图 4-62　普通达林顿三极管的内部电路结构

大功率达林顿管在普通达林顿管的基础上，增加了由泄放电阻和续流二极管组成的保护电路，稳定性较高，驱动电流更大。图 4-63 所示是大功率达林顿管的内部电路结构。

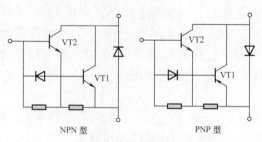

图 4-63　大功率达林顿管的内部电路结构

2. 带阻三极管的检测

因带阻三极管的内部含有 1 只或两只电阻，故检测的方法与普通三极管略有不同。检测前应先了解管内电阻的阻值。

测量时，将万用表置于 $R\times1k$ 挡，对于 NPN 型管，黑表笔接 c 极、红表笔接 e 极；对于 PNP 型管，黑表笔接 e 极、红表笔接 c 极。正常时，测量集电极 c 与发射极 e 之间的正向电阻应为无穷大，且在测量的同时，若将三极管的基极 b 与集电极 c 之间短接后，则应有小于 $50k\Omega$ 的电阻值。否则，说明被测三极管不良。

另外，可通过测量带阻三极管 b-e 极和 c-b 极之间的正、反向电阻值，来估测三极管是否损坏。测量时，红、黑表笔分别接 b、c 和 b、e 极测出第一组数字，对调表笔测出第二组数字，其数值均较大时表明该管良好。

 知识链接

带 阻 三 极 管

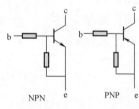

图 4-64　带阻三极管的
内部电路结构

带阻三极管是将三极管与工作时所需要的电阻封装在一起的三极管，它一般采用片状塑封形式。带阻三极管的外观结构与普通三极管并无多大区别，其内部电路结构如图 4-64 所示。

带阻三极管为中速开关管，在电路中使用时可看作是 1 个电子开关。当状态转换三极管饱和导通时，I_c 很大，c-e 间输出电压很低，相当于"连通"状态；当状态转换为三极管截止时，I_c 很小，c-e 间输出电压很高，相当于"断开"状态。电阻的作用是控制管子的导通深度和减小截止电流。

3. 带阻尼三极管的检测

用万用表 $R\times1k$ 挡，通过单独测量带阻尼三极管各电极之间的电阻值，即可判断其是否正常。具体方法如下：

（1）将红表笔接 e、黑表笔接 b，此时相当于测量大功率管 b-e 结的等效二

视频 4.25　万用表
测带阻尼三极管

极管与保护电阻 R 并联后的阻值，由于等效二极管的正向电阻较小，而保护电阻 R 的阻值一般也仅有 $20 \sim 50\Omega$，所以二者并联后的阻值也较小；反之，将表笔对调，即测得的是大功率管 b-e 结等效二极管的反向电阻值与保护电阻 R 的并联阻值，由于等效二极管反向电阻值较大，所以此时测得的阻值即是保护电阻 R 的值，此值仍然较小。

（2）将红表笔接 c、黑表笔接 b，此时相当于测量大功率管 b-c 结等效二极管的正向电阻，一般测得的阻值为 $3 \sim 10k\Omega$；将红、黑表笔对调，则相当于测量管内大功率管 b-c 结等效二极管的反向电阻，测得的阻值通常为无穷大。若测得正、反向电阻值均为零或无穷大，则说明被测管的集电结已击穿损坏或开路。

（3）将红表笔接 e、黑表笔接 c，相当于测量管内阻尼二极管的反向电阻，测得的阻值一般为无穷大；将红、黑表笔对调，则相当于测量管内阻尼二极管的正向电阻，测得的阻值一般都较小。若测得 c-e 极间的正反向电阻值均很小，则说明被测管的 c-e 极之间短路或阻尼二极管击穿损坏；若测得 c-e 极之间的正反向电阻值均为无穷大，则说明阻尼二极管开路。

带阻尼三极管的反向击穿电压可以用晶体管直流参数测试表进行测量，其方法与普通三极管相同。需指出的是，带阻尼三极管的放大能力不能用万用表的 h_{FE} 挡直接测量，因为其内部有阻尼二极管和保护电阻器。测量时可在带阻尼三极管的集电极 c 与基极 b 之间并接一只 $30k\Omega$ 的电位器，然后再将三极管各电极与 h_{FE} 插孔连接，适当调节电位器的电阻值，并从万用表上读出 β 值。

知识链接

带 阻 尼 三 极 管

带阻尼三极管是内部带阻尼二极管的大功率三极管，常常用于彩色电视机和彩色显示器行输出电路中。这种三极管在结构上与普通大功率三极管有所不同，它的 b、e 极间接有一只阻值较小的内置电阻，而在 c、e 极间接有一只阻尼二极管。这种管子具有耐压高、功率大、开关特性好的特点，不需另外单独设置阻尼二极管。带阻尼行输出管都是 NPN 型硅管，其外形与普通大功率三极管基本相同，也有塑料封装和金属封装两种。带阻尼三极管在电视机行输出电路中的应用如图 4-65 所示。

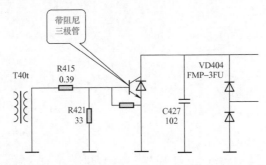

图 4-65　带阻尼三极管在电视机行输出电路中的应用

4. 光敏三极管的检测

光敏三极管只有集电极 c 和发射极 e 两个引脚，基极 b 为受光窗口，其电路图形符号如图 4-66 所示。通常，较长（或靠近管键的一端）的引脚为 e 极，较短的引脚为 c 极（达林顿型光敏三极管封装缺圆的一侧为 c 极）。检测时，将光敏三极管的受光窗口用黑纸或黑布遮住，再将万用表置 $R×1k$ 挡，红表笔和黑表笔分别接光敏三极管的两个引脚，正常时正、反向电阻均为无穷大。若测出一定阻值或阻值接近 $0Ω$，则说明被测管内部被击穿短路或漏电。在暗电阻测量状态下，若将遮挡受光窗口的黑纸或黑布移开，将受光窗口靠近光源，正常时应有 $15\sim30kΩ$ 的电阻值，否则说明光敏三极管已开路损坏或灵敏度偏低。

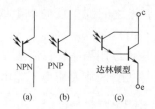

图 4-66　光敏三极管的电路图形符号

（a）NPN 型；（b）PNP 型；（c）达林顿型

第 5 章

巧 用 万 用 表

万用表是多功能检测仪表，其使用方法有直接使用、间接使用、单独使用、组合使用和变通使用等。直接使用只要按仪表的常规功能，将被测试元件接入仪表测试电路或将仪表接入被测电路，就能从仪表的刻度盘或显示屏上读出测试结果；间接使用则要求使用者通过增加某种硬件改变仪表的初始功能，达到某种测试目的。单独使用可一次完成一种参数的测试；组合使用则可同时获得多个测试参数。变通使用是在不改变仪表现有功能的基础上，利用某种功能并且演变后，完成某种参数测试的方法。本章主要介绍万用表的间接使用、组合使用和变通使用等方面的技巧。

5.1　利用直流电流挡测量交流电流

有些指针式万用电表只有直流电流测试功能，而没有交流电流测试功能。通过增加整流和滤波电路，可在一定范围内将万用电表直流电流挡改为交流电流测量，其改进电路如图 5-1 所示。

这个电路结构非常简单，只需增加 3 个元器件，其中 VD1 为整流二极管，VD2 为交流旁路二极管，C为滤波电容器。直流电流表中通过的是半波整流电流。如果不加负半波旁路二极管 VD2，测试结果会偏高一

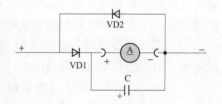

图 5-1　直流电流挡改为
交流电流测量的电路

些。如果测试数据要求不高，也可以不设二极管 VD2。这样，线路就更简单。如果不加滤波电容器，万用表的指针会成为振荡状态，电容器的容量小了也不行，必须达到适当的容量，才能消除指针振荡。

图 5-2 所示是一个可行的试验电路。下面以该电路为例，讲述用万用表直流电流挡测试交流电流的基本要领。

（1）求负载工作电流。按照图 5-2 所示负载功率，求出负载中通过的交流电流有效值为

$$I_L = \frac{P}{U} = \frac{40}{220} \approx 0.182 \ （A） = 182 \ （mA）$$

（2）求万用表直流电流挡量程。根据半波整流平均值与有效值的关系式（$I_{av} =$

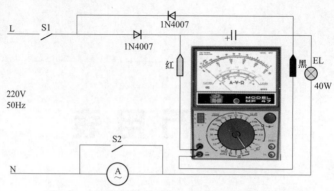

图 5-2　万用表直流电流挡测交流电流试验电路

$0.45 I_{\mathrm{eff}}$），算出通过负载 EL 的电流平均值为

$$I_{\mathrm{av}} = 182 \times 0.45 = 82 \ （\mathrm{mA}）$$

按照量程电流值大于被测量的原则，万用表直流电流量程可选用 100mA 挡。

（3）合上电源开关 S1，负载得电，灯泡 EL 点亮，万用表指示 80.2mA，交流电流表 A 的读数约为 181mA。

（4）合上开关 S2，交流电流表退出测试线路，查看万用表直流电流挡的示值保持不变，则试验结束。

试验证明用万用表的直流电流挡测试交流电流是可行的，数据是可靠的。不过万用表直流电流挡的读数不是交流电流有效值，而是交流电流平均值，万用表直流电流挡的读数必须经过计算，才能得到电路中的交流电流有效值。

（5）测试数据处理。将第（4）步测试获得的直流电流表读数除以半波整流换算系数，就是通过负载的交流电流有效值。

$$I_{\mathrm{eff}} = \frac{直流电流表读数}{整流换算系数} = \frac{80.2}{0.45} = 178.2 \ （\mathrm{mA}）$$

如果使用万用表直流电流挡测试交流电流较为频繁，也可以按万用表直流电流各挡量程范围，求出仪表常数，这样使用起来就很方便。以 MF30 型万用电表为例，取用半波整流换算系数为 0.45，见表 5-1。

表 5-1　　　　　　　　　　　　　　交流电流量程仪表常数换算

直流电流量程	换算后的交流电流量程	交流量程仪表常数
50μA	110μA	2.2μA/格
0.5mA	1.1mA	22μA/格
5mA	11mA	220μA/格
50mA	110mA	2.2mA/格
500mA	1100mA	22mA/格

例如，选用 MF30 型万用电表直流电流 500mA 挡，采用半波整流工作方式，测试某一交流负载消耗电流，得知万用电表的指针指示为 38 格，求交流电流有效值。

从表 5-1 查出，直流电流 500mA 挡的交流量程仪表常数为 22mA/格，所以被测电路负载中通过的交流电流有效值为

$$I_{\text{eff}} = 22 \times 38 = 836 \text{（mA）}$$

5.2　万用表一挡两用量程的使用

在不改变仪表内电路的情况下，在同一挡上既可以用来测量直流电流，又可以用来测试直流电压的量程，称其为一挡两用量程。如果有些万用表的某挡标注了两组不同量程数字，但它们使用的不是同一电路，或通过某种方式改变了电路中的结构或参数，这样的量程称为借用量程或借用挡。本节主要介绍一挡两用量程的概况和使用。

5.2.1　一挡两用量程介绍

具有一挡两用量程的万用表见表 5-2。

表 5-2　　　　　　　　　　　指针式万用表一挡两用量程

型　号	量　程	型　号	量　程
MF35	75mV/50μA	MF79	0.25V/50μA
MF41	0.5V/50μA	MF88	0.25V/0.1mA
MF47	0.25V/0.050mA	MF90	0.25V/0.1μA
MF55	0.5V/0.05mA	MF96VP	EXT60mV/20μA
MF63	50mV/50μA，0.5V/5μA	MF125	0.25V/0.1μA
MF72	0.25V/0.1mA	U20	0.1V/0.5mA
MF77	0.15V/50μA	U101	0.25V/100μA
MF77-1	0.25V/100μA	Simpson260-7	250mV/50μA

1. 一挡两用量程上标注的数字关系与量程特点

在一挡两用量程挡位上标有两组数字，它们之间是并列关系，它们分别表示两个不同的对象，一组数字用于直流电压挡，另一组数字用于直流电流挡。少数万用表还设有两个一挡两用量程，如 MF63 型万用表。从表 5-2 中可以看出，对于不同型号的万用表，一挡两用量程的范围有所不同，如 MF35 型、MF41 型、Simpson260-7 型等；但也有型号不同而功能却一样的万用表，如 MF88 型、MF90 型、MF125 型、U101 型等。根据电路分析，一挡两用量程多数是万用表直流电流和直流电压挡的最低量限，但也有少数例外。

2. 量程类别与量程范围

在一挡两用量程标注的两组数字中，一组是表示电流量程的（如 50μA），另一组是表示电压量程的（如 250mV）。50μA 表示这一挡能测试 50μA 及其以下的直流电流

值；250mV 表示这一挡能测试 250mV 及其以内的直流电压值。一挡两用量程有两种构成方式，一种是分流结构，另一种是单支路结构。分流结构的典型示例（MF35 型）如图 5-3 所示。

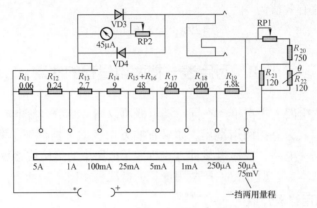

图 5-3　分流方式的一挡两用量程构成示例

如果这块万用表采用分流方式构成最低电流量程，该量程的电流满度值由仪表的表头及其分流电阻共同确定，如图 5-3 中的 $R_{11} \sim R_{19}$、RP2 和表头内阻。如果这块万用表是在电流量程的基础上设置一挡两用量程，那么这一挡的电压量程就由连接在并联电路以外的电阻器确定，如图 5-3 中的 RP1、R_{20}、R_{21}、R_{22} 等。其中 RP1 用来调整串联电阻值，以满足 75mV 量程最大值的校准。

如果这块万用表采用单支路（无分流）方式构成最低电流量程，则该量程电流满度值由仪表满偏转电流值确定，如图 5-4 所示。

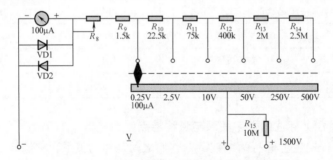

图 5-4　单支路方式的一挡两用量程构成示例

图 5-4 所示万用表（如 U101 型）在 100μA 量程上的电压量程是由串联在回路中的降压电阻 R_8、R_9 确定的。其中，R_8 可用来调整串联电阻值，以满足 250mV 量程最大值的校准。

5.2.2　一挡两用量程的使用

如果用一挡两用量程这一挡测试电流，那就按测试电流的方法接线，并按电流量程刻度读数；如果用这一挡去测试直流电压，那么就按直流电压测试方法接线，并按直流电压量程刻度读数。当不能确定测量的是电流还是电压时，简单的辨别方法是：仪表串联在测试回路中的，测试的就是电流；仪表并联在电源两端或并联在被测试元件两端的，所测试的就是电压。

使用一挡两用量程应注意：

（1）如果不能确定仪表在电路中是串联还是并联关系，最好的办法还是搞清楚被测对象的工作原理和被测参数的含义，再使用万用表进行测试。

（2）由于一挡两用量程的双重含义，并且是在低量程范围，因此动手测试前一定要明确被测量的大致范围，尽量在有把握的前提下完成测试任务，否则极易损坏仪表。

（3）一挡两用量程平时较少使用，一旦使用结束，必须将量程开关旋至交流电压最高挡，以防下次误用量程损坏仪表。

5.3 利用差值法测量电阻

指针式万用表 $R\times1$、$R\times10k$ 挡的工作电流较大，当电池电压降低、内阻增大时，这两挡就无法调零，尤其是 $R\times1$ 挡受电池影响最大。$R\times10k$ 挡采用叠层电池供电，而叠层电池储存的电量有限，使用一段时间后也会调不到欧姆零点。一旦出现上述情况，希望继续测量而手头既无新电池可以更换，又无其他万用表能够替代时，作为一种应急措施，可以采用"差值法"测量电阻。

1. 利用"差值法"测量电阻的工作原理

所谓"差值法"就是从测量值中减去欧姆调零时的初始值，得到被测电阻的实际值。具体方法如下：首先把两支表笔短路，调整欧姆调零电位器，使指针尽量接近于欧姆零点，并记下电阻初始值 R_1；然后接上被测电阻 R_x，再记下读数 R_2，则被测电阻的近似值就由下式确定

$$R_x \approx R_2 - R_1$$

欧姆表对被测电阻而言可视为线性电流表。这表明当电池电压降低时，对应于阻值已确定的电阻 R_x，在测量过程中指针偏转角度 $\Delta\alpha$ 可近似认为不变，所改变的只是欧姆零点的位置。

通过下述实验可以验证差值法测量电阻的准确程度。选择两个低阻值 1/8W 碳膜电阻，阻值分别为 11、27Ω。鉴于数字式万用表的准确度较高，可作标准表使用。现选用一块 DT860 型三位半数字式万用表，分别测出两个电阻的阻值：$R_{x1} = 11.6\Omega$，$R_{x2} = 27.0\Omega$，以此作为准确值。

选择一块 MF64 型指针式万用表，用其 $R\times1$ 挡（该挡能够调零），实测两个电阻值分别为 12、26Ω。全部测量数据及误差计算情况见表 5-3。不难看出，对于被测电阻 $R_{x1} = 11.6\Omega$ 的情况，MF64 型万用表 $R\times1$ 挡在修正前的测量值为 29.5Ω，误差高达 +154.3%，测量结果已失去意义。而采用差值法修正后，$R_x' = 11.0\Omega$，误差仅为 -5.2%，已具有实际意义。由此可见，差值法不失为一种应急测量方法，在特殊情况下用此法估测电阻值还是有参考价值的。

表 5-3　　　　　　　　　　　　测量数据及误差比较

准确值 R_x（Ω）	万用表型号	电阻挡	测量值 R_2（Ω）	修正前的测量误差（%）	初始电阻值 R_1（Ω）	用差值法计算结果 R_x'（Ω）	相对误差（%）
11.6	MF64	$R×1$	29.5	+154.3	18.5	11.0	−5.2
	DY−1	$R×1$	12	—	0	—	+3.4
27.0	MF64	$R×1$	43	+59.2	18.5	24.5	−9.3
	DY−1	$R×1$	26	—	0	—	−3.7

2. 测量注意事项

（1）若将表笔短路时指针向左偏转角度过大（超过 45°），说明电池电压已从 1.5V 降到 0.75V 以下，此时 $R_1>R_0$（欧姆中心值），就不能用差值法了。由于测量已没有意义，因此必须换新电池。

（2）当电池电量明显不足时，每次使用 $R×1$ 挡的测量时间应尽量缩短，以免在测量过程中电池电压继续下降，导致测量误差进一步增大。

5.4　万用表检测放大电路静态参数

用三极管组成的放大电路，在未加信号时所处的一种状态称为静态。在静态条件下测得的电路工作参数称为三极管放大电路的静态参数。这一参数的良好设定是保证放大电路正常工作的基本前提。当放大电路的静态参数偏离正常数值时，可用万用电表进行测试分析。

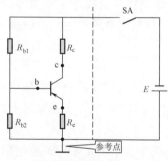

图 5-5　三极管典型放大电路

三极管典型放大电路如图 5-5 所示。

为叙述方便，约定参考点为电源正极，并且在用万用表直流电压挡测量时，正表笔搭在参考点上，然后用负表笔测量各点，其结果均将"−"号省去，以便表述。

当开关 SA 接通后，可用万用表直流电压挡进行测量的参数有：电源电压 U_E、三极管集电极电压 U_c、基极电压 U_b、发射极电压 U_e、发射极与基极之间的电压 U_{eb}、基极与集电极之间的电压 U_{bc}、发射极与集电极之间的电压 U_{ec}。这些参数相互之间有一定的内在联系，通过用万用表对这些参数进行测量，便能很快确定电路的状态，并从中找出故障点。

1. 电源电压 U_E 的测量与分析

当开关 SA 断开时，用万用表测得电源电压 U_E 为 U_1；当开关 SA 接通时，用万用表测得电源电压 U_E 为 U_2。将两次测量结果进行比较，在正常情况下，$U_1>U_2$。如果 $U_1=U_2$，则表示负载没有参与工作；如果出现 $U_2>U_1$，则可能是万用表失准，或出现粗大误差。

2. 集电极电压 U_c 的测量与分析

集电极电压 U_c 是用万用表直流电压挡测得的三极管集电极对地的电压。集电极电压 U_c

可以从一个侧面说明电路所处的状态，通常它有 4 种情况：一是约等于电源电压；二是等于零；三是在正常值（放大状态）至饱和压降加 U_c 值之间；四是正常值。具体情形如图 5-6 所示。

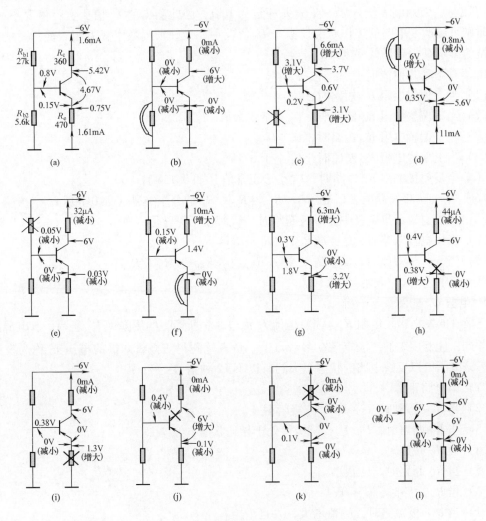

图 5-6　三极管放大电路故障图解

（a）正常；（b）R_{b2} 短路；（c）R_{b2} 断路；（d）R_{b1} 短路；（e）R_{b1} 断路；（f）R_e 短路；

（g）c-e 短路；（h）e 极断路；（i）R_e 断路；（j）c 极断路；（k）R_c 断路；（l）b-e 短路

图 5-6 中 U_c = 6V 的情形有 7 种可能：R_{b2} 短路；R_{b1} 断路；b 极断路；e 极断路；c 极断路；b-e 极间断路；R_e 断路。

U_c = 0V 的情形可能是 R_c 断路、c-e 结短路。

U_c 非 6V、非 0V、非正常值，其电路工作状况应分别详细分析，如三极管放大能力下降，R_{b1}、R_{b2}、R_c、R_e 的任一电阻值发生变化都会导致电路故障的发生。

3. 基极电压 U_b 的测量与分析

当直流放大器的发射极接有电阻且是正常偏置时，基极对地电压应大于发射极电阻 R_e 上的压降 $0.10 \sim 0.30$V，即 $U_b = U_{be} + U_e$。如果用指针万用电表测量，上偏置电阻的阻值较高（几十千欧），万用电表接入后，要分去一定的电流，因此测出的 U_b 值比实际值要小一些，严重时则可能改变电路的工作状况。由于 U_b 值较小，最好采用数字式万用表测量，能使仪表阻抗的影响减少到最低程度。

U_b 值有下列几种情形：

（1）当下偏置电阻 R_{b2} 短路时，$U_b = 0$V。

（2）当下偏置电阻 R_{b2} 断路时，U_b 大于正常值。

（3）当上偏置电阻 R_{b1} 短路时，$U_b = U_2$。

（4）当上偏置电阻 R_{b1} 断路时，U_b 小于 0.1V。

（5）当发射极电阻 R_e 短路时，U_b 小于正常值（如 0.15V）。

（6）当 e、c 极短路时，U_b 是 $R_{b1}//R_e$ 与 $R_{b2}//R_e$ 的分压结果（如 0.30V）。

（7）当发射极或集电极中任一极断路时，U_b 都小于正常值（如 0.40V）。

（8）当集电极断路时，$U_b = U_e R_{b2} / (R_{b1} + R_{b2})$。

（9）当 b-e 极短路时，$U_b = U_e (R_{b2}//R_e) / [R_{b1} + (R_{b2}//R_e)]$。

以上式中，"$//$" 表示并联。

4. 电压 U_c 的测量与分析

三极管的发射极接电阻 R_e，当有电流 I_e 流过时，所产生的压降用 U_{re} 表示。以电源正端为参考点，且万用表的正表笔搭在参考点上，负表笔测得三极管 e 极的电压 U_e 称为发射极电压。该电压可以反映电路的状态，大约有以下 12 种情形：

（1）当电路正常时，$U_e = 0.75$V。

（2）当 R_{b2} 短路时，$U_e = 0$V，三极管截止。

（3）当 R_{b2} 断路时，$U_b < U_e$，三极管处于导通状态。

（4）当 R_{b1} 短路时，$U_b = U_2$。

（5）当 R_{b1} 断路时，U_e 很小。

（6）当 R_e 短路时，$U_e = 0$V。

（7）当 e-c 极短路时，U_e 值增大，并且 $U_e = U_c$。

（8）当发射极断路时，$U_e = 0$V。

（9）当 R_e 断路时，U_e 取决于三极管的 b-e 极反向漏电流及测试仪表的内阻。

（10）当 c 极断路时，U_e 值取决于 R_{b2} 并上 R_e 加 b-e 极电阻和 R_{b1} 分压的结果。

（11）当 R_c 断路时，测得的 U_e 值与 c 极断路的结果十分相似。

（12）如果 e-b 结内部短路，则明显的特点是 $U_e = U_b$。

5. U_{eb} 的测量与分析

U_{eb} 是三极管的发射极与基极之间的直流电压，通过测量 U_{eb} 值，可以了解三极管的工作状态。一般情况下，无论电路中是否接有发射极电阻 R_e，对锗管来说，U_{eb} 在 $0.10 \sim 0.30$V 之间；对硅管来说，U_{eb} 在 $0.50 \sim 0.70$V 之间。

仍然以图 5-6 为例进行分析，U_{eb} 会出现下列情形：

（1）当电路正常时，$U_{eb} = 0.15V$。

（2）当 R_{b2} 短路时，b 点被迫与地端等电位，$U_{eb} = 0V$。

（3）当 R_{b2} 断路时，b 电位低于 e 点，三极管处于导通状态。

（4）当 R_{b1} 被短路时，三极管处于饱和导通状态，$U_{eb} = 0.35V$。

（5）当 R_{b1} 断路时，U_b 电压由三极管的 b、c 极间漏电流确定；同样 U_e 由三极管的 e、c 极之间的漏电流确定，U_{eb} 约等于零。

（6）当 R_e 短路时，$U_{eb} = 0.15V$。

（7）当 e-c 结短路时，U_e 升高，于是 $U_{eb} = 1.80V$。

（8）当 e 极断路时，$U_{eb} = 0.38V$。

（9）当 R_e 断路时，$U_{eb} = 0V$。

（10）当 c 极断路时，$U_{eb} = 0.30V$。

（11）当 R_e 断路时，$U_{eb} = 0.10V$。

（12）如果 e-b 结内部短路，$U_e = U_b$，则 $U_{eb} = 0V$。

6. U_{ce} 的测量与分析

U_{ce} 等于集电极电压 U_c 与发射极电压 U_e 之差，也可以直接将万用表的"+""-"测试笔搭在三极管的集电极与发射极之间进行测量。如果使用指针万用表，就将红表笔搭在发射极，黑表笔搭在集电极；若使用数字式万用表，虽不受电源极性限制，但测试方法要与本例一致，这样可方便读者对照分析。

（1）偏置电阻对 U_{ce} 的影响如下：

1）当 R_{b1} 短路时，$U_{ce} = 0V$。

2）当 R_{b2} 短路时，$U_{ce} = 6V$。

3）当 R_{b1} 断路时，$U_{ce} = 5.97V$。

4）当 R_{b2} 断路时，$U_{ce} = 0.60V$。

（2）三极管发生故障时，U_{ce} 的变化如下：

1）当 c-e 结短路时，$U_{ce} = 0V$。

2）当 b-e 结短路时，$U_{ce} = 6V$。

3）当 c 极断路时，$U_{ce} = 6V$。

4）当 e 极断路时，$U_{ce} = 6V$。

实际检修的思路与上述思路相反。例如：已测得 $U_{ce} = 6V$，那么应考虑目前三极管可能处于以下哪种状态：R_{b2} 短路；R_{b1} 断路；e 极断路；c 极断路；b-e 结短路等。又如 $U_{ce} = 0V$，应考虑三极管可能处于以下哪种状态：R_{b1} 短路；e-c 结或 e-c 极间短路；R_e 开路；集电极负载回路开路等。当对这些故障点逐一检查后，故障也就找出来了。

5.5 万用表判断三极管振荡状态

由三极管组成的振荡器是产生一定频率交流信号的装置，如音频信号发生器是产生音频交流信号的振荡器；高频信号发生器是产生高频交流信号的振荡器。振荡器能产生频率范围极宽且稳定度极高的交流信号，在电子技术中应用极为广泛，如无线电通信设备，广播电视发射、接收设备，信号发生器、示波器等电子测量仪器，工业用高频加热、高频焊接和高频淬火，医用透热电疗、针灸的脉冲刺激，计时用的电子钟表等。

振荡器的振荡频率按其高低可大致分为超低频、低频、高频、超高频等几种。按振荡波形可分为正弦振荡器和非正弦振荡器。无论是哪种振荡器，都由3部分组成：一是由三极管组成的放大器；二是正反馈电路；三是选频网络。振荡器中三极管的直流偏置电路与一般放大器相同，但起振后，处于振荡状态的三极管的偏置电压将发生变化。以NPN型硅管为例，

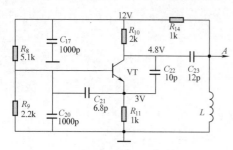

图5-7　典型电容三点式振荡电路

当电路处于振荡状态时，三极管的基极与发射极电压将小于0.70V，甚至出现反偏，即基极电压低于发射极电压，或称为 $U_{be}<0$。这个重要的特点为判断振荡器是否正常工作提供了一条重要的依据。图5-7所示为一种典型的振荡电路。

该电路采用电容三点式振荡电路，其中VT是振荡三极管，R_8、R_9为分压式偏置电阻，R_{11}为发射极直流负反馈电阻，R_{10}为直流集电极负载电阻。这种电路与常见的放大电路相似。在集电极回路中的电感器 L 和电容器 C_{23}、C_{22}、C_{21}组成选频谐振电路。LC回路上的振荡输出电压经 C_{22} 和 C_{21} 分压后，在 C_{21} 两端形成与输出振荡电压同相的反馈电压，送回到三极管的e、b极之间。调整 C_{22} 与 C_{21} 的值使反馈电压幅度适当，振荡器即起振。等幅的高频交流信号由 A 点输出送至下一级电路。电路起振后，用高阻抗万用表测得VT的各极电压分别是：$U_e=3V$；$U_b=3.2V$；$U_c=4.8V$。

很显然，VT的 U_{be} 值小于0.70V。如果由于某种原因而使振荡器停振，或者人为用导线将电感器 L 短路，迫使振荡器停振，这时再用万用表测量就会发现三极管VT发射极的电压 U_e 将下降到2.5V左右，导致 $U_{be}=0.70V$。

振荡器在正常工作时，其输出的振荡频率可用专用仪器（如示波器）进行测量，是否起振可用万用表检查振荡三极管的基极与发射极之间的直流电压来判断。对于NPN型硅管，起振时，$U_{be}<0.70V$，甚至反偏；停振时，$U_{be}=0.70V$。

在测量 U_{be} 电压时，要用内阻高的万用表，否则会发生较大的误差，有时甚至会破坏电路工作状态。

5.6　万用表判别设备外壳漏电

我国的安全电压等级为42、36、24、12、6V。在一定的条件下，当超过安全电压约定值时，应视为危险电压，因此，必须认真对待。在危险电压中，最常见的是设备外壳带电。

设备外壳带电的原因有：电力线路绝缘不良；接线错误；保护接零接触不良或断路；保护接地接触不良或断路；绝缘击穿直接接金属外壳等。设备金属外壳带电可以用低压试电笔

判断，也可用万用电表判别。

1. 感应判别法

感应判别法测试设备外壳是否带电的方法是：取一块数字万用电表，将表的量程拨在交流电压 200V 挡，将黑表笔开路，用红表笔搭在设备的金属外壳上，表上显示为零或接近于零，这表示设备外壳不带电，或有微弱的漏电。如果万用电表显示 15V 以上，则表示设备外壳已有不同程度的漏电。如果示值较小，可将黑表笔的测试线在左手的 4 个指头上绕 3 匝以上，手不要触及黑表笔，再用右手拿红表笔去测试设备的金属外壳，这时表上读数会明显增大。

测试实例：有 1 台电冰箱，其线路绝缘性能有所下降，测试结果如下：断开黑测试线，万用电表的量程选择在交流电压 200V 挡，用红表笔测试金属外壳时，万用电表显示 9.5V。改用第二种方法，插上黑表笔，左手 3 个指头并拢，将测试线在左手上绕 4 匝，左手同时捧住万用电表，用右手拿住红表笔进行测试，这时表上的读数为 17.3V。测试结果表明，设备的外壳已带电。

2. 电压判别法

某用户在室内采用了如图 5-8 所示的布线方式。使用一段时间后，发现电冰箱外壳带电，于是用试电笔检查，没有找到故障点。后来用电压法逐级检查。

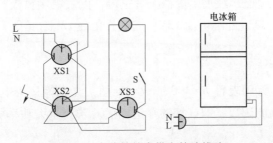

图 5-8 电冰箱外壳带电故障线路

（1）第一步：确定电冰箱电源接线有没有错误。用户的电冰箱电源插头采用的是两芯插头，接线如图 5-8 所示，对于两芯扁插头，如果不先认后插，则插到电源插座上后有可能使电冰箱金属外壳直接接到火线上。经检查，该插头原来是三芯后改为两芯使用，按常位插上，不会出现错插，且其中接线也正确。

（2）第二步：查电源回路。在断开所有用电负荷的前提下，用试电笔测火线位置是否正确，没有发现问题。插上电冰箱电源插头，用试电笔测电冰箱外壳，仍然带电；保持电冰箱不动，用万用表交流电压挡由电源输入端逐级测量，当测量到 XS2 时，故障处进出点端电压相差 73V。进一步检查后确定是 XS2 接线座上的螺钉松动，接触电阻形成电压降，使得电冰箱的电机绕组与接触电阻串联，电冰箱外壳的电位同时升高。

处理方法：将电源总开关断开，将 XS2 接线端拆开，对接线端子和出线都进行一次清洁处理，并将进线和出线接头处用焊锡焊牢后装回原处。完成后，再接通电源进行测试，73V 电压不复存在。用万用表复查电冰箱外壳已无带电信号。再用试电笔复测，带电现象完全消失。

5.7　巧用指针式万用表 LI 和 LV 刻度

MF50 等型号的指针式万用表的表盘上都有 LI、LV 刻度线，这两条刻度线是万用表欧姆挡的辅助刻度，表示在用万用表测量元件电阻值时，流过被测元件的电流和加在被测元件两端的电压，因此简称负载电流线和负载电压线。

LI 刻度的起始值在欧姆各挡都是零，满度值为各挡工作电压除以该挡的中心电阻值。而 LV 刻度的满度值在欧姆各挡均为零，起始值为各挡使用的工作电压。LI、LV 刻度的主要作用是用来测试半导体二极管和晶体管。下面介绍这两条刻度的应用。

1. 测量二极管的正、反向特性

测量二极管正向特性时，应将万用表拨至 $R\times100$ 或 $R\times1k$ 挡，红表笔接二极管负极，黑笔接正极，所测出的电阻值是二极管的正向电阻，LI、LV 刻度上的数值即是该管在这点的特性。反之，将引线极性调换，即可测量二极管的反向特性。

2. 测量稳压管的稳压值

将万用表拨至 $R\times10k$ 挡，红表笔接稳压管正极，黑表笔接负极。因 $R\times10k$ 挡表内的工作电压为 15V，所以 LV 刻度的终值为 15V；若表针指在 LV 刻度 0.9V 处，则表明该稳压管的稳压值为 9V。

3. 测量晶体管的穿透电流

以 PNP 型管为例，万用表置 $R\times100$ 或 $R\times1k$ 挡，红表笔接集电极、黑表笔接发射极。此时万用表在 LI 刻度上的读数，即该管的穿透电流。若测量大功率管，应将万用表置 $R\times1$ 或 $R\times10$ 挡。

4. 测量晶体管的 β 值

根据 β 定义，$\beta = \Delta I_c / \Delta I_b \approx I_{ceo} / I_{cbo}$ 可以利用 LI 刻度近似测量出晶体管的 β 值，式中 I_{ceo} 表示晶体管的穿透电流、I_{cbo} 表示晶体管的反向饱和电流。硅管的测量电路如图 5-9 所示，锗管的测量电路如图 5-10 所示。图中改变 R_e 可进行二次读数，从而测出 β 值。

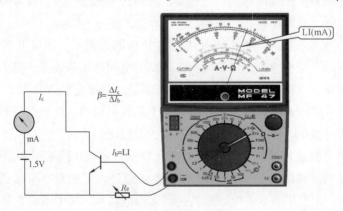

图 5-9　硅管测量电路

5. 测量表头灵敏度

将万用表置于 R×1k 挡，并与待测表头串联，再接进 1 只 500kΩ 左右的调零电位器，测量时调节调零电位器，使被测表指针到满度，此时万用表在 LI 刻度上的数值，即为表头的满度电流值。

若被测表头的灵敏度较低，万用表应置于 R×100 或 R×10 挡，同时应改变万用表欧姆挡倍率，使表针接近满度，从而减小测量的误差。

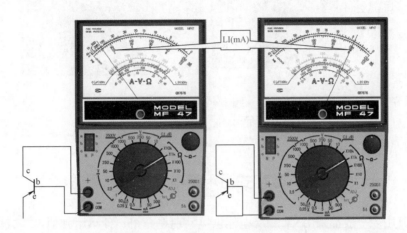

图 5-10　锗管测量电路

📹 **知识链接**

用数字式万用表测量表头内阻

数字式万用表的欧姆挡读数精度高、测试电流小，可直接测出表头的内阻。实际测试表头时，应选择合适的量程，以避免表头因过载而被损坏。

以 DT9202 型数字式万用表为例，其测量表头内阻的具体方法是：首先用 20kΩ 挡估测，为了提高测量精度，在不使表头过载的情况下，再选择低阻挡测试，最后读数时要减去数字表本身的电阻值，这个电阻就是表笔电阻和转换开关接触电阻。若使用低阻挡测试时，表头仍有过载现象，此时可在表头两端并联 1 只小于 200Ω 的电阻，首先测试总电阻，再根据测试结果利用公式 $R_M = R_S R (R_S - R)$ 计算出表头的内阻。式中，R_S 表示并联电阻的阻值，R 表示总电阻，R_M 表示表头内阻。

6. 测量高压整流元件

测量高压整流元件时，由于其正、反向电阻均较大，所以应加接一个晶体管，相关电路如图 5-11 所示。测量时，若正、反两次测量的 LI 值一次无穷大、一次为零，则说明该整流器件完好。反之，若两次测量的 LI 值均为零，则说明该器件被击穿；若两次测量的 LI 值均较大，则说明该器件开路。

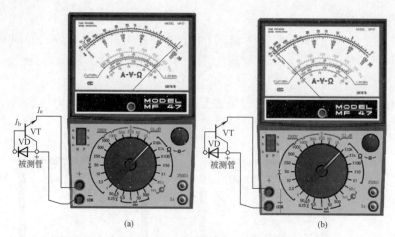

图 5-11　测量高压整流元件电路图

（a）正向测量；（b）反向测量

5.8　数字式万用表电池电压自测法

数字式万用表一般都采用 9V 叠层电池供电，现在介绍一种不用其他设备或电源，利用数字式万用表测量自身供电电池电压的简易办法。

具体做法是：将数字式万用表置直流 20V 挡，用 1 根表笔将电源负极与 V/Ω 端相连，此时万用表显示数字加上该固定值即为万用表电池电压。

这种方法也可在数字式万用表无电池的情况下使用，对 6~20V 的直流电压进行准确测试。测量时，将万用表 V/Ω 端分别与被测电压正、负端相接，两次测量结果的绝对值相加即为被测电压值。

 技能提高

用万用表检测相线和中性线

在检修 220V 交流电源及安装照明电路时，经常需要判断电源的相线和中性线，如果现场没有试电笔，利用万用表也可以迅速、准确、安全找到相线。

（1）接触测量法。将万用表转换开关置于交流 250V 或 500V 挡，第一支表笔接电源的一端，第二支表笔接大地（比如水管、暖气片等上面或潮湿的地面）。如果接地良好，当万用表读数在 220V 左右时，第一支表笔接的是电源的相线，如图 5-12（a）所示。如果指针不动，说明第一支表笔接的是电源的中性线。即使第二支表笔接地电阻大，当第一表笔接相线时，指针也会有明显的偏转。

（2）非接触测量法。将万用表转换开关置于交流 250V 或 500V 挡，第一支表笔接电源的任一端，将第二支表笔悬空放置在桌子上，用手握住第二支表笔的绝缘杆部分（注意手不要接触导电部分）。如果第一支表笔接的是相线，则表头指针一般可偏转 2~10 格，

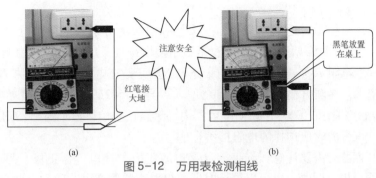

（a）　　　　　　　　　　　　　　　　（b）

图 5-12　万用表检测相线

（a）测量法；（b）非接触法

如图 5-12（b）所示。万用表的灵敏度越高，偏转越明显。如果第一表笔接的是中性线，表头指针不会偏转。

此方法适用于任何型号的万用表。

5.9　用数字式万用表寻找电缆的断点

当电缆线中出现断点时，传统的方法是用万用表电阻挡一段一段地寻找电缆的断点，这样做不仅浪费时间，而且会在很大程度上损坏电缆的绝缘。利用数字式万用表的感应特性可以很快地寻找到电缆的断开点。

视频 5.1　数字式万用表判断电缆断点位置

先用电阻挡判断出是哪一根电缆芯线发生断路，然后将发生断路的芯线的一头接到 AC 220V 的电源上，随后将万用表量程转换开关置于 AC 2V 挡的位置上，黑表笔悬空，手持红表笔使笔尖沿线路轻轻滑动，这时表上若显示有几伏或零点几伏（因电缆的不同而不同）的电压，如果移动到某一位置时表上的显示突然降低很多，记下这一位置，一般情况下，断点就在这一位置的前方 10~20cm 之间的地方。

用这种方法还可以寻找故障电热毯等电阻丝的断路点。

5.10　巧用数字式万用表测电容器

常用的经济型数字式万用表一般没专门设置电容挡，一般都认为对于电容好坏的判断与测量远没有模拟万用表来得方便和直观。其实只要巧妙利用现有挡位，也能方便快速地做出检测。

5.10.1　用电阻挡检测电容器

实践证明，利用数字式万用表也可观察电容器的充电过程，这实际上是以离散的数字量反映充电电压的变化情况。设数字式万用表的测量速率为 n 次/秒，则在观察电容器的充电过程中，每秒钟即可看到 n 个彼此独立且依次增大的读数。根据数字式万用表的这一显示特点，可以检测电容器的好坏和估测电容量的大小。此方法适用于测量 $0.1\mu F$ 至几千微法的大容量电容器。

将数字式万用表拨至合适的电阻挡，红表笔和黑表笔分别接触被测电容器 C_x 的两极，这时显示值将从"000"开始逐渐增加，直至显示溢出符号"1"。这是因为刚测量时，万用表内电源经过标准电阻 R_0 向被测电容器 C_x 充电，刚开始充电的瞬间，因为 $U_C = 0$，所以显示"000"。随着 U_C 逐渐升高，显示值随之增大。当 $U_C = 2U_R$ 时，仪表开始显示溢出符号"1"。注意：若始终显示"000"，说明电容器内部短路；若始终显示溢出，则可能时电容器内部极间开路，也可能时所选择的电阻挡不合适。

检查电解电容器时需要注意，红表笔（接电源正极）接电容器正极，黑表笔（接电源负极）接电容器负极。同时，也可以用计时器测出电容器的充电时间 t，即显示值从"000"变化到溢出所需要的时间。

5.10.2　用已有电容挡测小电容或大电容

一些高精度数字式万用表已具有测量电容的功能，其量程一般为 2000pF、20nF、200nF、2μF 和 20μF 这 5 挡。测量时可将已放电的电容两引脚直接插入表板上的 C_x 插孔，选取适当的量程后就可读取显示数据。

经验证明，有些型号的数字式万用表（例如 DT890B+）在测量 50pF 以下的小容量电容器时误差较大，测量 20pF 以下电容几乎没有参考价值。此时可采用并联法测量小值电容，方法是：先找 1 只 220pF 左右的电容，用数字式万用表测出其实际容量 C_1，然后把待测小电容与之并联测出其总容量 C_2，则两者之差（$C_1 - C_2$）即是待测小电容的容量。用此法测量 1~20pF 的小容量电容很准确。

同时，常见的数字式万用表，其电容挡的测量值最大为 20μF，有时被测电容较大就不能满足测量要求。由于容量大小不同的两只电容串联后，其串联后的总容量要小于容量小的那只电容的容量，因此，如果待测电容的容量超过了 20μF，则只要用一只容量小于 20μF 的电容与之串联，就可以直接在数字式万用表上测量了。为此可采用电容串联的方法，利用两只电容串联公式

$$C_s = \frac{C_1 C_2}{C_1 + C_2}$$

很容易计算出待测电容器的容量值 C_1

$$C_1 = \frac{C_s C_2}{C_2 - C_s}$$

下面举一实例，说明运用此公式的具体方法。被测元件是 1 只电解电容器，其标称容量为 220μF，设其为 C_1。选取 1 只标称值为 10μF 的电解电容作为 C_2，选用数字式万用表 20μF 电容挡测出此电容的实际值为 9.80μF，将这两只电容串联后，测出 C_s 为 9.37μF。将 $C_2 = 9.80\mu F$、$C_s = 9.37\mu F$ 代入公式，则

$$C_1 = \frac{C_s C_2}{C_2 - C_s} = \frac{9.37 \times 9.80}{9.80 - 9.37} \approx 214 \text{（μF）}$$

注意：无论 C_2 的容量选取为多少，都要在小于 20μF 的前提下选取容量较大的电容，

且公式中的 C_2 应代入其实测值,而非标称值,这样可减小误差。将两电容串联起来用数字式万用表实测,根据测量值即可进一步推算出 C_1 的实际容量。

采用这种方法无需对数字式万用表原电路做任何改动,而且从理论上讲,用这种方法可测量任意容量的电容,但如果待测电容器的容量过大,其误差也会增大,误差大小与待测电容的大小成正比。

5.10.3　用蜂鸣挡检测电解电容器

电路连接如图 5-13 所示,选用万用表的蜂鸣挡,将被测电容器的正极接红表笔,负极接黑表笔。实际测试中,由于开始充电时电容器充电电流较大,相当于通路,所以蜂鸣器发出一阵短促的蜂鸣声(电解电容器的容量越大,蜂鸣器响的时间就越长)。随着电容器两端电压不断升高,充电电流迅速减小,蜂鸣器停止发声,与此同时显示溢出符号"1"。如果测量时蜂鸣器一直发声,则表明被测电容器已被击穿短路;若测量 $100\mu F$ 以上的电解电容器时蜂鸣器不发声,且万用表一直显示溢出符号"1",则说明被测电容器的电解液干涸或断路。对于 $10\mu F$ 以上的大容量电解电容器,若在测量时电容量基本正常,但听不到蜂鸣器发声,则说明其损耗内阻大于阈值电阻。

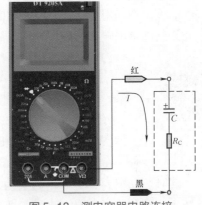

图 5-13　测电容器电路连接

5.11　巧用二极管挡和 h_{FE} 挡判别三极管

三极管的内部就像两个二极管组合而成的,中间的是基极(b 极),PNP 管的基极是两个负极的共同点,NPN 管的基极是两个正极的共同点。

在实践测量中首先要先找到基极并判断是 PNP 还是 NPN 管。将数字式万用表开关置于二极管挡,因数字式万用表的二极管挡有 2.7V 左右的电压输出,利用 PN 结的单向导电性,判断 b 极和三极管类型(NPN 或 PNP)。

视频 5.2　数字式万用表二极管挡判断三极管

(1)假设三极管的某一极为 b 极,将红表笔(连表内电池正极)接在假设的 b 极上,将黑表笔(连表内电池负极)分别接另外两个极测其电阻,如果两次测得电阻均为高阻值(一般显示为溢出 1),此时再对换表笔测其电阻,若均为低阻值且相差不大(一般显示为 500~800 之间),则刚才假设的 b 极就是要找的 b 极,并能判断是 PNP 型管。

(2)如果红表笔接假设的 b 极,按照上述方法测量,结果均为低阻值且相差不大,对换表笔测其电阻均为高阻值,则假设的 b 极就是要找的 b 极,并且可判断为 NPN 管。

(3)如果上述方法测得结果一个为低阻值,另一个为高阻值,则原假设的 b 极是错的,必须假设另一脚为 b 极,直到满足要求。注意:当 3 次测得的结果没有相等的阻值,则三极管是坏管。

(4)判断集电极 c 和发射极 e。如果使用指针式万用表测试,到了这步可能就要用到两只手了,甚至会用到舌尖,比较麻烦,而利用数字表的三极管 h_{FE} 挡去测就方便多了。把万

用表打到 h_{FE} 挡上，把三极管插到 NPN 的小孔上，b 极对上面的 B 字母，读数；再把它的另两个脚反转，再读数。读数较大的那次极性就对上万用表表面上所标识的字母，这时就对着字母去认三极管的 c，e 极，方便快速。

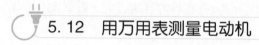

5.12 用万用表测量电动机

5.12.1 万用表判别绕组首尾端

当电动机的 6 个出线端标号失落或不清，或重绕绕组之后，就需要查出线端对应的相及绕组的首尾端。用指针式万用表判断电动机绕组首尾端，只需要用一块万用表就能够判断出三相绕组的首尾端，其操作方法很简单。

视频 5.3　万用表判断电动机绕组首尾端

1. 判断同相绕组

先将万用表置于 "$R\times1k$" 或 "$R\times100$" 挡，判断出电动机三相绕组引出的 6 个端子中每相绕组的两个端子。

2. 判断绕组的首端和尾端

从三相绕组的每相绕组中各取一个端子短接在一起，假设它们为首端，另外 3 个端子作为尾端，3 根线头也短接起来。

这时，万用表置于最小毫安挡，红、黑表笔分别接于假设的首端和尾端，转动电动机的转子，观察表针的变化情况。如果表针不动，说明假设正确；如果表针摆动，说明假设错误。此时交换三相绕组中任一相绕组的两个端子，重新转动转子，如果表针不动，说明假设正确；如果表针摆动，说明假设错误。以此类推，从而判断出电动机定子绕组的首尾端。

在电工技能鉴定时，一般是将三相异步电动机定子绕组的 6 个端子用导线引出来，要求能够正确判断出绕组的首尾端，测量绕组相与相、相与地的绝缘电阻，再按照要求做三角形接法或星形接法，通电用钳形电流表测量电动机的电流。

图 5-14　同一绕组的两根导线分别打结

为避免失误和节省测量时间，用万用表电阻 $R\times10$ 或 $R\times100$ 挡判断出一个绕组后，可将该绕组的两根导线打一个结，按照同样的方法，把判断出的第二个、第三个绕组的两根导线也分别打结，如图 5-14 所示。这样，在下一步判断绕组首尾、测量绝缘电阻和测量电流时，就不会再花费时间去找哪两根导线属于同相的。

在判断绕组首尾时，万用表置于最小电流挡（如 50mA 挡），将假定为首端的 3 根导线短接起来后与红表笔头缠在一起，假定尾端的 3 根导线短接起来后与黑表笔头缠在一起，用一只手转动电动机的转子，用眼睛仔细观察表针是否摆动，表针不动，说明假定正确；表针摆动，说明假定错误。

5.12.2　用万用表判断电动机的转速和极数

视频 5.4　万用表判断电动机的极数

如果电动机没有铭牌，又没有转速表，在不拆开电动机的情况下，可用万用表判断电动机的转速。方法是：用万用表的最小毫安挡分别接上面已经判断出来的某一个绕组的首端和尾端，将转子慢慢匀速转动一圈，看万用表指针摆动几次，如果摆动一次，说明电流正、负变化一个周期，可以判断它是 2 极电动机。同样理由，摆动两次判断它是 4 极电动机，摆动 3 次判断它是 6 极电动机，依此类推。

判断出电动机的极数，就可知道它的大致转速（略低于同步转速）。电动机的同步转速与磁极数的关系，在电源频率为 50Hz 时基本可以这样推算：两极为 3000r/min，4 极为 1500r/min，6 极为 1000r/min。

在操作时，万用表表笔与端子要保持接触良好。否则，转动转子的过程中表针均会摆动，判断不出结果。

 知识链接

指针/数字针双显万用表

指针式万用表是一种生产历史悠久的机械式测量仪表，它占据着测量仪表舞台中的主导地位。除了维修方便是指针表的最大特点外，它的另一个特点，就是能够指示被测电量连续变化的情况，响应速度快，这可能就是指针表无法退出仪表舞台的主要因素。数字式万用表的最大特点就是准确度高，测量误差小，是高精密度指针仪表所无法比拟的，而且数字表显示直观，观察数据极为方便，又不会引入视觉较差。但这类表是电子测量仪表，维修不便是其最大的缺点，而且不能显示被测电量连续变化时的情况，响应速度慢。

指针/数字双显万用表能够将指针式万用表和数字式万用表的优点完美地结合在一起，使用更加方便。

5.13　指针式万用表检测遥控器

电视机、空调器、DVD 影碟机等许多电器都具有遥控功能，配置有相应的遥控器。遥控器的按键或晶体振荡器最容易损坏，下面介绍一种用万用表快速判断或检测遥控器的方法。

（1）将遥控器面板拆开，将镶有橡胶按键的一面取下，然后将胶垫按键对准遥控器按键的触点，再把万用表置于直流 0.25V 挡上。

（2）用万用表的红表笔（正端）接红外发射管的正极，黑表笔（负端）接红外发射管的负极。

（3）按动遥控器任一按键时，在正常情况下万用表指针会大幅度的摆动。此时，说明遥控器的石英晶体振荡器及集成电路等工作正常。否则说明遥控器没有启振或电路损坏。

此方法不能判断红外发射管是否损坏。

指点迷津

万用表检测遥控器口诀
万用表测遥控器，拆开面板测电压。
发射管的两电极，红笔接正黑接负。
按动任一控制键，表针摆动为正常。

 知识链接

现在的许多手机都有照相/摄像功能，打开手机照相功能，遥控器发射口对准手机的摄像头，按下遥控器按键，如遥控器正常，则可在手机屏幕上看到红外光发出，否则遥控器损坏。

第 *6* 章

万用表的检修

万用表使用频繁，容易发生故障。检修万用表的故障时，应先检查熔断器、电池容量或明显断线等简单、明显的部分并维修，再根据电路原理图维修较复杂的部分，逐一排查故障隐患。

6.1 万用表假故障的处理

在测试电路参数和元器件的好坏、查找电路故障的过程中，有时会遇到一些意外，例如在路测试一只 500Ω 的电阻时，万用表指示"∞"，而将这只电阻器从电路中焊下来，再测试时又是好的。有时万用表是好的，就是测试不出结果来。有时线路有故障，但用万用表测试时又是好的。诸如此类，非万用表本身故障而影响正常测试的现象，称其为万用表假故障或测试障碍。

假障碍一旦出现，先不要急于动电烙铁，也不要急于拆开万用表，而应先作些简单的判断，如测试线的检查、接触不良的检查、量程复查、接线检查、被测件的原始状态观察等。

6.1.1 测试线的检查

选用万用表的电阻挡，分别将测试线插头插入万用表的插座内，将两支表笔短接，看表头有无指示。如果是数字式万用表，就看 1CD 是否为高位"0"显示；如果是指针万用表，就看指示是否在"0"位附近。如果数字式万用表溢出显示，指针万用表指示无穷大，都可能是测试线断路。为了区别是万用表内电路故障还是万用表外接线故障，可取消一根测试线，将留下的一根测试线的两端分别插入万用表的"+""–"插孔中。如果万用表指示（或显示）为"0"，则表示这根测试线是好的；否则测试线为断路。另一根测试线也用同样的方法检查。如果查出不良的导线，应对其修复或更换后再投入测试。

一般情况下，在两次导线的测试检查中，两根导线都坏的情况不多见，但不等于不会发生。如果两次测试结果都不通，应检查一下万用表内附电池。有时由于表的位移或震动，表内电池会接触不良而断路。如果两次测试结果都不通，并且表内电源供电良好，可另找一根导线，直接短接万用表的"+""–"插孔。如果万用表指示良好，则说明前两根测试导线确实存在问题。例如，黑测试导线内部断路，红测试导线的测试笔中所装的熔断器熔断了，于是修复黑测试导线，用相同规格的熔断器更换红测试笔中的熔断器，重新检查测试线，故障不再出现。

6.1.2 接触不良的检查

如果万用表和测试线都正常，在路测试时万用表未能真实反映电路实际情况，可用万用

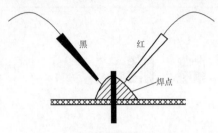

图 6-1 判断表笔在同一焊点上
是否接触良好

表电阻挡，在被测试电路断电的情况下逐点判断。操作要领如下：将黑测试笔先搭在测试点上，将红测试笔离开黑测试笔一定距离，也搭在同一测试点上，如图 6-1 所示，看万用表有无指示。

万用表有指示且示值为"0"，说明表笔与测试点接触良好。如果不能确定两支表笔与测试点是否接触良好，可将两表笔在测试点上作一次短接，若万用表指示为"0"，则表示万用表工作正常。再用表笔对同一测试点测试，如果仍然不通，

则表示焊点上有绝缘物阻碍了测试笔与焊点金属的正常接触，如松香、杂质氧化层、干胶水膜、焊点封漆、绝缘漆等。为了不影响测试，可用刮刀将焊点上的障碍物刮掉一点，露出光亮的焊锡，然后再进行测试。

6.1.3 量程复查

1. 量程置位错误

在测试过程中，由于操作失误或其他干扰，可能发生量程置位错误。如本想用直流电流500mA 挡测试直流电流值，而误将量程开关置于交流电压 500V 挡。或者要想测试交流电压，应该选择 250V，而误将量程开关置于直流电压 250V 挡。

2. 相邻挡位置位错误

例如一个交流电压 500V 挡与一个直流电压 500V 挡相邻，实际需要测试直流电压，而误将量程开关拨到了交流电压 500V 挡等。如果测试过程中出现了上述情况，应及时将万用表退出测试电路，重新选择量程，并确认无误后，继续进行测试。

6.1.4 接线检查

测试接线不仅要符合测量对象的接线规则，还应符合万用表的接线要求，并且具体情况具体对待。如大电流测试，要用专用插座、专用接线、专用附件等。由于平时较少使用，会误将测试线当成专用线，或者误将测试线插在非专用插孔或接线柱上，这样在测试时万用表无反应。如果被测试电路送电而测试仪表无反应，除了要完成上述各项检查外，还应检查接线是否正确。如果发现错误，要让测试仪表尽快退出测试电路。断电后，重新选择万用表量程并且正确接线，确认安全良好后，再继续测试。

6.1.5 被测件的原始状态观察

为了测试需要，通常会将被测试装置移位，如原来设备为水平放置，测试时变成了垂直放置。虽然是一种位置变换，但也会影响测试结果的准确性。例如一块垂直安装的插件板，由于其定位弹簧疲劳，使得插件与被插件之间接触不良，测试时，无意中将其垂直的位置变成了水平放置。这样，插件板的重量使插座与插件之间获得了一种力的作用，当用万用表电阻挡测试通路时，没有找到故障点。然而将被测件复位时，故障又暴露出来了。为了找到被

测件的故障部位,将被测装置打开,并按原位放置,再测试时,故障点就可以查出来了。以上示例要求在日常检修过程中,要注意观察被测试装置的原始位置,以便在必要和可能时保持原始状态查找电路故障。

6.2 万用表的检修方法及步骤

6.2.1 指针式万用表的检修方法

视频 6.1 指针式
万用表故障维修

1. 直观检查

(1) 外观检查。检修万用表,首先要进行外观检查。外观检查一般包括以下内容:

1) 表壳有无损坏,标志是否清楚。新生产的万用表还应具有计量器具制造许可证 MC 标志。

2) 仪表的接线柱、插孔、转换开关旋钮是否松动或断裂。用手感判断转换开关分挡状态是否清楚,有无不正常的摩擦及感觉,分挡指示是否准确无误。

3) 表面玻璃有无破碎,电表指针是否平直,机械调零是否完好。迅速摆动万用表时,表针摆动是否自如并且有明显的阻尼作用。

4) 粗略检查电阻挡,并检查指针有无卡针、擦碰表盘现象。可先将转换开关拨到 $R \times 1$ 挡,两表笔互相短接后调节欧姆调零电位器,观察指针偏转情况。在此检查过程中,也可判断调零电位器接触是否良好,内置电池的电压是否充足。

(2) 直观检查。直观检查是指在外观检查的基础上,通过进一步的观察来找出故障所在。直观检查内容一般包括:

1) 观察接线有无断路。如连线有无断开,有无脱焊、虚焊,印刷电路铜箔是否翘起或断裂,熔丝是否烧断,开关有无破碎,电阻是否烧毁,有无电池漏液腐蚀而引起断路或接触不良等。

2) 观察接线有无短路。如有无搭锡短路,有无元件或紧固螺钉松动脱落相碰引起短路,有无因漆包线烧坏引起短路等。

3) 观察元件有无严重过载。如是否闻到烧焦的臭味,有无烧焦的元器件,熔丝是否烧断,转换开关触点有无烧蚀等。

2. 通电检查

当外观和直观的检查方法不能确定万用表故障所在的时候,或仪表经过修理需要重新检定的时候,都必须采用通电检测。

集交直流电流、电压和电阻于一体的数字式三用表校验仪(如 DO30B 型、DO3C 型)是检定指针式万用表的标准设备。在业余条件下,采用一块合格的三位半数字式万用表作标准表,可用来检测指针式万用表,其准确度是足够的,能够找出指针式万用表的故障所在。当然,检测时还需备用直流和交流稳压电源,可调自耦变压器、滑线电阻、电阻箱等设备。

下面以 U201 型万用表为例(电路如图 6-2 所示),说明如何进行通电检查。

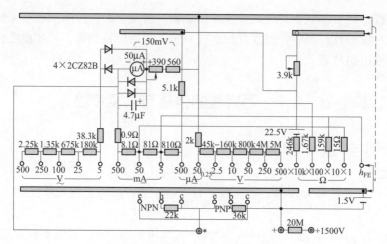

图 6-2 U201 型万用表电路原理

（1）直流电流挡的检查。U201 型万用表直流电流包括 50μA、0.5mA、5mA、50mA 和 500mA 共 5 个量程。检查时可按图 6-3 所示电路进行。图中 R_1、R_2、R_3 分别为粗调、中调、细调滑线电阻，A0 为标准万用表，AX 为被检万用表（置于直流电流挡）。

检测时先从最小量程开始，对带数字的刻度从零递增至满偏值，并记下对比读数，然后递减至零也记下读数。这样既可检查指针式表头直线性好坏，又可检查指针回零情况及被检表相对标准表的误差，只要误差不超出直流电流挡的允许误差，则说明被检表的表头和仪表内部电路都是好的。若误差较大，就需要拆下表头，对其灵敏度和内阻进行单独测量，经过调试修理合格后才重新装上，然后重新检测。如果发现某一挡偏差超标较多，说明该挡分流电阻有问题。

（2）直流电压挡的检查。检查直流电压挡按图 6-4 所示接线，图中 R_1、R_2、R_3 分别为粗调、中调、细调滑线电阻器或电位器，V0 为标准电压表，VX 为被检万用表（置于直流电压挡）。检测包括 0.25、2.5、10、50、250、500V 共 6 个量程。先从低电压 0.25V 量程开始，逐个对比检测并记录读数。根据被检表与标准表读数对比的误差大小，可以判断仪表内部线路的附加电阻是否有问题。

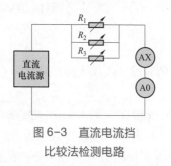

图 6-3 直流电流挡
比较法检测电路

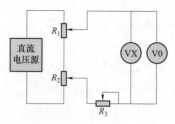

图 6-4 直流电压挡
比较法检测电路

在业余条件下，可用 DT390 型数字式万用表作为"标准表"，根据其特性参数，可以算出读数为 0.25、2.5、10、50、250、500V 时准确度分别为 0.9%、0.6%、0.7%、1.6%、1.2%，比指针式万用表的准确度 2.5% 高 2 级以上。

（3）交流电压挡的检查。检查交流电压挡时可按图 6-5 所示接线。图中，T1 为可调自耦变压器，T2 为隔离变压器，其抽头式的二次绕组便于选择输出电压，保证调节精度。如果自耦变压器的调节范围不够宽，则应用升压隔离变压器。VX 为被检万用表（置于直流电压挡），V0 为标准交流电压表。

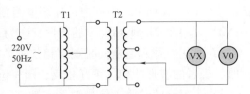

图 6-5　交流电压挡比较法检测电路

对交流电压挡的检查，分 5、25、100、250、500V 共 5 个量程，先从低量程（5V）开始，指针由零逐步地偏转到满度值，逐个作对比检测，记录数据。根据记录数据与标准表作比较，两次读数之差如果不超出允许误差，说明整流元件是完好无损的。如果误差较大甚至指针不偏转，说明整流元件损坏或电压回路中的串联电阻有问题。

（4）电阻挡的检查。检查电阻挡时可按图 6-6 所示接线，首先将万用表置于 $R\times1$ 挡，两表笔互相短接后看指针偏转是否到达 "0Ω" 刻度附近，通过调节调零电位器使指针恰好

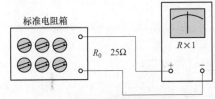

图 6-6　电阻挡比较法检测电路

位于零位。同样对 $R\times10$、$R\times100$、$R\times10k$ 挡进行检查。如果指针都能调节到零位，说明万用表的内置电池电压是充足的，否则应更换内置 22.5V（15F20型）的叠层电池。如果 $R\times1$ 挡调不到零位，而其余各挡均能调到零位，则应更换内置 1.5V（R6 型）的电池。

6.2.2　数字式万用表的检修方法

1. 直观检查

数字式万用表的检修首先可以通过直观检查的方法初步确定故障原因，和指针式万用表的直观检查方法相类似，这里不再赘述。由于直观检查法属于主观判断，难免存在一定的局限性，导致某些故障原因难以直观诊断，这时就需要采用通电检查方法。

视频 6.2　数字式万用表故障排除方法

2. 通电检查

（1）测电压法。检查各级工作电压。例如测量 IC17106 的 U_+-COM 端之间的电压（+2.8V）、基准电压 U_{RFE}（100.0mV）等，再与正常值进行比较。为保证测量基准电压的准确度，建议采用高准确度的四位半数字式万用表进行测量。

（2）测电流法。测量整机工作电流时，可首先将另一块数字式万用表拨至 200mA DC 挡，然后串联在 9V 叠层电池上，这样就不必打开表壳了。若预先测出电池的路端电压（注意不是开路电压），就很容易算出整机功耗。但需注意，某些数字式万用表为了提高密封性，将电池装在机壳内。

（3）波形法。用电子示波器观察电路中各关键点的电压波形、幅度、周期（频率）等。以 IC17106 为例，主要包括下述内容：

1）观察时钟振荡器波形，从 IC17106 第 38 脚（OSC3）上应能输出方波电压，频率约 40kHz（对应于测量速度 2.5 次/s）。允许振荡频率略有偏差，但频率稳定性必须好。若振荡器无输出，说明 IC17106 内部振荡电路损坏，也可能是外部阻容振荡元件开路。

2）观察第 21 脚（BP）的波形，应为 50Hz 方波，否则说明内部的分频器损坏。

3）利用双线示波器同时观察相位驱动器输出波形与背电极波形。当该输出端呈显示状态时，二者的波形的相位正好相反，即相位差为 180°。

4）观察蜂鸣器驱动信号波形，频率一般为 1~2.5kHz，因仪表型号而异。多数情况应为 2kHz 方波。

5）观察电容挡文氏桥振荡器的输出波形，应为 400Hz 正弦波。

单片 A/D 转换器 IC17106 的外围电路原理如图 6-7 所示。

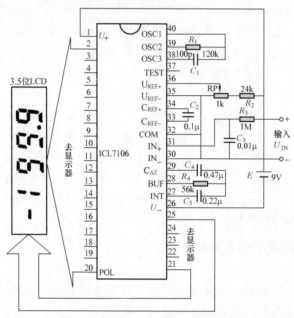

图 6-7　IC17106 的外围电路原理

（4）信号追踪法。此方法适用于检查 AC/DC 转换电路、f/U 转换电路、C/U 转换电路等。例如发现不能测频率时，可由一台音频信号发生器向被检仪表注入幅度和频率都适宜的电压信号，然后从前往后逐级追踪输入信号的去向，同时用示波器观察波形的变化情况，即可迅速判定故障位置。

以 DT930F+型数字式万用表 20kHz 挡为例，当输入 100mV（RMS）、10kHz 正弦波信号时，通过 IC3b$\left(\dfrac{1}{2}\text{T}1062\right)$放大后应能输出放大整形后的频率信号，再经过 IC4$\left(\dfrac{3}{4}\text{CD}4011\right)$进一步整形，从 C21 输出的应为沿口陡峭的矩形脉冲。最后通过 IC5（ICM7555）作 f/U 转换，滤波后变成直流电压。如果信号从哪一级中断或者波形出现严重失真，就说明前级出现故障。

（5）断路法。在不影响其他部分正常工作的前提下，将可疑部分从单元电路中断开。只要故障消失，就证明故障在被断开部分。

（6）测量元件法。当故障已缩小到某个或某几个元件时，可对其进行在线测量或脱离线路的测量。例如用另一块数字式万用表可检查出电阻是否短路、断路或阻值改变，电容是否击穿等。测量在线电阻时必须考虑与之并联的其他元件的影响，必要时可焊下被测电阻的一端再测。鉴于数字式万用表中的晶体管和二极管大多采用硅管，最好能使用数字式万用表的低功率挡（10Ω）测量在线电阻，避免硅管导通后影响测量的准确性。

检查分压电阻及分流电阻时，须采用准确度较高的四位半数字式万用表或用电桥来测量电阻值。

（7）干扰法。将数字式万用表拨至低量程交流电压挡（200mV或2V挡）。用手捏住表笔尖，利用人体感应电压作为干扰信号，此时液晶屏应出现跳数现象，否则说明输入电路开路。

（8）替换法。对于可疑的元器件、部件及插件，均可用同类型质量良好的产品进行替换。替换的目的仅在于缩小故障范围，减少怀疑对象，不一定就能立即查明故障原因，但为进一步确定故障根源创造了条件。

（9）软故障查寻法。对软故障有两种处理方法，第一种是检查可疑部位，如印制板有无松动、翘曲，插头松动，元器件虚焊或固定不牢，量程转换开关是否接触不良；第二种方法是人为地促使软故障转换成硬故障，例如摇晃仪表，拍打机壳，拨动元器件及引线，同时观察故障有无变化，以确定故障位置。必要时还可连续开机，将要坏的元器件及早损坏，把故障暴露出来。

6.2.3 指针式万用表检修步骤

（1）将万用表置于电阻挡，观察表头指针指示是否正常。

1）如果表头指示不正常，则应检查接线和内置电池是否正常，必要时可换新电池。

2）如果表头指示正常，可将万用表置于直流电流挡检查指示值是否正确。

3）如果接线和内置电池均正常，但表头指示仍不正常，则应检查转换开关是否正常，若有故障应加以修复。

4）如果测量接线、内置电池和转换开关均正常，但表头指示仍不正常，则应拆卸表头查出故障并加以修复。

（2）将万用表置于直流电流挡，检查指示值是否正确。如果指示值不正确，应对分流电阻或转换开关加以修理，使指示值正确为止。

（3）将万用表置于直流电压挡，检查指示值是否正确。如果指示值不正确，应对分压电阻或转换开关加以修理，使指示值正确为止。

（4）将万用表置于交流电压挡，检查指示值是否正确。如果指示值不正确，应对分压电阻或转换开关加以修理，使指示值正确为止。

（5）将万用表置于电阻挡及其他功能挡，检查指示值是否正确。如果指示值不正确，则应修复相关部分，使指示值正确为止。

（6）经过修理后的万用表，再按上述程序重新检查一遍。若工作正常，指示值也正确，则说明调试修理完毕。

6.2.4　数字式万用表检修步骤

1. 寻找故障

寻找故障应遵循"先外后里，先易后难，化整为零，重点突破"的原则，首先大致确定可能出现故障的范围，然后进一步仔细查找。寻找故障有"望、闻、问、切"4个步骤。

（1）"望"。对数字式万用表进行外观检查，查看损坏情况，如有无机械损伤、电气损伤、零件丢失等。

（2）"闻"。听取使用人员介绍发生故障时所看到的异常现象等。

（3）"问"。若需进一步了解万用表出现的异常状况或使用人员的操作步骤，可询问使用人员。

（4）"切"。分析故障原因。

排除故障要力求彻底，不留隐患，不能存有侥幸心理。有的数字式万用表稍受震动或用手拍打一下机壳就不能正常工作了，大多属于接触不良，对于此类故障不可轻易放过，否则数字式万用表在使用中会时好时坏，贻误工作。

2. 排除故障

待故障原因分析完毕，应"对症下药"，使万用表恢复正常。修理完毕后，应再检查一次，确保万用表能正常使用为止。

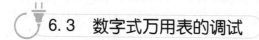

6.3　数字式万用表的调试

6.3.1　数字式万用表的调试程序

调试数字式万用表时必须按照规定程序进行。概括讲，应遵循以下5个原则：

（1）先调零点，后调功能。即首先做零点调整，然后转入功能调试。

（2）先直流，后交流。首先调试直流挡，再调交流挡。

（3）先电压，后电流。先调试电压挡，再检查电流挡。

（4）先低挡，后高挡。一般从最低量程200mV DC挡开始调试（该挡为直流的基准挡），然后逐渐升高量程。交流则以2V AC挡作为基准挡，因此应先调整2V AC挡，再依次调整200mV、20V、200V、700V（或750V）挡。

（5）先基本挡，后附加挡。二极管挡，h_{FE}挡、蜂鸣器挡均属于附加挡，它们是在基本挡的基础上扩展而成的。一般讲，只要调好基本挡，附加挡的调试工作就很容易完成。

视频6.3　数字
万用表调试校准

6.3.2　数字式万用表的调试方法

手持式数字式万用表的调试内容主要有21项，具体如下：

（1）零点调整。

（2）DCV挡的调试。

（3）ACV挡的调试。

（4）DCA挡的调试。

（5）ACA 挡的调试。

（6）欧姆挡的调试。

（7）200MΩ 高阻挡的调试。

（8）电容挡的调试。

（9）频率挡的调试。

（10）温度挡的调试。

（11）电导挡的调试。

（12）逻辑电平调试挡的调试。

（13）信号发生器挡的调试。

（14）二极管及蜂鸣器挡的调试。

（15）h_{FE} 挡的调试。

（16）电池低电压指示电路的调试。

（17）测量整机功耗。

（18）检查数字式万用表的线性度。

（19）检查读数保持功能。

（20）检查相对值测量功能。

（21）检测自动关机功能。

具体调试内容还应视数字式万用表的型号而定。例如，DT810 型设置了信号发生器挡。VC9801A+、DT9802、DT890C+、DT930F+、DT1000 型都设计了电容挡，许多数字式万用表还有频率挡。VC9805A+、VC9808A+、EDM82B、83B 型增加了电感挡。DT830C、DM6018、VC9805A+、VC9808A+设置了温度挡。DT930F+、DT940C、DT9802、GY5605 都具有电导挡，DT890C+、DT890D、VC9801A+、VC9802A+、VC9804A+、VC9805A+、VC9808A+型均增加了 200MΩ 高阻挡。DT970、DT9802 型具有逻辑电平测试功能。VC980 型具有相对值测量功能。VC90~VC93 型还带语音报数功能。

下面介绍数字式万用表的一般调试方法。

1. 零点调整

（1）当输入端开路时，在直流 200mV 挡和 2V 挡可能有数字出现，这是感应外部电压而造成的，但短路表笔后显示值应为零。200mV 挡开路显示应在 10 个字以下，输入感应信号（例如用手触摸表笔尖）时，数字式万用表应有反应。

（2）交流挡在短路时应显示零。

（3）直流及交流电流挡，晶体管 h_{FE} 挡在开路时应显示零。

（4）2000pF 电容挡开路时显示数字应在 10 个字之内，其余电容挡均显示零。将 CX 插座短路时，各电容挡均应显示"1"（仅千位显示 1，其余位消隐，下同）。

（5）各电阻挡在开路时应显示"1"，将表笔短路时仅 200Ω 挡可显示 3 个字以下，这是输入引线（含表笔线）的电阻值。其他各挡开路时均应显示零。

（6）200MΩ 高阻挡开路时显示"1"，短路后应显示 10 个字（3.5 位 DMM），或 100 个字（4.5 位 DMM），所对应的电阻值均为 1MΩ。

（7）蜂鸣器挡开路时显示"1"，短路后能发出正常的响声并显示零。

（8）温度挡开路时应显示室温。

（9）电导挡开路时应显示零。

（10）频率挡开路时应显示零或接近于零。

说明：第（4）、（6）、（8）、（9）、（10）项属于特殊量程，视数字式万用表型号而定。

2. 直流电压挡（DCV）的调试

（1）将被校表拨至 200mV DC 量程，按图 6-8 所示电路接好线。

（2）输入 100.0mV（对 3.5 位 DMM 而言，下同）的标准信号，调节基准电压调整电位器，使被校表的显示值在规定范围之内。

（3）依次输入 20.0、190.0mV 的标准信号，观察被校表显示值应不超出规定范围。

（4）输入 −100.0mV 的标准信号，要求与输入 +100.0mV 标准信号的显示差值不得超过 ±1 个字。此项误差也称为颠倒误差。

（5）依次将量程开关拨至 2、20、200、1000V 量程，分别输入 1.000、10.00、100.0、1000V 标准信号，观察显示值应在规定误差之内。

3. 交流电压挡（ACV）的调试

（1）将被校表拨至 2V AC 量程，按照图 6-9 所示与交流标准源相连接。

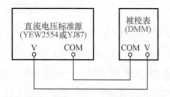

图 6-8　直流电压挡调试电路

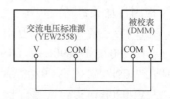

图 6-9　交流电压挡调试电路

（2）使交流标准源输出 50Hz、1V（RMS）的信号，调节 AC/DC 转换电路中的校准电位器，使被校表读数在规定范围内；再依次输入 0.200、1.900V 的交流信号，显示值均应在规定范围之内。

（3）依次将量程开关拨至 200、20、200、700V 挡，分别输入 100.0mV、10.00V、100.0V、700V 交流信号，显示值均应在规定范围内。

（4）交流标准源的信号频率分别选 60、400Hz，重复上述步骤，显示值在规定范围内。

4. 直流电压挡（DCA）的调试

（1）将被测表拨至 200μA DC 挡，按图 6-10 接好电路。

（2）在 200μA、2mA、20mA、200mA 挡，分别输入 100.0μA、1.000mA、10.00mA、100.0mA 的信号电流，显示值均应在规定范围之内。

【**注意**】200mA 挡的读数若偏高，等调整好 2A 挡后再进行测试。

（3）将被校表拨至 20A DC 挡（或 10A DC 挡），并且与直流电流源、监测表接好线。由直流电流源输出 10A（或 5A）的电流，观察并记录被校表的读数，然后关闭电流源。若显示值为上偏差，则在锰铜丝电阻上涂一层锡，通过增加横截面积来减小分流电阻值。若为下偏差时，则刮掉一层锡以增大电阻值。

重复上述步骤，直至显示值在误差范围之内。注意，每次测量都应当在锰铜丝电阻恢复到正常温度（室温）以后才能进行。然后使电流源输出 10、20A（对于 10A 挡则为 5、10A）的电流，显示值均应符合规定范围，如果超差，就继续在锰铜比电阻上涂锡或刮锡。

（4）2A DC 挡的调试方法与 20A DC 挡基本相同，区别是要用一根裸导线，一端焊在线绕电阻的根部，另一端焊在线绕电阻的合适位置上，即可改变显示值，直到允许范围之内。

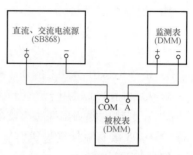

图 6-10　直流电流挡调试电路

5. 交流电流挡（ACA）的调试

（1）将交流电流源的输出信号频率调至 50Hz。

（2）在交流 200μA、2mA、20mA、200mA、2A 挡及 20A 挡，分别输入 100.0μA、1.000mA、10.00mA、100.0mA、1.000A 和 10.00A（RMS）的交流电流，显示值应在规定范围之内。调整 2A AC 挡分流电阻的方法与 2A DC 挡完全相同。

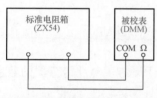

图 6-11　电阻挡调试电路

6. 电阻挡（Ω）的调试

（1）按照图 6-11 所示将被校表与标准电阻箱连接好。

（2）将被校表依次拨至 200Ω、2kΩ、20kΩ、200kΩ、2MΩ、20MΩ 挡，分别测量 100.0Ω、1.000kΩ、10.00kΩ、100.0kΩ、1.000MΩ、10.00MΩ 的标准电阻，显示值应在规定范围之内。

7. 200MΩ 高阻挡的调试

（1）将被校表的量程转换开关拨至 200MΩ 挡，测量 100MΩ 的标准电阻，数字式万用表读数应符合要求。假如没有 100MΩ 标准电阻，也可用 ZX73 型标准高阻箱代替。

（2）对于显示位数及型号不同的数字式万用表，所规定的误差范围也不相同。例如，DT890C+型 3.5 位数字式万用表的 200MΩ 挡，显示值应在 94.0~106.0 范围内。DT1000 型 4.5 位数字式万用表的 200MΩ 挡，显示值需在95.90~105.10 范围之内。

8. 电容挡的调试

（1）将被校表拨至 200nF 电容挡，把 100.0nF（即 0.100PF）的标准电容插入 CX 插座上，调节相应的电位器使显示值在规定范围之内。

（2）用 2000pF、20nF、2μF、20μF 挡分别测量 100pF、10.00nF（即 0.010μF）、1.00μF、10.00μF 的标准电容，显示值应在规定范围内。

9. 频率挡的调试

（1）将被校表拨至 20kHz 挡，输入 19kHz、50mV（RMS）的标准频率信号。调整相应的电位器，使显示值在规定范围之内。

（2）依次输入 10kHz、1kHz、100Hz、10Hz 的标准频率信号，显示值均应符合要求。

10. 温度挡的调试

（1）温度挡调试所需设备：

1）保温桶1个，用以盛放冰水棍合物。

2）0~40、-10~+10℃的0.2级标准水银温度计各1支，分别用来测量室温和冰点温度。

3）电热杯1个，用于产生沸水。

4）K型热电偶测温探头1支。

5）0.05级直流标准毫伏信号源1台。

（2）调试步骤：

1）将测温探头与被校表在同一环境温度（室温）下放置20min以上。

2）把被校表拨至温度挡（T或TEMP），将测温探头置于冰水混合物中，与插入其中的水银温度计的水银泡处于同一高度，且两者尽量靠近，探头的冷端则插入被校表的K型热电偶插座上（注意插座的正、负极性）。

3）调节相应的电位器。使被校表的显示值为000~001℃。调好零点后将此电位器用胶封固。

4）把探头的热端插入沸水（100℃）中，调节另一只电位器来改变基准电压值，使被校表显示99~100℃。

5）从被校表上拨掉测温探头，数字式万用表应显示所处环境的温度 T_A，误差应在规定范围之内。

需要说明两点：第一，此步骤仅适合于具有内置半导体（PN结）温度传感器的数字式万用表；第二，环境温度应以置于该环境下20min的水银温度计的读数 T_A 为准。

6）将毫伏信号源的输出接被校表的K型热电偶插座中（注意正、负极性），依次输出12.21、29.13mV和41.27mV的信号，分别校准300、700、1000℃时的显示值。若被校表出现超差，应微调所对应的电位器，直至显示值符合要求。

注意事项：在海拔较高的地区，水的沸点低于100℃，误差范围需作相应修正。换言之，只要数字式万用表显示值与标准水银温度计指示出的沸点相符（允许相差±1℃），即认为合格。此外，对没有冷端温度补偿的温度挡而言，在300、700、1000℃时的显示值均应再加上 T_A 值，才为实际测量值。

11. 电导挡（nS）的调试

（1）将被校表拨到nS挡，然后测量100MΩ的标准电阻。

（2）调节相应的电位器使显示值符合要求。

以上是对200nS（或100nS）电导挡而言，若数字式万用表还设置2μS挡，则标准电阻应换成10MΩ。

12. 逻辑测试挡的调试

（1）将被校表拨至逻辑测试挡（LOGIC）。将可调式直流稳压电源的输出端分别接至被校表的 V·Ω 插孔与 COM 插孔之间。

（2）调节稳压电源的输出电压 U_0，当 U_0 低于规定的阈值电压时，被校表应显示"▼"符号，同时蜂鸣器发声；当 U_0 高于阈值电压时，应显示"▲"符号，此时蜂鸣器不发声。

对于 DT970 型数字式万用表而言，规定的阈值电压为 1.9V。

13. 信号发生器挡的调试

DT810 型数字式万用表专门设置了 50Hz 方波信号发生器挡，调试该挡时需用一台示波器，观察能否输出近似为 50Hz、3V（峰—峰值）的方波电压。因该挡为附加挡，故对输出方波频率及电压的幅度不作严格要求，允许有一定偏差。

14. 二极管及蜂鸣器挡的调试

（1）被校表拨至二极管挡，如图 6-12 所示，将二极管的正极接 V·Ω 插孔，负极接 COM 插孔，显示值应为二极管的正向压降。若将二极管的极性接反子，则数字式万用表溢出，应显示"1"。

图 6-12　被校表拨至二极管挡

（2）按照图 6-11 接上标准电阻箱，将被校表置于蜂鸣挡。当被测电阻低于数字式万用表规定值（例如 20、30Ω 或 70Ω，一般允许 ±10Ω）时，蜂鸣器应能发声。

15. h_{FE} 挡的调试

（1）将被校表拨至 h_{FE} 挡。

（2）准备 NPN 型、PNP 型晶体管各一只。

（3）依次把两只晶体管插入相应插孔中，数字式万用表应显示被测管的 h_{FE} 值。

16. 电池电压指示的调试

（1）当被测表的电池电压 $E<7V$ 时，应显示低电压指示符。

（2）当 $E>7.5V$ 时，不应出现低电压指示符。

假如低电压指示的阈值电压偏差较大，可适当调整有关电阻或更换所对应的晶体管。

17. 测量整机功耗

按照图 6-13 接好电路，测量整机工作电流不得超过规定值（通常为几毫安）。该数值乘以电池电压（一般为 9V 左右，应以实测值为准），就是整机功耗。3.5 位、4.5 位手持式数字式万用表的典型功耗约为 40mW，少数仪表可达 70mW。笔式数字式万用表的典型功耗约为 20mW。

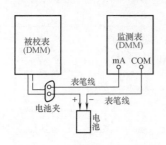

图 6-13　测量整机工作电流

18. 检查数字式万用表的线性度

将量程开关拨至 200mV DC 挡，利用直流电压源依次产生下述标准电压：0.1、0.2、…、1、2、…、10、20、…、100、199.9mV，分别作为输入电压，检查该挡的线性度。

200mV 为基本量程，该挡调试好后一般不再检查其余直流电压挡。

19. 检查读数保持功能

新型数字式万用表大多具有读数保持（或数据保持）功能。按下 HOLD 键，所显示的读数应能保持，直到释放此键才能刷新显示值。

20. 检查相对值测量功能

某些数字式万用表能够测量电压、电流或电阻的相对值。按下 RE1▲ 键即将本次显示值存储下来，再从以后的每次测量值中自动扣除掉。

21. 检测自动关机功能

设置此项功能的数字式万用表在开机后，一旦停止操作的时间超过某一设定值（通常为15min左右），数字式万用表即自动关机，进入备用模式。利用秒表可测出这段时间。

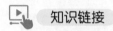 知识链接

常用国产标准源

在检修或调试数字式万用表的过程中，往往需要输入定量的电压信号，检修后更需要对它的每项功能和每个量程做初步试验。因此，配备一台可输出交流电压、电流和直流电压、电流的电源，将对检修工作的顺利进行起着十分重要的作用。

如果能配备一台准确度等级指数比被检修的数字式万用表的准确度等级指数至少小两个等级的多用电源，那么它就可以作为标准仪表使用。

几种常用的国产标准源的主要技术指标见表6-1。

表6-1　　　　　　　　　　常用国产标准源的主要技术指标

名　称	型号	主要技术指标
多功能校准器	5101B	0~110V，DC（±0.01%） 0~1100V，AC（±0.05%） 0~20A，DC或AC（±0.05%） 0~10MΩ（±0.005%）
直流标准源	YJ87	0~±119.99V（±0.05%） 0~±119.99mA（±0.05%）
多功能校准仪	SB868	0~1000V（±0.2%） 0~10A，DC或AC（±0.2%）
数字三用表校验仪	DC30C	0~1000V，DC（±0.17%），AC（±0.42%） 0~5A，DC（±0.17%），AC（±0.42%） 0~10A，DC或AC（±1%）
实验室电阻箱	ZX54	0.01Ω~111.111kΩ（0.01级）
标准电阻箱	ZX21	0.01~99 999.9Ω（0.1级）
标准电容箱	RX710	100pF~1μF（0.5级）

6.4　指针式万用表常见故障检修

视频6.4　指针式万用表常见故障检修

下面以500型万用表为例，介绍指针式万用表的检修思路。500型万用表电路原理如图6-14所示，其常见故障现象有：各个测量功能都无反应，无法进行各项测量工作。部分测量功能可以正常使用，其余功能均无反应。各个

测量功能虽然能够工作，但是所测出的数值误差都很大。部分测量功能所测出的数值正常，个别测量功能所测出的数值误差很大。还有其他综合性故障，如时而能测量，时而无反应，或时而数值不准确，测量时有卡针现象，或指针乱摆晃，或指针回零迟滞、零位回复位置不一。测量时，因万用表摆放的位置（立、斜、卧）不同，而其显示出的数值相差很大。

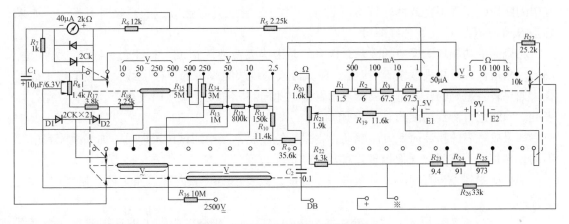

图 6-14　500 型万用表电路原理

对故障表进行检修前，除了听用户的介绍外，还须做一下表面的检测，大致判断故障的程度。比如将故障表随意晃动几下，观测其指针能否摆动自如；转拨旋钮是否顺畅；其表内电池是否完好、接触状况如何；表笔及插头与连线有无脱焊断线等。

如果没发现问题，可将故障表拨在电阻测量挡位，观察电阻挡校零和测量情况。或将故障表拨在直流电压测量的 2.5V 挡，找一节干电池或拔下它本身的工作电池观察其能否正常测量。经过此番粗查，即可对故障有了初步了解。

检修时最好能找到故障表的线路图纸，以便于分析故障原因，查找及核对或替换元件（因表内的元件许多都是非标准系列的专制元件）。

6.4.1　各个测量功能均无反应故障的检修

这类故障根源在各功能的共同通路上，如有连接线脱落，转换触点接触不良，或有元件开路性损坏等。

打开表盖后，先目测各连接线是否脱落，有无元件烧毁。如果发现有问题就把脱线连接好，或更换烧坏元件，其参数若无原规格应尽可能接近原值，以免造成测量误差。

有的万用表在线路中设计了表头保险装置。如 500-2 型表，在电池盒内的方形电池旁边安装了一个 1A 熔断器。如果熔断器断路，或安装卡簧片不到位，或是电池漏液导致保险管锈蚀接触不良等，也会造成所有测量功能无反应的故障。

若目测时没发现问题，就根据分析的故障原因，对怀疑部位进行检测。如果查完所有怀疑的线路、元件，仍没把故障排除。就采取比较"呆板"的方法查，即用另一只万用表置电阻挡，对照相应的线路图，由故障表的任一表笔，从外至内顺其通路走向逐步检测，就可查出不易发现的故障点。如有的电阻外表完好，但内部却是坏的（开路、短路、变值均有）；有的转换触点看上去已到位，有的线头看上去已焊在一起，但其接触面已严重氧化，只好通过检测，才能肯定元件的好坏和触点的导通是否良好。

这类故障多发生在各测量功能的共用通路上，用于调整表的准确度的电阻 R_8 上。R_8 的位置在表头背部中央，是一个线绕可变电阻器。由于其电阻丝的材质脆硬，不容易上锡，出现中间断线、压片不良或两端焊接（铆接）不好，导致开路性故障的现象时有发生。如果确是 R_8 的故障，把它处理好即可。

各个测量功能均无反应的故障，也有的是因为表头故障造成。查证表头好坏的方法是：用另一只指针式万用表拨至 $R \times 1k$ 挡，将其红表笔接故障表头的负极引线，黑表笔接正极引线。如果表头是好的，测量时故障表指针会迅速向右方摆动，检测时动作要利索，以免打坏表针。同时也可测到动圈约有 $2k\Omega$ 阻值。

如果故障表的指针向反方向摆动，则是表笔接反，互换测试位置即可。如果故障表指针不动，则是表头有问题（但出现这种故障的概率较低）。

如果检测到表头有问题，可做进一步查证，只要不是线圈内部短路，还有修复的可能。步骤如下：

（1）先将表头壳后部的表头外引线、电池连接线、线绕电阻器上的连接线，一一焊下并分别做好记号。之后拧下 3 个固定螺钉，将整个表头端出箱外。

（2）拧下刻度板上面两只和下面两指针挡簧的固定螺钉，小心将刻度板从指针下方抽出。

（3）将表头壳后的两只固定永久磁钢的螺钉拆下后，将磁钢和"核心部件"（活动与固定部件的连体）及外引线从表壳中取出。

（4）将磁钢上固定"核心部件"的两只螺钉拧下。此时需注意：由于"核心部件"是镶嵌式安置在两块永久磁钢构成的夹孔里，固定螺钉一拆除，正中的"核心部件"立即会被强磁力吸靠，容易损伤线圈、游丝、指针等件。然后慢慢地用力，将"核心部件"从磁孔中抽出。

（5）对"核心部件"进行观测。最好有一个放大镜和一个合适的夹具。夹具使部件稳定地放置于桌面上，方便检查和腾出双手工作，也能避免部件在手中反复观测时失手损伤。放大镜用来仔细观测游丝、线圈两端的连接点有否脱焊、虚焊、断线、霉点等。

在观测无结果或无法确诊时，需用另一只万用表的欧姆挡，从表头两引线的任一根，经游丝、线圈直至另一表头引线做通路检测。

从以往的检测结果来看，有相当一部分是连接点虚焊、震脱。如游丝上锡过薄震脱；线圈端头的漆层未除净造成的假焊；或久置不用的万用表，焊处有霉点、氧化锈蚀造成接触不良等。找到故障原因或疑点，细心将其处理好。若查实是线圈断路就很麻烦，因为线径很细，匝数多。由于是动圈，对形状要求严格［500 型表头线圈线径 0.03mm，匝数（1200±10）匝，内阻为（2050±15）Ω］，绕制需要专用工夹具。因此，一般都是买成品更换，成品有线圈、游丝、轴尖及指针为一体的活动部件。

如果观察到线圈断头在外层，可试将断头挑起，退出一圈后将断端去漆与原焊处焊接好即可修复。

　　如果断头在线圈内部，可用绝缘电阻表（摇表）做最后的挽救。方法是：将绝缘电阻表两输出端与表头两引线分别夹好，然后快速摇动摇把数下。这时由于线圈内部断头靠得很近，利用绝缘电阻表产生的高压对线圈断头作电击式"打火连接"，一次不行可再来。有的断路线圈经这样处理后能够修复使用，若无效，则予以更换。

　　对于修复好的"核心部件"，即按前面表头拆卸的步骤逆序复原。在装配前，注意将磁钢孔壁内作一次清屑处理。不能附有尘屑，否则会妨碍动圈的旋转造成卡针、指针回零不一致等故障。磁钢上吸附的尘屑，特别是铁屑之类，用刷扫手抹很难除净，可用塑料笔杆之类物件，外缠胶带纸（粘胶在外），把尘屑粘除干净。

　　另外，在固定两只指针挡簧时，先将刻度板装好，再用嘴对刻度板吹风，确定好指针挡簧在合适位置（指针在左右两方位过零的效果）之后紧固螺钉。

6.4.2　个别测试功能不能测量故障的检修

　　将有故障的测试功能对照其相应的线路图，分析和查找故障的可疑处。个别功能全部量程不能使用的故障原因可能是，这个功能的所有量程必须经过的始端或终端有断路现象。如元件或连接点开路，或功能挡转换触点接触不良故障。

　　如直流电压测试功能线路中的 R_9（35.6kΩ）开路，或其焊接在与 K2-1 连接的转换触点导通不良，就会使整个直流电压测试的所有量程都无反应。从图 6-14 可以看出，R_9 是一个直流电压和交流电压测量功能的共用元件，如果它开路了，不仅影响直流电压，而且交流电压测量的各个量程都不能使用。

　　再如，电阻测量功能线路上的电阻 R_{19}（11.6kΩ）开路，或是与电阻各量程触点转换相交的 K2-2 触点导通不良，或是 R_{19} 通往 R_{21} 的活动臂的焊点脱焊，或是 R_{21} 的活动压片接触不良等，都会造成电阻测试的所有量程无法使用。

　　在检修中，R_{21} 的故障率较高。R_{21} 是线绕可变电阻器，供测量电阻时校零使用。由于旋转频繁，使其上面的电阻丝摩擦受损，甚至断线；或因活动压片磨损氧化生锈，或压片弹性不够不能到位，接触不良等；造成电阻测量所有量程无法使用。

知识点拨

　　要使电阻测试功能能够正常使用，除了其线路必须无误之外，一定要保证其表内的电池有效并且接触良好。其他功能只要线路无误，不需电池即可测量使用。

6.4.3　各个测量功能都能使用，但测出的各个数值都有很大误差的检修

　　这类故障多发生在使用年久的旧表，或使用环境不好的万用表。有些原因是表头问题，如磁钢的磁性下降，游丝弹性变差或游丝有黏缠，轴尖、轴承磨损严重等。有的原因是表中各测试功能公共通道上有元件变质、损坏或连接不良等。也有的故障表是经过多次修理，而每次修理所更换的元件又选用不严格，以致造成测量误差，逐次的误差累积，成为各个测量

功能的所测数值都出现误差的故障。

在功能之间公用或相互有影响的元件代换不当，不仅造成本功能测量数值不准，而且影响到其他测试功能的数值出现误差。如电阻 R_9 变值，或更换数值不当，将造成直流电压和交流电压各个量程，所测出的数值均有误差。

对于这类故障的检修，可采取各个击破法，单独一个功能一个功能地检修校正，直至整体达到较理想的水平。

检修中应先修直流电流测量功能，这不仅是因为该功能线路相对简单，更因为万用表表头本身就是一个直流电流表。而万用表则是由一个直流电流表加上一些用电阻串联或并联方式，表头与组成的分流分压电路，由转换开关实现测试功能的转换和扩程来达到测试目的。

对已经维修好的万用表，先用"三用表检定仪"的直流电流 $50\mu A$ 挡，或找一只测试数值比较准确的表与被修表进行测试比较，用来对被修表的 $50\mu A$ 挡校测，以确诊该表头灵敏度，便于估算表头灵敏度是否下降而给其测量数值带来误差影响。之后再校测电流功能的其余量程数值。接着再修直流电压、交流电压、电阻测试功能挡。

6.4.4 个别功能测量数值有误差故障的检修

由于其他功能测量数值无误，只是某个或某几个功能（损坏的元件作用于互相相关联的功能上）测量数值有误差。在检修时可把范围缩小在这部分功能上，再观测故障功能的数值是整个功能的所有量程还是部分量程数值有误差，有误差的量程是小量程还是大量程。

从线路图中可以看出，有些量程是把受控元件设计为串联形式，前面的量程没有包含后面量程的受控元件，而后面的量程则包含了前面量程的受控元件。当然，也有的元件是独立的，不牵扯到别的功能或量程，这要不同情况不同对待，灵活掌握。

如电阻测量功能线路，用以实现量程的改变，其实是变换与表头及附属电路阻抗并联的分流电阻值。如量程 $R\times1$ 挡线路，只与 R_{23}（9.4Ω）并联即可；而 $R\times100$ 挡，则需与 R_{23}、R_{24}、R_{25} 这 3 只电阻串联而成的总值相并联才行。如果线路中的 R_{23}、R_{24} 或 R_{25} 任一电阻断路，都会使 $R\times100$ 挡不能使用；任一电阻值变值，都会使 $R\times100$ 量程数值产生误差。但是如果是 R_{25} 坏，则只会影响 $R\times100$ 量程而不会影响 $R\times1$、$R\times10$ 这两个量程。

但要注意，若是量程设计成独立形式的情况例外，如电阻测量功能中的 $R\times1k$ 挡上的电阻 R_{26}（$33k\Omega$）和 $R\times10k\Omega$ 挡的电阻 R_{27}（$85.2k\Omega$）都是独自并联的形式。如果它们中的元件有故障，则只分别影响 $R\times1k$ 挡和 $R\times10k$ 挡这两个量程测量的数值。

如果用 $R\times1k$ 挡量程测标称电阻值 $3k\Omega$ 的电阻，表上指示值是 10k 以上，则是 $R\times1k$ 量程所并联的分流电阻 R_{26}（$33k\Omega$）阻值变小，至少在 $4k\Omega$ 以下，但没有完全短路。因 R_{26} 阻值在小于 30Ω 时，若在 $R\times1k$ 挡测试 $3k\Omega$ 电阻时，指针仅会微动，约指示在 $2M\Omega$ 位置。若 R_{26} 完全短路，则 $R\times1$ 挡不仅不能测量，电阻校零也不能正常进行。

在检修中发现，电阻测量功能的分流电阻烧毁率较高，原因多是原来使用位置在电阻挡上，忘记换挡，或误测高电压大电流造成烧毁。这些电阻都是低阻值非标准规格的专用电阻，要求精确，更换时应特别注意。

6.4.5 综合性故障的检修

（1）时而能测量，时而无反应，或时而数值不准确的故障，多为某个元件接触不好。最常发生在电阻测量功能上，如电阻校零电位器 R_{21} 压片接触不良；电池弹片锈蚀，接触不良等。也有个别是因为表头上的轴尖与轴承磨损严重、间隙过大；或轴承松动，妨碍指针的正常旋转。

（2）指针回零位置不一致，卡针等故障，多数发生在表头的指针部位。如前所述的磁钢吸附灰尘，游丝粘连，轴承轴尖磨损严重；或遭摔跌，轴尖受损，轴承震松，机械校零片松脱，指针弯，平衡锤位移等。检查时仔细观察，然后采取相应的处理措施。

（3）使用时，测量出的数值会因万用表摆放的位置（立、斜、卧）不同，而有很大差别。这种问题的原因也存在于绝大多数表头中。

如果数值相差不多，就在读数时取水平放置的数值为准。因为 500 型表在设计和验收时也是以水平放置，这点可从表头刻度板上所带的"∩"符号看出（标志"∩"符号为水平式，"⊥"为竖立式）。

如果数值相差过大，就要检查表头。主要是指针部件，检查其游丝是否粘连、变形，影响指针的旋转力矩；检查指针是否承受严重碰撞、摔跌，或遭受大电流、高电压击打时，猛甩万用表而变形；或是指针因琉璃跌松脱落受损等原因导致指针变形，影响其重心的平衡；检查轴承有无震松，轴尖轴承的间隙配合度，旋转是否自如，机械调零片是否松动。

在指针根部的底端有个锡坨，其功能是制造时用来调整该表的指针平衡度，俗称平衡锤。这个锡坨不要轻易用烙铁去焊动。实践表明，这个重心是相当难调整的，一是上面的附锡量，二是移动的位置都很难掌握。难免出现水平位置的平衡性达到要求，竖立时指针又重重地倒向另一处而严重失衡，从而导致可用表无法测量使用。

如果平衡度实在差，严重影响读数，确实需要调整平衡锤时，在调整时要立、卧兼顾，慢慢地试着焊移取位。操作时，可用嘴对着刻度板轻轻吹风，观测指针能否摆动自如及其回零置位效果。

在检查中发现故障问题，应分别采取相应的处理措施。如附有磁屑、霉锈，一定要去除干净。零件腐蚀的要换掉。弹片、触点要确保接触良好。指针变形的，可用两把镊子分别镊住变形处的两端，隐隐用劲，不能用力过猛，一次不行再捏正一次，注意不要伤及上下两轴尖。

若游丝有粘连，不要急于用通针之类用具去挑拨，以免把游丝撞挤得变形，造成新的故障。游丝粘连严重难以拨开的，可以用烙铁小心将其外围的焊点焊开，多数游丝能自动弹缩复原，仍旧粘连的，再用针尖将其理顺，之后再用烙铁将焊点复原。焊接时注意游丝的平整度。

🖱 技能提高

指针式万用表常见故障原因及维修方法

指针式万用表常见故障主要包括两个方面，一是表头机械故障，另一方面是电路故障，常见故障原因及维修方法见表6-2~表6-6。

表6-2   指针式万用表表头机械故障及维修

故障现象	故障产生原因	维 修 方 法
不回零变差大	(1) 轴尖磨损变秃; (2) 轴尖在轴尖座中松动; (3) 轴承锥孔磨损; (4) 轴承或轴承螺钉松动; (5) 游丝太脏、粘圈; (6) 游丝焊片与螺钉有摩擦; (7) 可动部分平衡不好	(1) 磨轴尖或更换轴尖; (2) 调整; (3) 更换宝石轴承; (4) 修理调整; (5) 酒精清洗、调整修理; (6) 调整修理; (7) 调整平衡
电路通但无指示	(1) 游丝焊片与支架没有绝缘好,使进出线短路; (2) 游丝和支架接触,使动圈短路; (3) 有分流支路的测量电路,表头断路而支路完好	(1) 加强绝缘性能; (2) 拨开接触点; (3) 检查断路点,重新焊接
电路通但指示小	(1) 动圈局部短路; (2) 分流电阻局部短路; (3) 游丝与支架绝缘不好,部分电流通过支架分流	(1) 修理或重绕动圈; (2) 更换分流电阻; (3) 加强绝缘性能
电路不通无指示	(1) 电气测量电路断路; (2) 游丝烧断或开焊; (3) 动圈断路; (4) 与动圈串联的附加电阻开路	(1) 检查断路点,重新焊好; (2) 更换游丝或重焊; (3) 更换动圈; (4) 更换附加电阻
电路通但指示不稳定	(1) 转换开关脏污,接触不良; (2) 电路有虚焊; (3) 测量电路中有短路或碰线; (4) 动圈氧化、虚焊	(1) 清洗开关; (2) 查找虚焊点,重焊; (3) 分开电路,涂绝缘漆; (4) 重焊动圈线头
误差大	(1) 永久磁铁失磁; (2) 可动部分平衡不好; (3) 线路接触不良; (4) 电阻的阻值改变	(1) 充磁; (2) 调整平衡; (3) 检查线路,排除不良; (4) 用同阻值电阻进行更换
可动部分卡滞不灵活	(1) 磁气隙中有铁屑; (2) 磁气隙中有纤维或尘埃; (3) 轴尖轴承间隙过小	(1) 用钢针拨出铁屑; (2) 用球压空气吹出纤维或尘埃; (3) 调整轴尖轴向位置

表 6-3   指针式万用表直流电压挡常见故障及维修

故障现象	故障产生原因	维 修 方 法
某量程误差偏大	该量程的附加电阻阻值变化	重新调整或更换该附加电阻
某量程无指示，其他量程工作正常	（1）转换开关触点接触不良； （2）连接线脱焊； （3）该挡的附加电阻烧坏或脱焊	（1）清洗转换开关的触点； （2）重新焊好连接线； （3）更换附加电阻或重新焊好
仪表通电时无指示	（1）转换开关电压回路部分公共触点接触不良或断线； （2）附加电阻断路； （3）熔丝管熔断	（1）清洗触点，焊好断线； （2）更换电阻； （3）更换熔丝管
某量程无指示	该量程附加线绕电阻断线	更换线绕电阻

表 6-4   指针式万用表直流电流挡常见故障及维修

故障现象	故障产生原因	维 修 方 法
各挡均无指示	（1）二极管击穿； （2）线绕电阻有断线； （3）转换开关接触不良； （4）熔丝管熔断	（1）更换二极管； （2）重焊或更换线绕电阻； （3）用汽油清洗触点或调整触点使其紧密闭合； （4）更换熔丝管
各挡指示值误差均为正	（1）与表头串联的公共电阻短路或阻值变小； （2）与表头并联的分流电阻有断路	（1）更换电阻； （2）将断线处焊好
各量程误差不一致，相差很大	（1）某挡分流电阻值变大或接触不良（某挡分流电阻阻值变小或接触不良）； （2）转换开关接触不良	（1）重新焊接电阻或更换相同的新电阻； （2）清除触点上的污垢，使其接触良好
刚通电时误差良好，时间一久误差缓慢增大	（1）分流电阻功率不足； （2）分流电阻焊接不良	（1）更换电阻； （2）重新焊好

表 6-5   指针式万用表交流电压挡常见故障及维修

故障现象	故障产生原因	维 修 方 法
仪表误差大，有时可达−50%	全波整流有 1 只整流二极管击穿	更换同规格的二极管

续表

故障现象	故障产生原因	维 修 方 法
通电时仪表读数很小或指针只有轻微摆动	(1) 整流二极管工作不正常； (2) 转换开关接触不良	(1) 检查二极管，性能不良应予更换； (2) 清洗或调整转换开关
低量程时误差大，量程增大时误差减小	低量程挡的附加电阻阻值变大	调整该挡附加电阻阻值或进行更换
某量程挡不通，其他量程正常	(1) 转换开关与该挡接触不良或烧坏； (2) 转换开关与该挡附加电阻脱焊	(1) 调整转换开关或更换； (2) 重新焊好断点

表 6-6　　　　　　　　　指针式万用表电阻挡常见故障及维修

故障现象	故障产生原因	维 修 方 法
当红黑表笔短接时，指针调不到零位	(1) 电池电压过低； (2) 转换开关接触不良	(1) 更换新电池； (2) 清洗或调整转换开关
转动欧姆调零电位器时，指针跳跃不定	欧姆调零电位器磨损严重或过脏，接触不良	清洗电位器或更换
当红黑表笔短接时，指针不动	(1) 表内无电池； (2) 表笔线断路； (3) 转换开关公共触点断开	(1) 装上电池； (2) 将断线焊好； (3) 将触点压紧，使其接触良好
个别量程误差偏大	(1) 该量程分流电阻阻值变化或烧坏； (2) 该量程转换开关接触不良	(1) 更换分流电阻； (2) 清洗转换开关触点并压紧接触点

6.5　数字式万用表常见故障检修

　　袖珍式普通数字式万用表因其测量准确度高、功能全、显示直观、输入阻抗高、过载能力强、耗电省、体积小、重量轻、易携带等特点，在各个领域被广泛采用，也正是由于它功能全且体积小等因素，所以极易发生故障。

　　要维修数字式万用表，学会正确使用是前提，熟悉其原理是基础，掌握仪表的维修技术则是可靠保证。

　　常用的数字式万用表基本都是用 IC17106 为核心做的，例如 830、9205、9208 等型号的数字式万用表。一些厂家在设计电路时会考虑对 7106 做适当的保护措施，例如在 IN+端与地之间接一个三极管，将电压限制在 1V 以内，如果出现误操作导致高压进入，这个三极管被击穿短路，IC17106 也不会损坏。如果发现万用表在电压挡一直显示 0V，就应首先检查这部分电路。一般来说，芯片损坏的几率比较小，大部分都是外围元件损坏导致的故障。

6.5.1 数字式万用表检修注意事项

数字式万用表的线路比较复杂，元器件数量和品种也比较多，检修前必须理解仪表电路原理，并看懂安装图、原理图与元器件实物之间的联系，以防对元器件的检测不当引发新的故障。

1. 详细了解故障产生原因

一般来讲，正常地使用数字式万用表很少发生故障。故障多数是由于使用者的误操作，仪表在运输中受到剧烈振动，温度和湿度不符合仪表的范围等原因而引起的。了解故障有关情况对分析故障和寻找故障部位有重要作用，特别是对故障产生时仪表所处工作情况的详细了解更有必要。

除此以外，应了解该仪表是否曾经有过修理，曾发生过什么故障，更换过哪些元器件，线路有否被改动等。这对迅速判定故障部位也相当有利。

2. 切忌盲目拆卸

当发现数字式万用表存在故障时，切忌盲目拆卸。应当认真细致地观察故障现象，必要时需改变量程转换开关，在不同工作状态下全面了解故障特征，以便做到对故障现象基本上有把握时，再进行拆卸检查。

3. 合理使用检修工具

（1）注意焊接前应断开数字式万用表的电源，以免因带电焊接损坏线路中的集成电路。

（2）为避免电烙铁漏电损坏 CMOS 器件，电烙铁应有可靠的接地线。最好是电烙铁烧热之后拔掉电源，利用其余热进行焊接。

（3）凡由交流电网供电的测试仪表，必须有良好的接地。

（4）使用示波器时，探头的地端应与线路的公共地端相接，严防与非地端接触，以免造成短路故障。

4. 根据故障现象循序查找故障位置

（1）直观检查。认真细致地观察是否有腐蚀、脱焊、断线或导线与元件之间相碰短路等现象，应排除此类机械性故障之后才进行下一步检查。

（2）直觉检查。万用表通电后用手触摸元件，检查有无过热现象。例如电源线过热，说明肯定有短路故障，问题主要是在电源回路中。另外，通过手的触觉也可用来检查有无松动、假焊或开路状态的元件。

（3）通过仪表测量检查。把电路大致分为电源部分、模拟电路部分、数字电路部分、显示部分等，再根据故障现象由大至小、由部分电路至具体元器件的工作点，以及输入输出波形等逐点测试寻找，将测量值与正常值进行比较，直至最后找到具体的故障点为止。

（4）用替换法检查。对可疑的元器件进行更换，可以缩小故障范围。更换前必须代替元件进行严格的测量，符合质量指标的元件才可代入。另外，还应检测电源电压是否正常，负载是否短路，以免再次损坏替换的元器件。

6.5.2 数字式万用表的常见故障检修

数字式万用表的常见故障分析及维修见表6-7。

表6-7　　　　　　　　　　　　　数字式万用表常见故障分析及维修

检修部位	故障现象	重点故障部位及维修方法	维修方法
显示屏	打开电源开关后无显示	（1）检查9V叠层电池的引线是否失效损坏，电压是否太低；检查电池扣是否插好，有无接触不良或锈蚀现象； （2）检查9V叠层电池的引线是否断路，与印制板连接处的焊点是否脱焊； （3）检查电源开关是否损坏或接触不良； （4）检查A/D转换器（例如IC17106）引脚是否接触不良；管座焊点是否脱焊。另外，当与A/D转换器相连的印制电路板的敷铜板断裂时，也会引起不显示数字的故障，应根据具体电路进行仔细地检查，接通A/D转换器电路； （5）检查液晶显示器背电极是否有接触不良的现象； （6）检查液晶显示器老化时，通常表现为表面发黑	修复叠层电池供电电路，处理接触不良短路或漏电故障，更换损坏的液晶显示器等部件
	显示笔画不全	（1）检查液晶显示器是否局部损坏； （2）检查A/D转换器是否损坏，可通过用示波器观察相应引脚的信号波形进行鉴别判断； （3）检查A/D转换器与显示器笔画之间的引线是否断路	更换损坏的部件电路
	不显示小数点，即故障表现为仅小数点不能显示，而其他笔段均能正常显示	（1）检查转换开关是否有接触不良的现象； （2）检查控制小数点显示的或非门电路是否损坏	排除故障的方法是更换损坏部件
	两支表笔短路时显示器不为零，而且还跳字	（1）分别检查两支表笔引线是否断路； （2）检查仪表测量输入端是否断路或锈蚀引起接触不良； （3）检查内置9V叠层电池的电压是否太低； （4）检查仪表使用场地的周围是否存在较强的干扰源	修复断路或接触不良部位，消除干扰信号或采取屏蔽措施，更换新电池
	低电压指示符号显示不正常	当换上新电池后，低电压符仍显示，或者在旧电池电压降至7V时，低压指示符仍不显示。此类故障大多是由控制低压指示符的"异或非"电路损坏，或是与其输入端相接的三极管损坏，电阻严重变值、脱焊等原因引起	更换损坏元件

续表

检修部位	故障现象	重点故障部位及维修方法	维修方法
直流电压挡和直流电流挡	直流电压挡失效	(1) 检查转换开关是否接触不良或开路； (2) 检查直流电压输入回路所串联的电阻是否开路失效	修整转换开关触点，更换或接通串联电路
	直流电压测量显示值误差增大	造成这种故障的原因主要有两个： (1) 分压电阻的阻值变大或变小，偏离了标称值； (2) 转换开关有串挡现象 应重点对这两个部位进行检查： (1) 检查分压电阻的阻值是否与标称值相符； (2) 检查转换开关是否有串挡现象	清理或更换分压电阻，修复转换开关及其触点
	直流电流挡失效	(1) 检查表内熔断管是否烧断； (2) 检查限幅二极管是否击穿短路； (3) 检查转换开关是否接触不良	通过更换同规格熔断管、二极管，清洗或更换转换开关
	直流电流测量显示误差增大	(1) 检查分流电阻的阻值是否变值； (2) 检查转换开关是否有串挡现象	更换同规格的分流电阻或修复转换开关
交流电压挡	交流电压挡失效	(1) 检查转换开关是否接触不良； (2) 检查交流电压测量电路中的集成运算放大器是否损坏； (3) 检查整流输出端的串联电阻是否有脱焊开路、阻值变大的现象； (4) 检查整流输出端滤波电容是否击穿短路	清洗修复转换开关、重焊、更换元器件
	交流电压测量显示值跳字无法读数	(1) 检查后盖板屏蔽层的接地（COM端）引线是否断线或脱落； (2) 检查整流输出端的滤波电容是否脱焊开路或电容量消失； (3) 检查交流电压测量电路的集成运算放大器是否损坏、性能变差。当该集成电路失调电压增大时，会引起严重跳字现象； (4) 检查交流电压测量电路中的可调电阻是否损坏。当该可调电阻的活动触点接触不良时，会出现时通时断的故障，最终造成乱跳字而不能读数	恢复屏蔽层接地，接通或更换滤波电容器，更换损坏的运算放大器或要调电阻
	交流电压测量显示值误差增大	(1) 检查交流电压测量线路中的可调电阻是否变值； (2) 检查AC/DC变换器电路中的整流元件是否损坏或性能变差	查明故障元件后，可进行更换、更新调整可调电阻

续表

检修部位	故障现象	重点故障部位及维修方法	维修方法
电阻挡	电阻挡失效	（1）检查转换开关是否接触不良，这是引起电阻挡失效的常见原因； （2）检查热敏电阻是否开路失效或阻值变大； （3）检查标准电阻是否开路失效或阻值变大； （4）检查过压保护晶体管 c-e 极之间并联的电容（0.1pF）是否击穿短路或严重漏电； （5）检查与基准电压输出端串联的电阻是否断路或脱焊	修复或更换转换开关、热敏电阻、标准电阻、过电压保护电容器及基准电压输出电路串联的电阻
	电阻测量显示值误差增大	（1）检查标准电阻的阻值是否变值； （2）检查测量输入电路部分是否有接触不良的现象； （3）检查测量转换开关是否接触不良	更换标准电阻、修理接触不良触点
二极管挡及蜂鸣器挡	二极管挡失效	（1）检查保护电路中的二极管及电阻是否损坏； （2）检查热敏电阻是否损坏； （3）检查分压电阻是否脱焊开路或失效； （4）检查转换开关是否接触不良	更换损坏的二极管、热敏电阻，更换或修复分压电阻、转换开关
	测量二极管时所显示的正向压降不正确	如果被测二极管良好，而仪表所显示值比正常值大很多，则说明二极管挡出现了较大的测量误差。产生这一故障的原因一般是由于分压电阻超差变值、引脚与电路板焊点接触不良所致。应着重检查分压电阻是否失效，引脚焊点是否有虚焊现象	更换分压电阻，重焊虚焊点
	两表笔短接时蜂鸣器无声	（1）检查压电蜂鸣器片是否有脱焊或损坏现象； （2）检查 200Ω 电阻挡是否有故障（对蜂鸣器挡与 200Ω 电阻挡合用一个挡的数字式万用表而言）； （3）检查蜂鸣器振荡电路中是否有损坏的元件或有脱焊现象； （4）检查构成蜂鸣振荡器的集成电路是否损坏； （5）检查电压比较器（运算放大器）正向输入端所并联电阻是否有短路现象	更换损坏点元件，重焊脱焊点，处理电路短路点
h_{FE} 挡	h_{FE} 挡失效	（1）检查 h_{FE} 插孔内部接线是否有断路现象； （2）检查 h_{FE} 插孔内是否有接触不良的现象。若 h_{FE} 插孔内部积聚灰尘，久而久之便形成一层氧化膜，最终便造成接触不良故障	清除 h_{FE} 插孔内的异物或接通内部断路点

续表

检修部位	故障现象	重点故障部位及维修方法	维修方法
h_{FE}挡	测量 h_{FE} 显示结果不正常	产生此故障的原因通常是由于设定基极电流的电阻（其一端接基极，另一端接电源）变值而引起的	根据仪表电路图所标参数更换合格的电阻，或者重新调整，使基极电流等于 $10\mu A$
自动关机电路	仪表不能自动关机	（1）电解电容 C_1 开路或电容量消失； （2）单运放 T1061 损坏或性能不良； （3）电源开关或量程开关接触不良，有脱焊现象； （4）晶体管 VT1、VT2 损坏或性能不良	更换损坏的部件，修理接触不良的开关触点
	自动关机电路的供电时间过短（远小于 15min）	（1）电解电容器 C_1 严重漏电或电容量减小； （2）电阻 R_1 阻值变小。该电阻阻值变小后，会使 C_1 上的电荷很快放掉； （3）安装电阻 R_1（10MΩ）处的印制板存在漏电，使其放电时间大为缩短	更换性能不良元件或消除漏电现象
	自动关机电路的连续时间过长（远大于 15min）	这种故障大多是 R_1 阻值变大或接触不良造成的。当 R_1 阻值变大或接触不良时，C_1 的电荷只能缓慢的泄放，故连续供电时间大为延长	更换或重焊电阻 R_1

 6.6　万用表检修实例

6.6.1　数字式万用表检修实例

实例 1

【故障现象】DT930F 数字式万用表，测量电压时，由于误把旋钮置于电阻挡，造成"Ω"挡损坏。

【故障分析】检修时，打开机盖，直观检查电路板无明显元器件损坏。从电路可分析，用电阻挡测量电压时，可能是三极管 C9013 加上了反向电压后被击穿短路，造成"Ω"挡不能使用。拆下三极管 C9013 测量，其 3 个电极间均因击穿而短路。

【处理措施】更换 C9013 后，故障排除。

实例 2

【故障现象】DT930F 型数字式万用表，工作时，测电阻不正常，两表笔短路时，显示不为零。

【故障分析】根据现象分析，问题一般出在电阻挡，且大多为误用电阻挡测量电压使电阻 R_{01} 损坏或阻值变大所致。当 R_{01} 断路时会出现电阻挡无反应，可用 2kΩ/0.5W 电阻代换。同时要检查一下 Q1 及其并联电容 C_6。用电阻挡误测电压，严重时还会造成 ICL7129、TL062 等集成块连带烧坏以致整块表报废。该表经检查为电阻 R_{01} 断路。

【处理措施】更换 R_{01} 后，故障排除。

实例3

【故障现象】DT930F 型数字式万用表，开机工作时，电容挡始终显示"000"。

【故障分析】根据现象分析，问题一般出在电容挡控制电路。检修时，打开表盖，用万用表测 COM 端电压，正常。测整机电流 3.5mA，正常。置在电容挡时测 IC2（LM358）的⑦脚对 COM 电压为 3V，正常时 IC6（TL062）、IC2（LM358）除正、负电源脚⑧、④外，其余各脚对 COM 电压均应该为 0V 或接近 0V。由此判断 LM358 损坏。

【处理措施】更换 LM358 后，故障排除。

实例4

【故障现象】DT930FG 型数字式万用表，开机工作时，200mA 挡超量程，其他挡均正常。

【故障分析】根据现象分析，故障应局限在该挡分流电阻及开关接触上。检修时，打开机盖，查 1Ω 分流电阻正常，开关也接触良好。清洗开关接触片无效，再仔细检查发现 1Ω 分流电阻虚焊。

【处理措施】重新补焊 1Ω 分流电阻后，故障排除。

实例5

【故障现象】DT930F+ 型数字式万用表，交流电流、交流电压、电容各挡，均显示"-1"溢出符号。

【故障分析】根据现象分析，问题可能在这 3 个挡的公共通道 AC/DC 转换电路上。

经仔细观察发现，该电路中 C_{23} 正端出现碳痕，分析 C_{23} 损坏的可能性较大。更换 C_{23} 后，试测 220V 电源，在 750V 挡读数已升至 220V，但 200V 挡却只显示 140V，分析该万用表的电压测量电路，在测同一信号时，正常情况下每减小一挡，③脚的交流输入信号应提高 10 倍，相应放大整流后的直流信号也应增大 10 倍，直至 IN+ 超过 200mV。按理在 200V 挡增大 10 倍以后 IN+ 应为 220mV，显示溢出才是正常，显然实际 IN+ 远小于此值。经以上分析，问题只限于放大电路 IC2，交流通道 C_{22} 或其后的整流、滤波电路。先查 C_{22}，发现其内部不良。

【处理措施】更换 C_{22} 后，故障排除。

实例6

【故障现象】DT930F+ 型数字式万用表，电阻挡各显示测量值比实际值大 10 倍。

【故障分析】根据现象分析，应重点检查电阻测量电路。分析产生该故障现象的原因有两种：一是量程电阻网络损坏，二是量程选择开关开路。

由于量程电阻网络是与其他功能挡共有的，故该故障只可能是量程选择开关开路引起的。查转换开关中量程选择功能接触簧片，发现其弹力不够，造成开关接触不良。

【处理措施】重新调整量程选择功能接触簧片的弹力后，故障排除。

实例7

【故障现象】890D 型数字式万用表，标志符"Mf"与"mV"同时显示。

【故障分析】根据现象分析，该故障大多为量程转换开关绝缘不良所致。但清洗开关无效，将表后盖螺钉拧松一点，故障即可消失。仔细检查原因为表后盖螺钉因拧得较紧，将表内塑料排线绝缘层破坏，量程转换开关的螺丝短路，使排线中控制"μF"和"mV"的导线短路。

【处理措施】重新补焊后，故障排除。

实例 8

【故障现象】3211B 型数字式万用表，交流电压挡测量误差大。

【故障分析】根据现象分析，该故障产生原因及处理方法如下：

（1）被测交流电压的频率与 50Hz 相差较大。解决办法：该表仅适合测 50Hz 交流电压。

（2）时钟频率 f 偏离 100kHz。解决办法：重调电位器 RP1 并用频率计监测 f，使之为正常值即可。

（3）外界有严重的电磁场干扰。解决办法：消除干扰或尽量远离干扰源即可。

【处理措施】该表经上述处理后，故障排除。

实例 9

【故障现象】DT380 型数字式万用表，开机后，1CD 显示屏只能显示小数点，其余均无显示。

【故障分析】根据现象分析，该故障可能发生在 1CD 显示屏、双积分模/数（A/D）转换芯片 17106 及相关电路中。

检修时，打开机盖观察，发现 CD4011（蜂鸣器电路）附近有被烧黑的痕迹。怀疑其内部已被击穿。用万用表测试整机工作电流在 300mA 左右（正常时应为 2mA 左右），说明电路有严重短路现象。整机通电几秒钟后，用手摸电路各元件，当摸到 CD4011 时，严重烫手，迅速断开电源，判断 CD4011 已损坏。再进一步检查，又发现运算放大器 T1062、A/D转换器 17106 也均已损坏。

【处理措施】更换 3 块集成电路后，故障排除。

实例 10

【故障现象】DMM2650 型数字式万用表，输入短接后电压指示不回零；进行 mV 级交流电压测试时，显示乱跳。

【故障分析】根据现象分析，该故障一般出在输入测量电路中，且大多为继电器触点严重氧化，导致接触不良所致。该表经检查果然如此。

【处理措施】清理接触点后，故障排除。

实例 11

【故障现象】DT830 型数字式万用表，在测量交/直流电压时，屏上无显示；将转换开关放在电阻挡或交/直流电流挡，显示值均准确。

【故障分析】根据现象分析，A/D 转换器用电源工作正常，问题一般出在交/直流电压回路。检查 $R_6 \sim R_{12}$ 和 RP2 各电阻正常。检查转换开关的相关触点，发现连接 R_6 铜箔与触点开路。使被测信号无法传递到 A/D 转换器，故表屏无显示。

【处理措施】重新补焊后，故障排除。

实例 12

【故障现象】DT830 型数字式万用表，开机后不停地显跳"00.0"。

【故障分析】根据现象分析，问题可能出在 A/D 转换器 17106 及相关电路。检修时，打开机盖，用万用表先查 17106 集成块㊱脚有无 100mV 基准电压；如果无基准电压，则查其外围的有关分压电阻，如正常，再将 17106 块的㊱脚对地用引线短接一下，看屏上是否出现"100.0"字样；将㊲脚与①脚短接一下，看屏上是否显示"1888"字样。如果无相应显示，则可能是集成块损坏。该表经检查为 17106 内部不良。

【处理措施】更换集成块 17106 后，故障排除。

实例 13

【故障现象】DT830 型数字式万用表，测量交流电压 220V，突然不能正确显示测量值。

【故障分析】经开机观察，只有测量电阻时显示正常。检修时，打开内部直观检查，各焊接点良好，开关转换灵活可靠，元件无损坏现象。随后将该表集成电路 17136 拔下，插到一块正常显示的数字式万用表上，也同样出现不正确显示的现象。故分析为集成电路内部损坏。17136 的正基准电压由 R_{18}、R_{20}、W3 等构成的分压网络提供，除测量电阻时不使用以外，都要用到这一电压。于是，在原电阻 R_{20} 上并联 1 只 $2k\Omega$ 电阻，与正常万用表对照。调整 W5，使之显示正常。

【处理措施】该表经上述处理后，故障排除。

实例 14

【故障现象】DT830B 数字式万用表，开机后"00.0"数字闪烁不停，各挡不能测量。

【故障分析】根据现象分析，问题可能出在 A/D 转换及相关电路。检修时，打开表盖，测 A/D 转换器 17106㊱脚有 100mV 基准电压，将 17106㊲脚与电源正极簧片用导线瞬间碰触一下，正常时应有"1888"字样显示，但实际没有；再将㊱脚与电源负极簧片用导线瞬间短接一下，正常时应有"100.0"显示，实际也没有，判定为 17106 内部损坏。

【处理措施】更换 17106 芯片后，故障排除。

实例 15

【故障现象】DT830B 型数字式万用表，开机工作时，末位数少笔画。

【故障分析】检修时，打开机盖，用万用表交流挡测缺笔画端与 COM 间的电压，如有约 3V 电压，则为 1CD 的故障；否则，为导电橡胶棍接触不良或 A/D 转换芯片 17106 无输出。也可以在故障断电的情况下，用万用表两表笔对缺笔画端和背电极瞬间接触，若能显示表示 1CD 正常，否则为损坏。该表经检测为 1CD 损坏。

【处理措施】更换 1CD 显示屏后，故障排除。

实例 16

【故障现象】DT830 型数字式万用表，在无输入状况下，交流电流、电压和直流电压各挡显示不为"0"。

【故障分析】根据现象分析，问题可能出在交/直流电压挡的公共部分。检修时，打开机壳，发现表内灰尘较多，转换开关触片上均有较黑的油污垢，A/D 转换器 7106 芯片脚间也有较多灰垢。先用毛刷清除浮灰，再用无水酒精、纱布清理开关触片等处的油垢，最后仔细调整 A/D 转换器 7106 的基准电压，使其为 100mV。

【处理措施】经上述处理后，故障消除。

实例 17

【故障现象】DT830 型数字式万用表，高阻挡无溢出显示，低阻挡虽有溢出显示，但误差较大。

【故障分析】根据现象分析，问题可能出在保护电路或印刷板漏电，导致 R_0 均变大且不稳定。

经开机检测，各挡 R_0 都正确无误，且保护电路的几个元件也无问题。将选择开关置于 20MΩ 挡，测量其"V/Ω"和"COM"插孔间阻值为一百多千欧姆，且不太稳定。卸下印刷电路板，并拆去开关定位环检查，发现与"V/Ω"插孔相连的印刷线路和开关上与 R_2 相接的印线路之间的绝缘材料已被击穿碳化，产生漏电故障。

【处理措施】重新补焊并清洁后，故障排除。

实例 18

【故障现象】DT830A 型数字式万用表，直流电流 20μA～2A 挡不能测量。

【故障分析】根据现象分析，该故障一般发生在直流电流挡及相关电路。检修时，打开机盖，检查 2A/250V 熔断器正常，再查该挡相关元件，发现二极管 VD2 的正、反向阻值一样，说明该二极管已损坏。

【处理措施】更换 VD2 后，工作恢复正常。

实例 19

【故障现象】DT830B 型数字式万用表，不能调零，各挡测试均不正确，且蜂鸣器和 h_{FE} 测试挡无效。

【故障分析】检修时，打开机盖，先查换挡开关内部触点与电路接触良好，说明故障在电路板上。由于各挡均不能正常工作，估计是 A/D 转换器 L7106 不良，但更换后故障依旧。再仔细检查电路板有湿润现象，断定是受潮使电路工作不良。

【处理措施】用电吹风吹干电路板后，故障排除。

实例 20

【故障现象】DT830B 型数字式万用表，开机只有"00.0"数字闪烁不停，各挡不能测量。

【故障分析】根据现象分析，问题可能出在 A/D 转换器等相关部位。检修时，打开机盖，用万用表测 A/D 转换器 7106 的㊱脚有 100mV 基准电压，说明㊱脚外围的分压电阻正常。用导线将 7106㊲脚与电源正端瞬间碰触一下，无反应（正常时应显示"1888"）；再将㊱脚与电源负端瞬间短接一下，也无反应（正常时应显示"100.0"），判定是 7106 损坏。

【处理措施】更换 7106 后，故障排除。

实例 21

【故障现象】DT830B 型数字式万用表，电流、电压、电阻挡均不正常。

【故障分析】根据现象分析，问题可能出在 A/D 转换电路。检修时，先将转换开关置于直流电流挡，输入一个 180μA 电流，各挡均显示 0，用万用表测 A/D 芯片 7106 的 IN+、IN- 之间无电压，再测 1MΩ 电阻两端有电压，并随换挡而呈相应倍数变化，似乎 1MΩ 电阻右端接地。

断开该表电源，测 IN+、IN–之间有 370Ω 左右的阻值，由此判定为 0.1μF 电容不良。

【处理措施】更换该电容后，故障排除。

实例 22

【故障现象】DT830D 型数字式万用表，显示暗淡。

【故障分析】根据现象分析，该故障产生原因及处理方法如下：

（1）电池电量不足，解决办法：更换电池即可。

（2）液晶显示器衰老，解决办法：更换液晶显示器即可。

【处理措施】该万用表按照上述方法处理后，故障排除。

实例 23

【故障现象】DT830D 型数字式万用表，小数点不显示或显示不正常。

【故障分析】根据现象分析，该故障产生原因及处理方法如下：

（1）量程开关 SE 接触不良。解决办法：检查或更换量程开关即可。

（2）偏置电阻 R_{19}、R_{20} 有开路现象，使不该显示的小数点也出现。解决办法：确定故障元件后，更换即可。

（3）液晶显示器的 DP2、DP3 引出端接触不良。解决办法：检修断脚或压紧导电橡胶条即可。

【处理措施】该万用表按照上述方法处理后，故障排除。

实例 24

【故障现象】DT830D 型数字式万用表，电阻挡异常。

【故障分析】根据现象分析，该故障产生原因及处理方法如下：

（1）保护电路中的 PTC 元件和三极管 VT1 损坏，导致无法测量电阻阻值。解决办法：用万用表检测，确定故障元件后更换即可。

（2）量程开关 SA 接触不良。解决办法：修复或更换量程开关即可。

（3）量程开关 SD 和电阻 R_{10} 接触不良，使被测电阻 R_x 两端无测试电压。解决办法：检查或修复量程开关及电阻即可。

【处理措施】该万用表按照上述方法处理后，故障排除。

实例 25

【故障现象】DT830B 型数字式万用表，所有电阻及二极管测试挡示数均为 "0"，其他挡正常。

【故障分析】检修时，打开机盖，观察阻容元件、熔丝等均无过流的烧焦、熔断现象。接下来检查电路半导体器件，该万用表中只有 1 只二极管和两只三极管，二极管型号为 1N4007。分析此二极管应为交流电压挡的整流器件，不在故障范围内，因此，重点检查两只三极管，其型号均为 9014。测右侧 1 只三极管的 b、c 极间在路电阻为 0Ω，焊下后再测，果然其内部击穿。

【处理措施】更换该三极管后，故障排除。

实例 26

【故障现象】DT830 B+型数字式万用表，开机工作时，电阻挡失效。

【故障分析】根据现象分析，问题出在电阻挡相关电路。由电路分析，故障现象可能是 Ω 与 COM 端之间电压很低或这两端之间电阻太小所致。测这两端之间电阻仅为 500Ω。R_T 一端接 VT4 保护三极管 e 极，VT4 b、c 极并联后接 COM 端，怀疑 VT4 可能击穿短路，使 Ω 与 COM 端之间电阻为 R_T 的数值。测 VT4 3 个电极之间电阻近似为 0Ω，说明 VT4 内部击穿。

【处理措施】更换 VT4 后，故障排除。

实例 27

【故障现象】DT830D 型数字式万用表，显示笔画残缺。

【故障分析】根据现象分析，该故障产生原因及处理方法如下。

（1）液晶显示器侧面的引线断裂。解决办法：利用 4H 铅笔芯在断裂处涂抹几次即可。

（2）1CD 与导电橡胶条接触不良。解决办法：在固定显示器的塑料卡子上垫几层绝缘胶布，以增加紧固力即可。

【处理措施】该表经上述处理后，故障排除。

实例 28

【故障现象】DT830D 型数字式万用表，200mV 挡异常。

【故障分析】根据现象分析，问题一般出在该挡及相关部位。常见原因是电位器 RP1 的触头松动或移位，影响基准电压的正常输出。经开盖检查，果然为 RP1 触头不良。

【处理措施】更换并重新调整 RP1，使 $U_{REF} = 100.0\text{mV}$ 后，故障排除。

实例 29

【故障现象】DT830D 型数字式万用表，两只表笔短路时，蜂鸣器不能发声。

【故障分析】根据现象分析，该故障产生原因及处理方法如下：

（1）电阻 R_{29}、R_{32} 的阻值改变，使比较器的基准电压偏离正常值。解决办法：用万用表检测，查出损坏电阻并更换即可。

（2）电阻 R_{34} 或电容 C_8 虚焊，压电蜂鸣片受震动后破裂，焊点松脱。解决办法：重新补焊即可。

（3）IC3 或 IC2 损坏。用万用表检测，确定损坏元件后更换即可。

【处理措施】经上述处理后，故障排除。

实例 30

【故障现象】DT840D 型数字式万用表，S1 合上后，不能工作，无显示。

【故障分析】根据现象分析，问题一般出在自动关机电路，且大多为 IC3（a）损坏，VT3、VT4 管开路。该表经检查为 IC3（a）内部不良。

【处理措施】更换 IC3（a）后，故障排除。

实例 31

【故障现象】DT860 型数字式万用表，电阻和电流挡失效。

【故障分析】检修时，打开机盖，检查电流挡和电阻挡公共电路元件。发现保护二极管 VD1～VD4 损坏，但更换后故障不变。进一步检查，发现多功能组合开关 S1 的"Ω"挡不通。通过对印制板仔细观察发现，S1 开关中"10A"一组仅用了一侧，另一侧闲置未用，小心卸下 S1，并抽去塞在开关间起互锁作用的弹片，拆下"Ω"挡一组开关的铆接部分，打开发现动触点已烧损。用相同方法取下"10A"挡一组开关，与"Ω"挡一组开关对调安装；并焊好所有连线。用镊子仔细调整动、静触点间弹性压力，使开关 S1 转动后，动、静触点接触良好即可。

【处理措施】该表经上述处理后，故障排除。

实例 32

【故障现象】DT860B 型数字式万用表，开机后，无显示。

【故障分析】根据现象分析，该故障多是因芯片间的供电线路不通或接触不良所致。检修时，可首先检测一下各芯片的电源与地端间的电压值是否正常。

若各芯片的工作电压正常且无接触不良故障，则可能是 A/D 芯片或译码驱动芯片损坏，若代换后的故障不良，则很有可能是 A/D 芯片的外围电路有故障。如：振荡器的外接电阻、电容损坏或外接振荡器停振等。该表经检查为 A/D 芯片不良。

【处理措施】更换 A/D 芯片后，故障排除。

实例 33

【故障现象】DT860B 型数字式万用表，交、直流电压挡不能工作，其余挡正常。

【故障分析】由原理可知，该表采用单片 CMOS 大规模集成电路 TSC815 及相应的外围元器件，实现各挡位的测量功能，由于有些挡位能正常工作，所以 TSC815 损坏的可能性很小。

检修时，打开机盖，查交、直流两挡公共电路相关元件，未见异常，再查集成电路外围精密电阻 $R_9 \sim R_{13}$ 正常，查功能转换开关 S1 也无接触不良现象，怀疑是微调电阻 R_{19}（2.2kΩ）不良，使 TSC815 得不到基准电压。经检测 R_{19} 也正常，进一步检测，发现积分电容 C_8 漏电。

【处理措施】更换电容 C_8 后，故障排除。

实例 34

【故障现象】DT860B 型数字式万用表，交流电压挡不能测量。

【故障分析】根据现象分析，该故障产生原因及处理方法如下。

（1）交流电压挡二极管 VD4、VD5 内部损坏。解决办法：更换二极管 VD4、VD5 即可。

（2）交流电压挡电容 C_1 击穿短路，使输出为零。解决办法：更换 C_1（1μF 电解电容）即可。

（3）集成电路 TSC815 内部 AC/DC 转换运算放大器损坏。解决办法：更换集成电路 TSC815 即可。

【处理措施】该表经上述处理后，故障排除。

实例 35

【故障现象】DT860B 型数字式万用表，直流电流挡测量误差大。

【故障分析】根据现象分析，该故障产生原因及处理方法如下：

（1）转换开关 S1a 接触电阻过大，形成压降。解决办法：修复或更换转换开关。

（2）200mA 挡分流电阻 R_{16A}、R_{16B} 内部变值。解决办法：更换分流电阻 R_{16A} 或 R_{16B}。

（3）10A 挡分流电阻 R_{41} 烧毁。解决办法：更换 R_{41}（0.01Ω 锰铜丝电阻）。

【处理措施】该表经上述处理后，故障排除。

实例 36

【故障现象】DT860B 型数字式万用表，蜂鸣器不能正常发音。

【故障分析】根据现象分析，该故障产生原因及处理方法如下：

（1）压电蜂鸣器 B2 损坏。解决办法：更换压电蜂鸣器 B2 即可。

（2）TSC815 的第⑧脚无 4kHz 输出波形，即内部蜂鸣驱动电路已损坏。解决办法：更换集成电路 TSC815 即可。

【处理措施】该表经上述处理后，故障排除。

实例 37

【故障现象】DT860D 型数字式万用表，直流电流挡不能测量。

【故障分析】根据现象分析，该故障产生原因及处理方法如下：

（1）熔丝管烧断。解决办法：更换熔丝管即可。

（2）过压保护二极管 VD1 或 VD2 击穿短路。解决办法：更换二极管 VD1 或 VD2 即可。

（3）分流电阻 R_{17}、R_{18} 被烧毁。解决办法：更换 R_{17}（0.9Ω 线绕电阻）、R_{18}（0.01Ω 锰铜丝电阻）即可。

【处理措施】该表经上述处理后，故障排除。

实例 38

【故障现象】DT860D 型数字式万用表，机器工作时，只能测直流电压、电流，不能自动转入交流测量。

【故障分析】根据现象分析，问题一般出在 AC/DC 自动转换电路及相关部位，分析具体原因有以下几点。

（1）功能转换开关接触不良。

（2）IC1 的 FC1 端⑱脚开路，电路不通。

（3）电压放大器 IC2 内部损坏。

（4）电容 C_3 内部严重漏电或对地短路。

（5）二极管 VD 开路或脱焊，测交流时不能产生直流控制电压。

该机经检查为二极管 VD（1N4148）内部开路。

【处理措施】更换二极管后，故障排除。

实例 39

【故障现象】DT910 型数字式万用表，显示笔段杂乱或残缺。

【故障分析】根据现象分析，该故障产生原因及处理方法如下：

（1）表内受潮造成漏电，使不应显示的笔段电极也加上了驱动信号。解决办法：用无水酒精棉清洗漏电处即可。

（2）显示器与导电橡胶胶条接触不良。解决办法：压紧导电橡胶胶条即可。

（3）显示器的引线断裂。解决办法：用 4H 铅芯在断脚处划几次，利用石墨将断脚接通即可。

【处理措施】该表经上述处理后，故障排除。

实例 40

【故障现象】DT910 型数字式万用表，交流电压挡读数不稳定，误差很大。

【故障分析】根据现象分析，该故障产生原因及处理方法如下：

（1）使用环境存在很强的电磁干扰。解决办法：工作环境尽量远离干扰源即可。

（2）被测交流电压的频率与 50Hz 相差较大。解决办法：该表只用于测 50Hz 交流电压即可。

（3）时钟频率偏离 100kHz，不能有效抑制交流干扰。解决办法：用频率计测时钟频率，若高于 100kHz，可适当增大 R_{12} 的阻值；反之应减小 R_{12} 阻值，还可去掉 IC3，将 100kHz 石英晶体直接并在 21~22 脚之间即可。

【处理措施】该表经上述处理后，故障排除。

实例 41

【故障现象】DT910 型数字式万用表，h_{FE} 挡不能测量。

【故障分析】根据现象分析，该故障产生原因及处理方法如下：

（1）h_{FE} 插座脱焊。解决办法：重新补焊 h_{EF} 插座即可。

（2）管脚插孔内有污垢，造成管脚接触不良。解决办法：清洗 h_{EF} 插孔内污物即可。

（3）基极偏置电阻 R_{10} 或 R_{11} 开路。解决办法：重焊或更换 R_{10}、R_{11} 即可。

（4）R_6 或 R_7 被烧断，此时还表现为不能测 DCA。解决办法：更换 R_6 或 R_7 即可。

【处理措施】该表经上述处理后，故障排除。

实例 42

【故障现象】DT9107 型数字式万用表，各量程误差都很大。

【故障分析】根据现象分析，问题可能出在 A/D 转换器 7106 及相关电路。检修时，打开机盖，用万用表先测量 7106 的①脚（红表笔）与㉖脚（黑表笔）间供电电压 9V 正常；再将万用表拨到 10mA 挡，串联在电源回路中，读数为 3mA。表明电源供电正常。

接下来检查 A/D 转换器 7106 块的㊱脚，发现无 100mV 基准电压。再查基准电压的分压电路，发现电位器 RP1 中心触点严重氧化。从而导致无电压输出。

【处理措施】用无水酒精清洁电位器点后，故障排除。

实例 43

【故障现象】DT930F 型数字式万用表，通电后，无任何反应。

【故障分析】检修时，打开机盖，先检查电源是否正常，如电源正常，再检查 A/D 转换器及外围电路是否不良。较好的方法是：直接测量 A/D 转换器引出脚上的电压，如 7106 的①、㉖脚之间正常电压应在 7~9V 之间。另外，应检查外围电路元件，如：开关是否接触不良或损坏、电池电压是否为 9V、接线是否断线、电阻是否阻值变小、印制板是否漏电等。该表经检查为 7106 不良。

【处理措施】更换 7106 后，故障排除。

实例 44

【故障现象】DT930F 型数字式万用表，工作时，频率挡测量值比正常值偏低。

【故障分析】根据现象分析，该表直流电压正常，说明 A/D 转换及基准电压正常。检修时，打开表盖，用万用表测 V+ 与 COM 端电压为 2.5V，偏低；测整机电流，正常；测 7129 的㉔、㉘脚稳压输出电压 3.15V，正常。因 IC7（T1062）接成跟随器，其输入正常但输出偏离，而整机又无过流现象，判定为集成块 T1062 内部不良。

【处理措施】更换 T1062 后，故障排除。

实例 45

【故障现象】DT930F 型数字式万用表，开机工作时，交流电压挡始终显示溢出。

【故障分析】该故障可能发生在交流/直流变换电路。该电路由 IC3（T1062）及外围电路组成，易损元件为 IC3 和二极管 VD3。该表经检查为 IC3 与 VD3 均已损坏。

【处理措施】更换 IC3、VD3 后，故障排除。

实例 46

【故障现象】DT930FG 数字式万用表，置于 200Ω 挡并且短接两表笔时，电表读数为 3.00~7.99Ω 之间的随机数字，其最后一位有效数字在缓慢地连续跳字，且数字不断减小。

【故障分析】检修时，先将电表置于直流电压 200mV 挡，两表笔短接后，发现读数也不为零，其最后一位数字与 Ω 挡同规律下跳。由此说明 Ω 与 200mV 挡共用的电路发生了故障。

经进一步排查，在两表笔短接时，这两部分的电路完全相同，参与工作的元件主要有 R_2、C_3 和 17129。将 C_3 两端短接，即令 17129 的㉝脚的 IN+ 与㉜脚的 IN- 之间的电位差为零，1CD 显示为 0，说明 17129 良好。再查 R_2、C_3 等相关元件也正常。经检查发现 C_3 性能不良。

【处理措施】更换 C_3 后，故障排除。

实例 47

【故障现象】DT930F+ 型数字式万用表，各挡测量显示值均低于实际值。

【故障分析】检修时，打开机盖，用万用表先检测 A/D 转换器 IC（17129）基准电压值，测得㉞、㉟脚电压为 1V，正常；再将 IC（17129）㊲脚（量程选择端）通过外接引线连到 V+ 端，使 A/D 选择 2V 量程；然后将㉝、㉞脚短接，使 A/D 转换器模拟输入电压与基准电压都等于 1V。正常情况下，此时万用表应显示（100.00±10）字，而该表显示值为 93.10，不正常。对 IC（17129）外围阻容元件进行检测，均正常。根据经验判定，此故障多由线路板受潮，使 IC（17129）部分管脚间泄漏电流增大引起的。先用酒精棉球对电路进行清洗，然后再用电吹风对相关线路进行烘烤除潮后，工作恢复正常。

【处理措施】该表经上述处理后，故障排除。

实例 48

【故障现象】DT930F+ 型数字式万用表，开机即显示欠压符号，频率挡测量无反应。

【故障分析】根据现象分析，问题可能出在频率挡检测电路。检修时，先用万用表测整机工作电流，正常值应为 5mA，实测值远大于正常值，这种情况应重点检查相关集成电路。因该表仅频率挡不能测量，仅与该挡有关的集成电路是 IC5（ICM7555），故对该芯片进行重点检测，发现 IC5 内部损坏。

【处理措施】更换 IC5 后，故障排除。

实例 49

【故障现象】DT940C 型数字式万用表，开机后，各挡均无任何显示。

【故障分析】检修前，先检查电池电压正常，怀疑线路板电路接触不良。用无水酒精清洗烘干无效。再用微型电烙铁将显示屏周围的 3 只集成块（型号分别为 CD4070BE、TC4011BP、TC7106CP1）的大部分脚重焊一遍后，该表功能均恢复正常，说明问题是由于集成块脱焊所致。

【处理措施】该表经上述处理后，故障排除。

实例 50

【故障现象】DT960T 型数字式万用表，加信号后，尽管输入信号本身稳定，但出现严重跳字。

【故障分析】根据现象分析，该故障与基准电压有关，由原理可知，U_{IN} 和 U_{REF} 中任何一个不稳定都会造成显示值的跳动。如输入信号 U_{IN} 稳定，显示值仍跳字，肯定是 U_{REF} 跳动所引起的。此时，应重点检查 C_2 及 RP1、R_{14}、C_4、C_5 是否损坏或变值，如果都是好的，就可能是 IC1（SC7106）损坏。该表经检查为 C_5 内部失效。

【处理措施】更换 C_5 后，故障排除。

实例 51

【故障现象】DT960T 型数字式万用表，工作时，小数点及标志符显示不正常。

【故障分析】根据现象分析，该故障产生原因及处理方法如下：

（1）集成电路 TSC818A 局部损坏，不能产生小数点驱动信号。解决办法：更换 TSC818A 即可。

（2）液晶显示器第㉚、㉝、㊲脚与 TSC818A 的对应管脚接触不良。解决办法：重新处理或修复即可。

（3）模拟开关电子模块 IC4 损坏。解决办法：更换或修复电子模块即可。

【处理措施】该表经上述处理后，故障排除。

实例 52

【故障现象】DT960T 型数字式万用表，交流电压挡的误差增大。

【故障分析】根据现象分析，该故障产生原因及处理方法如下：

（1）交流电压挡 IC1（AD736）内部性能不良。解决办法：更换 IC1（AD736）即可。

（2）隔直电容 C_{20} 内部漏电。解决办法：更换电解电容 C_{20} 即可。

（3）滤波电容 C_{21}、C_{22} 存在漏电。解决办法：更换电容 C_{21}、C_{22} 即可。

（4）电阻 R_{42} 内部开路。解决办法：更换电阻即可。

【处理措施】该表经上述处理后，故障排除。

实例 53

【故障现象】DT960T 型数字式万用表，Ω 挡不能测量。

【故障分析】根据现象分析，该故障产生原因及处理方法如下：

（1）PTC 元件、晶体管 VT 损坏。解决办法：更换 PTC、晶体管 VT 即可。

（2）S1b 接触不良，OHM 端未接通 GND，无法进入测量电阻模式。解决办法：检修或更换转换开关即可。

【处理措施】该表经上述处理后，故障排除。

实例 54

【故障现象】DT960T 型数字式万用表，不能测相对值。

【故障分析】根据现象分析，该故障产生原因及处理方法如下：

（1）按键开关 SB 损坏，使 IC1 的 MEM 端未接通 GND。解决办法：检修或更换按键开关 SB 即可。

（2）集成电路 TSC818A 局部损坏。解决办法：更换集成电路 TSC818A 即可。

【处理措施】该表经上述处理后，故障排除。

实例 55

【故障现象】DT970D 型数字式万用表，开机后，不工作。

【故障分析】根据现象分析，该故障产生原因及处理方法如下：

（1）电池电量不足。解决办法：更换 9V 叠层电池即可。

（2）时钟振荡器停振。解决办法：检查 40kHz 石英晶体及 R_3、R_4 是否脱焊或损坏，重新补焊或更换损坏元件即可。

（3）集成电路 TSC820 内部损坏。解决办法：更换集成电路 TSC820 即可。

（4）电源滤波电容 C_{18} 内部漏电严重。解决办法：更换 C_{18} 电解电容器。

【处理措施】该表经上述处理后，故障排除。

实例 56

【故障现象】DT970D 型数字式万用表，交流电压挡不能测量。

【故障分析】根据现象分析，该故障产生原因及处理方法如下：

（1）集成电路 IC4b 内部损坏。解决办法：更换集成电路 T1062 即可。

（2）VD15 或 VD16 损坏。解决办法：更换二极管 VD15 或 VD16 即可。

（3）若各挡误差增大，有可能是 RP2 松动。解决办法：重新校准或更换 500Ω 电位器即可。

【处理措施】该表经上述处理后，故障排除。

实例 57

【故障现象】DT970D 型数字式万用表，不能测量频率。

【故障分析】根据现象分析，该故障产生原因及处理方法如下：

（1）频率检测电路 74HC14 损坏。解决办法：更换集成电路 74HC14 即可。

（2）电容 C_5 或电阻 R_9 开路损坏。解决办法：更换损坏元件即可。

（3）二极管 VD4、VD5 击穿短路。解决办法：更换二极管即可。

（4）集成电路 TSC820 中的频率计数器损坏，不能自动转换量程。解决办法：更换集成电路 TSC820 即可。

（5）被测频率信号低于 500mV。解决办法：加一级前置放大器即可。

【处理措施】该表经上述处理后，故障排除。

实例 58

【故障现象】DT9925 型数字式万用表，各挡均为数字乱跳，电阻挡表笔短接能回零，但二极管/蜂鸣挡蜂鸣器不响。

【故障分析】经开机检查，发现 200mA 保险烧毁，测交流/直流变换器 T1062、运放 KIA324 供电脚均有 +3V 和 -6V 电压。怀疑 A/D 转换器 7108 损坏，测该表基准电压为 99.8mV，也基本正常，整机电流为 4mA 左右。无明显短路。

进一步分析电路，发现测 h_{FE} 挡是直接进入 A/D 变换器测量的，试测三极管有正常的显示，说明 A/D 变换器 7108 没有损坏，故障应在外围电路。在线测试各元件正常，于是拆开量程开关，发现最外边有一磷铜触点片，可能是由于电流太大而烧毁，造成各量程挡位均不能正常接触。

【处理措施】更换量程开关或修复触片后，故障排除。

实例 59

【故障现象】DT1000 型数字式万用表，频率测试挡显示均为零，其余挡位正常。

【故障分析】根据现象分析，问题一般出在频率测试电路。由原理可知，被测信号经过 IC26 放大及整形后，再由 IC5 完成 f/U 转换，通过滤波电路获得直流电压后输出至 A/D 转换器。因只有频率测试挡失常，说明 A/D 转换器及显示电路正常。

从该万用表的内部结构可见，到大电路板后有 1 块小电路板，其中有 4 颗紧固螺钉，左下角的螺钉即为测试点，此测试点与 IC4 的信号输入端①、②脚相连接。用示波器的校正信号作为被测信号，测上述测试点有信号输出，而 IC4⑪脚无信号，判断 IC4（CD4011）内部损坏。

【处理措施】更换 CD4011 后，故障排除。

实例 60

【故障现象】DT1000 型数字式万用表，电流挡各挡位所显示的测量值均比实际小一半左右。

【故障分析】根据现象分析，问题应出在电流测量部分，主要原因有以下几种：

（1）量程选择开关按触电阻过大，形成压降。

（2）分流电阻阻值改变。

（3）过电压保护二极管 VD1 或 VD2 击穿短路。

检修时，先检查量程选择开关，发现无变形及接触不良现象，用无水酒精擦洗后装回表内，故障依旧。再查分流电阻也未发现变值或损坏。最后查输入电路的过压保护二极管，发现 VD1 内部击穿短路。

【处理措施】更换 VD1（1N4004）后，工作恢复正常。

实例 61

【故障现象】DT1000 型数字式万用表，各挡均严重超差，显示值远低于实际值。

【故障分析】经开机检测 A/D 转换器 IC17129 基准电压正常，将㉝脚与㉞脚短接，万用表显示值为 10 000。初步判定 IC17129 A/D 转换器及相关外围元件正常。

然后在 200mV 挡输入端输入 100mV 电压，用万用表测 A/D 转换器 IC17129㉝脚与地间电压仅为 89mV，可断定㉝脚与地间漏电。查 R_4、C_4 等相关元件，发现 C_4 内部漏电。

【处理措施】更换 C_4 后，故障排除。

实例 62

【故障现象】DT1000 型数字式万用表，除电阻挡外，其余各挡测量数不断跳变，均不正常。

【故障分析】根据现象分析，该表由于电阻挡正常，可排除 A/D 转换器 IC17129 及外围元器件故障。由于该表电阻挡测量与其他功能挡测量相异，测量电阻时采用的是比例法，电路上唯有 IC17129 基准电压引入方式不同，故应重点检查 IC17129 在非电阻挡时的基准电压输入电路。经开机检测，R_{30}、R_{31}、R_{33}、C_2、IC3 及 RP1 等相关元件，发现电位器 RP1 内部不良。

【处理措施】更换 RP1 后，故障排除。

实例 63

【故障现象】DT1000 型数字式万用表，测直流电压时，正负数值不等。

【故障分析】根据现象分析，该故障应该是 A/D 转换部分故障，但更换 A/D 芯片 IC17129 及外围元件后，故障依旧。测整机电源电流为 10mA，有些偏大，逐挡检查发现频率挡示数不对，判断 f/U 变换电路有问题。用示波器检查发现芯片 7555 的②脚有输入脉冲，但输出电压很低，拆掉 7555 后，COM 端与电池正极间电压上升为 3.15V，正负测值不再偏差，判定其内部不良。

【处理措施】更换芯片 7555 后，故障排除。

实例 64

【故障现象】GDM8045 型数字式万用表，无显示或各挡不能正常测量。

【故障分析】该表为台式数字表，双积分 A/D 转换器 IC17135 是该表电路核心器件，其允许输入电压范围为（−2～+2）V，因此所有被测信号需经过转换电路转换成（−2～+2）V 的电压，最后送入 IC17135 的正输入端，经 A/D 转换后的 BCD 码再经 741S247 译码成为七段字符码，驱动七段共阳 1ED 数码显示器。

上述故障现象的检修步骤如下：

（1）开机后，观察显示屏有无显示。如无显示，则检查电源电路。

（2）检查显示屏是否正常。如不正常，则检查电源、数码管、量程开关、741S247 译码器。

（3）检查直流 2V 挡测试是否正常。如不正常，则查 IC17650、IC17135 及其外围电路。

（4）检查直流电压其余挡测试是否正常。如不正常，则查量程开关、分压电阻。

（5）检查交流电压挡测试是否正常。如不正常，则查 AD536 及外围电路、功能及量程开关。

（6）检查电阻挡测试是否正常。如不正常，则查 CA3140 及外围电路、恒流源、保护电路、功能及量程开关等。

（7）检查电流挡测试是否正常。如不正常，则查 I/U 转换电路、功能及量程开关。

【处理措施】该表经上述步骤检修后，故障排除。

实例 65

【故障现象】DT890B 数字表，开机时屏幕左侧显示溢出符号"1"。

【故障分析】根据现象分析，问题可能出在数字芯片 7106 及相关部位。检修时，打开机盖，经测试发现芯片 7106①脚对地为 2.8V，基准电压为 100mV，正常。分析能够引起过载溢出的原因只能是芯片的输入端 U_{IN} 的电压高于基准电压 100mV。实际测量㉛脚对地的电压小于 100mV 时，表上的溢出符号"1"消失，而显示出一定的数字。

经仔细分析判断是 C_1 的一只引脚焊点不良，造成芯片的㉛脚实际上同外围元件完全断开，其上的感应电压超过了 100mV 而引起过载。

【处理措施】补焊 C_1 后，故障排除。

实例 66

【故障现象】DT890B 型数字表，不能测直流电压。

【故障分析】根据现象分析，该故障产生原因有：分压电阻 $R_{40} \sim R_{45}$ 开路、印制板间引线或插针断开、量程转换开关接触不良等。若所有挡测量误差明显增大，可能是基准电压不准造成的，需重新调整 RP1，使 V、R、E、F 为 100.0mV；也可能是 $R_{40} \sim R_{45}$ 阻值改变影响了分压比。该表经检查为 R_{45} 开路。

【处理措施】更换 R_{45} 后，故障排除。

实例 67

【故障现象】DT890B 型数字表，电阻挡不良。

【故障分析】根据现象分析，该故障产生原因通常是因误测 220V 市电而造成的。检修时，应重点检查保护元件 PTC、T4 及消噪电容 C_{10} 是否损坏。当印制板或 V-Ω-COM 输入插孔间存在漏电时，也会导致 20、200MΩ 挡的测量误差增大，可及时用无水酒精清洗。该表经检查为电容 C_{10} 内部损坏。

【处理措施】更换 C_{10} 后，故障排除。

实例 68

【故障现象】DT890 型数字式万用表，电池耗电太快。

【故障分析】根据现象分析，该现象说明电路中有短路故障。检修时，打开机盖，用万用表测量电源电流达 30mA。依次拔去 7106、7556 后，故障不变。检查电源滤波电容 C_{20} 正常。检查中发现该表不能测交流电，故割断运算放大器 T1062 第⑧脚上的印刷线路，电源电流立即降至正常值，由此说明 T1062 内部已损坏。

【处理措施】更换 T1062 后，故障排除。

实例 69

【故障现象】DT890 型数字式万用表，开机后，显示屏无显示。

【故障分析】检修时，打开机盖，用万用表检测电源电压是否正常，回路簧卡接触是否良好。正常状态下，电路中 V+端为 2.7~3.0V，V-端为-5.5~-6.0V，机器才能正常工作。该故障常见原因是滤波电容 C_{20} 和 IC1（7106）不良所致。该表经检查为 C_{20} 内部损坏。

【处理措施】更换 C_{20} 后，故障排除。

实例 70

【故障现象】DT890 型数字式万用表，开机后，显示字符慢慢消失。

【故障分析】根据现象分析，该故障一般是电源回路存在短路故障或时钟振荡器中 R_4、C_5 两端短路，R_4 开路。还应检查 IC1（7106）的㊳、㊴脚之间连线是否断路。该表经检查为 C_5 内部不良。

【处理措施】更换 C_5 后，故障排除。

实例 71

【故障现象】DT890 型数字式万用表，输入端短路后，直流电压挡显示不回零。

【故障分析】根据现象分析，该故障应重点检查转换开关刷片与线路板接触是否可靠，如无异常，再检查 A/D 转换器 IC1（7106）的㉙脚外接自动调零电容 C_2 与基准电容 C_4 容量是否准确。最后应考虑 IC1 是否不良。该表经检查为自动调零电容 C_2 内部不良。

【处理措施】更换 C_2 后，故障排除。

实例 72

【故障现象】DT890A 型数字式万用表，开机后，各挡均显示溢出符号。

【故障分析】经开机检查，发现 A/D 转换器 IC17136 基准电压输入端 36、35 脚间电压为 0V，外围电路正常。由于能正常显示，证明 IC17136 的数字逻辑电路正常，只是模拟电路无基准电压输入。处理办法为：在 V+ 与 COM 端接精密基准源 1M336 产生 2.5V 基准，再利用万用表内部调整基本量程微调 VR1，使该表 200mV 直流挡校准即可。

【处理措施】该机经上述处理后，故障排除。

实例 73

【故障现象】DT890A 型数字式万用表，电阻挡时显示为无限大，将两表笔短接时也不能显示零。

【故障分析】根据现象分析，问题一般出在电阻挡相关部位。经开盖检查，发现基准电压没有加到 A/D 转换器 IC1（7106）的输入端，故使显示溢出为无限大。仔细检查相关元件，发现电阻 R_{15} 内部开路。

【处理措施】更换 R_{15} 后，故障排除。

实例 74

【故障现象】DT890A 型数字式万用表，不管拨到哪个挡位，蜂鸣器均发出蜂鸣声，且不停。

【故障分析】根据现象分析，问题可能出在蜂鸣器电路。由原理可知，正常情况下，电压比较放大器 T1062CP 将测量信号通过 R_{36} 从⑥脚输入，与基准参考电压进行比较，经 T1062CP 反相放大后由⑦脚输出。当 R_x 被测电阻小于 40Ω 时，⑦脚输出高电平，使发光二极管点亮，门控振荡器 4011BE 起振，压电陶瓷蜂鸣器发出声响。

当万用表两表笔短接时，发现 T1062CP⑦脚工作电压偏高。检查 T1062CP 外围元件和电源电压均正常，由此判断 T1062CP 芯片内部不良。

【处理措施】更换 T1062CP 芯片后，故障排除。

实例 75

【故障现象】DT890B 型数字式万用表，两表笔不短接，只要置于高阻挡就显示为 0，当置于 200Ω 挡时显示为 5.6Ω。

【故障分析】根据观察分析，问题一般出在电阻挡。经开盖检查集成块 17136 引脚的 2.8V 和 0.65V 标准值正常，再查相关元件 R_T、VT1、C_6。考虑到 VT1 较易于损坏，先将其焊下来，测量 e、b 反向电阻仅为 5.4Ω，说明 VT1 已被击穿。

【处理措施】更换 VT1 后，故障排除。

实例 76

【故障现象】DT890B 型数字式万用表，开机后，所有挡位均显示过量程符号。

【故障分析】检修时，打开机盖，用万用表检测 A/D 转换芯片 IC1（7106）①、㊱、㊲ 脚对 COM 间电压分别为：2.8、0、2.7V（正常应分别为 2.8V、100mV、-2.7V）。由于基准电压 100mV 变为 0V，只要信号输入端有微小的干扰电压，仪表便会超量程。判定为 7106 内部不良。

【处理措施】更换 A/D 芯片 7106 后，故障排除。

实例 77

【故障现象】DT890B 型数字式万用表，无论哪个挡位，屏幕所存信息全部显示。

【故障分析】据用户称，该机为摔跌后出现此现象，分析为 7106 及外围元件接触不良所致。检修时，打开机盖，仔细观察线路板，未发现断裂及虚焊，但无意中按了一下液晶屏，故障消失，轻敲液晶屏背面电路板，故障又出现。拆下液晶屏，将导电胶及电路板擦净，重新装好后，故障消除。

【处理措施】该表经上述处理后，故障排除。

实例 78

【故障现象】DT890B 型数字式万用表，检测时，显示数值误差大。

【故障分析】经开机检测，发现 V+ 对地电压为 5.5V，IC1㊱脚对地电压为 200mV，均比相应正常值 2.8V、100mV 高出一倍，说明 IC1 内部 2.8V 基准稳压源失效。可采用应急办法修复，将 1 只 2.7V 稳压二极管并接在 V+ 与地之间，再微调 RP1，使 VREF+（IC1 的㊱脚）对地电压为 100mV 即可。

【处理措施】该机经上述处理后，故障排除。

实例 79

【故障现象】DT890C 型数字式万用表，开机后显示屏即显示"1"（表示溢出）。

【故障分析】根据现象分析，问题可能在 A/D 转换电路。打开机盖，测 A/D 转换集成块 7106㊱脚对地电压为 364mV（正常值为 100mV）；再测 9V 电源，发现开机后即降为 8.5V；测整机电流为 35.7mA（正常值应为 3.2mA）。由此判定，集成块 7106 内部损坏。

【处理措施】更换集成块 7106 后，故障排除。

实例 80

【故障现象】DT890C+型数字式万用表，开机后，无任何显示。

【故障分析】根据现象分析,该故障可能有以下原因:电池耗尽、电池插头锈蚀、接触不良、显示器损坏、7106 电极接触不良、印制电路板铜箔线断开、印制板上有短路现象等。

检修时,打开机盖,仔细观察发现 7106 芯片引脚与印制板严重锈蚀,估计因受潮引起。

【处理措施】用无水酒精清除污物后,故障排除。

实例 81

【故障现象】DT890C1 型数字式万用表,测温时,测量值误差明显增大。

【故障分析】根据现象分析,问题出在测温电路。且大多为 K 型热电偶探头的正、负极接反,外来干扰信号过强,电位器 RP2、RP5 失调,应重新校准 0℃和 100℃并锁紧。该表经检查为 RP2 失调。

【处理措施】经重新调试 RP2 后,故障排除。

实例 82

【故障现象】DT890F 型数字式万用表,电池是新的,但显示低压符号。

【故障分析】根据 1CD 板上显示低压符号,表明电路中可能存在短路,造成电压偏低。将电路板和转换开关拆除,低压符号仍然存在。初步判断故障在主板上。用万用表测其工作电压低于 5V,再测其工作电流,高达 60mA,的确存在短路故障。

进一步分析,电容挡厚膜电路损坏的可能性较大。拆下厚膜块测量时,发现其②、③、④脚明显击穿。此时再测量工作电流、电压都恢复了正常。

【处理措施】更换电容挡厚膜电路后,故障排除。

实例 83

【故障现象】DT890FC 型数字式万用表,测电压时,无电压显示。

【故障分析】经开机检查,故障为误拨挡位所示。问题出在电压挡检测电路。

检修时,打开表盖,经检查为表内高输入阻抗、低失调电压的双运放集成块 1M308DP 损坏,该集成块市场上不容易买到,可用 T1062 集成块替代。

【处理措施】该机经上述处理后,故障排除。

实例 84

【故障现象】DT-890 型数字式万用表,开机后,各挡显示数均乱跳。

【故障分析】经开机检查,发现集成块 7556 已损坏。这种集成块为双列直插式 14 个脚封装。更换时,先用快口小剪刀将原集成块每条引脚都划断,拆下集成块。再用烙铁烫开引脚焊点,就可逐一将引脚拔出。更换新的集成块后,检查直流电压 200mV 挡正常,再进行其他测试功能检查也均恢复正常。

【处理措施】该机经上述处理后,故障排除。

实例 85

【故障现象】DT830 型万用表,开机后,所有挡位均显示"1",且有电池不足的显示。

【故障分析】经开机检修,整流消耗电流过大。怀疑芯片 7106 内部电路有故障。检修时,先将 7106 取下,在其"V+"和"V-"端单独加 9V 电源;再测供电电流,仅为 2mA 左右,分析可能是 7106 外围电路故障导致了大电流;用 500 型万用表 $R×10$ 挡检查 7106 各脚外电路,发现在 7106 空插座上的①脚 2.8V 基准电压源与㉜脚之间已接近短路。

由于这一路负载多为电阻，而电阻较少短路。仔细检查发现是基准电压的滤波电容 C_{13} 内部击穿短路而导致本故障。

【处理措施】更换 C_{13} 后，故障排除。

实例 86

【故障现象】890D 型数字式万用表，开关不在 200k 挡时，十位上的小数点仍会模糊地显示。

【故障分析】根据现象分析，问题可能出在小数点显示电路。由原理可知，该表采用两只三极管及三只偏置电阻组成小数点显示电路。当偏置电阻接入电路时，小数点消隐，反之则显示。因此，量程开关不在 200k 挡时出现上述故障，必为十位小数点的偏置电阻开路。经检查，该电阻果然开路。

【处理措施】更换偏置电阻后，故障排除。

实例 87

【故障现象】3211B 型数字式万用表，直流电压挡测量误差过大。

【故障分析】根据现象分析，该故障产生原因及处理方法如下：

（1）直流电压挡积分电容 C_1 或自动调零电容 C_2 内部性能不良。解决办法：更换积分电容 C_1 或自动调零电容 C_2 即可。

（2）电位器 RP1 的滑动触头松脱或移位。解决办法：更换 10kΩ 电位器。

（3）积分电阻 R_2 阻值改变。解决办法：更换积分电阻 R_2 即可。

【处理措施】该表经上述步骤检修后，故障排除。

实例 88

【故障现象】3211B 型数字式万用表，蜂鸣器不发声。

【故障分析】根据现象分析，该故障产生原因及处理方法如下：

（1）压电陶瓷蜂鸣片 BZ 脱焊或损坏。解决办法：重新补焊或更换蜂鸣片即可。

（2）集成电路 ICL7139 内部的蜂鸣器驱动电路损坏。解决办法：更换集成电路 ICL7139 即可。

【处理措施】该表经上述步骤检修后，故障排除。

实例 89

【故障现象】AUTUAL ADM7106 型数字式万用表，开机后，出现负极性符号及高位 1 不显示。

【故障分析】经开机检查，该表因不慎掉地后，引发故障。检修时，拧开螺钉，取下导电胶条，发现液晶显示屏②、③引出脚处掉下一块碎玻璃，损坏处正是连接显示屏负极性符号和高位 1 笔画段的。

【处理措施】借助放大镜，用 HB 铅笔在这两引脚处沿引线方向反复涂画，注意千万不要引起两脚短路。装上导电胶条时，开机测试各功能恢复正常。

实例 90

【故障现象】DMM2560 型数字式万用表，开机后，电压、电流、电阻各挡均测不出来。

【故障分析】由于该表显示电路 ICM7211A、驱动电路 SI201C 和电源电路不容易损坏。

经分析，问题一般出在 A/D 转换电路。经开机检查，果然为 ICL7135 四位半 A/D 转换电路损坏。

【处理措施】更换 ICL7135 后，故障排除。

实例 91

【故障现象】DT840D 型数字式万用表，不正常自动关机。

【故障分析】经开机观察，该表通电后合上 S1 时，或小于规定 15min 即自动关机，分析问题存在于自动关机电路。主要原因及处理方法如下：

（1）9V 电池电量不足。应更换电池。

（2）储能电容 C_{20} 严重漏电。应检查确定后更换。

（3）印制板受潮，导致 R58 两端阻值下降。清洁电路板并用电吹风干燥后即可。

【处理措施】经检查为 C_{20} 漏电，更换 C_{20} 后，故障排除。

实例 92

【故障现象】DT860 型数字式万用表，选择开关 S4 的"Ω"挡烧毁。

【故障分析】该表是在电阻挡误测电压时产生的故障。S4 是一种 7 位轻触互锁开关，实际上"Ω"挡有两组触点，损坏的仅是其中一组，通过观察可知，S4 开关中的"10A"挡只用了两组中的一组。故卸下 S4，再小心抽出起互锁作用的弹性铜片，扳开"Ω""10A"挡开关的铆接部位，并将它们拆下来，打开"Ω"挡开关观察其内部，一组动触点已烧毁。

【处理措施】将 S4 的两挡开关互换，故障排除。

实例 93

【故障现象】DT860B 型数字式万用表，直流电压挡测量时严重超差。

【故障分析】根据现象分析，问题出在直流电压挡及相关电路。检修时，打开机盖，检查该挡电路相关元件无异常。再进一步检查发现 10A 挡的锰铜丝电阻 R_{41} 内部开路。

【处理措施】更换 1 只 0.01Ω 锰铜丝电阻后，故障排除。

实例 94

【故障现象】DT860B 型数字式万用表，测试时，读数偏差较大。

【故障分析】根据现象分析，该故障主要原因是积分电阻的阻值或基准电压值发生了变化所致。可通过检测积分电阻和基准电压的数值来进行判断。

如 DCV 挡测量误差太大，一般原因有：

（1）该挡分压电阻阻值改变。R_{19} 的滑动触头移位，使基准电压改变（可重新调整 2.2kΩ 电位器，使基准电压 U_{REF} = 164mV，并用石蜡封死 R_{19} 的调整部位）。

（2）TSC815 A/D 转换器局部损坏，内部模拟开关不能正常切换量程。该表经检查为 A/D 转换器 TSC815 内部不良。

【处理措施】更换 TSC815 后，故障排除。

实例 95

【故障现象】DT860B 型数字式万用表，某电压挡测量误差明显增大。

【故障分析】根据现象分析，该故障产生原因及处理方法如下：

（1）该挡的分压电阻值改变。解决办法：更换该挡变值的分压电阻即可。

（2）R_{19}的滑动触头移位。解决办法：调整R_{19}，校准基准电压后，并用石蜡封固即可。

【处理措施】该万用表按照上述方法处理后，故障排除。

实例 96

【故障现象】DT860B 型数字式万用表，直流电流挡均不工作。

【故障分析】根据现象分析，该故障产生原因及处理方法如下：

（1）直流电流挡 0.2A 熔丝管烧毁。解决办法：更换 0.2A 熔丝管。

（2）直流电流挡过压保护二极管 VD1、VD2 击穿短路。解决办法：更换二极管 VD1 或 VD2。

（3）转换开关 S1 接触不良，使 A/D 转换器⑩脚开路，表未进入电流模式。解决办法：检修或更换转换开关 S1。

【处理措施】该万用表按照上述方法处理后，故障排除。

实例 97

【故障现象】DT860B 型数字式万用表，"×10"标志符不能正常显示。

【故障分析】根据现象分析，该故障产生原因及处理方法如下：

（1）晶体管 VT2 或场效应管 T3 损坏，VD8 开路。解决办法：更换 VT2、VT3 或 VD8 即可。

（2）基极偏置电阻 R_{33}、R_{34}开路。解决办法：更换或重新补焊 R_{33}、R_{34}即可。

（3）LCD 上的"×10"标志符损坏或引脚接触不良。解决办法：更换或重焊 LCD 相关引脚即可。

【处理措施】该表经上述处理后，故障排除。

实例 98

【故障现象】DT860D 型数字式万用表，交流电压挡测量误差增大。

【故障分析】根据现象分析，该故障产生原因及处理方法如下：

（1）交流电压挡电位器 RP1 的触头移位。解决办法：重新调校交流电压挡即可。

（2）VD3 或 VD4 损坏。解决办法：更换二极管 VD3 或 VD4 即可。

【处理措施】该表经上述处理后，故障排除。

实例 99

【故障现象】DT860D 型数字式万用表，交、直流挡无法自动转换。

【故障分析】根据现象分析，该故障一般发生在交、直流挡自动转换电路及相关部位。由原理可知，当测量直流电压时，取样电压经双运放 IC2a（NJU7002M）放大，因是直流电压，信号被 C_5 隔断，此时 CPU（NJU9207F）的 FC1 等于"1"，DT860D 进入直流电压测量方式；当测量交流电压时，经 IC2a 放大后的交流信号通过 C_5 耦合到 IC2b，使 VD5 导通，经 C_7 滤波后得到低电平去控制 CPU，此时 FC1 等于"0"，该表自动转换到交流电压测量方式。

从上述工作过程分析可看出：双运放 NJU7002M、C_5、VD5、C_7 为关键元件，如有损坏，肯定会导致转换电路出故障。因此，检修时，打开机盖，经仔细检查发现 VD5 内部断路。

【处理措施】更换 VD5 后，故障排除。

实例 100

【故障现象】DT860D 型数字式万用表，机器开机后，交、直流电压、电流均不能测量。

【故障分析】根据现象分析，问题一般出在 AC/DC 自动转换电路及相关部位，具体原因有以下两个方面：

（1）C_1 电容失效，C_3 对地短地。

（2）IC1（NJU9207F）内部损坏。

该机经检查为 IC1 内部损坏。

【处理措施】更换 IC1 后，故障排除。

实例 101

【故障现象】DT890 型数字式万用表，测量显示值不精确，有时相差较多。

【故障分析】该故障产生原因主要是使用时间较长，某些元件或参数变化所致。可采用调整的办法进行调校，方法如下。

首先必须检查直流电压挡是否正确，在没有四位半数字表校准的情况下，可将该表量程拨至直流电压 200mV 挡，这时短接正、负表笔，应显示为 "00.0"；如果显示值乱跳，应检查表笔内部是否断线等。再打开后盖，小心将 A/D 转换器 7106 的㉛脚和㊱脚短接，这时显示屏应出现 "100.0"；如果有偏差，可调整以㊱脚为中心端的微调电位器；如果个别挡位显示不正确，可检查各挡分压电阻值是否异常。直流电流挡如有故障，首先检查 0.5A 熔断器是否熔断。交流电压挡比较常用的是 220V 市电电压的测量，如果偏差太大，可调整双运放 TL062 上的微调电位器，这时应有 1 块四位半的数字表作为标准表来对照。

【处理措施】该表经上述调整后，故障排除。

实例 102

【故障现象】DT890 型数字式万用表，显示字符缺笔画。

【故障分析】根据现象分析，该故障应重点检查显示屏部分是否不良，或查 IC1（7106）的②~⑳脚及㉒~㉕脚到显示屏的连线有无断路处，以及 IC1 插排是否接触良好。经检查，该表为 IC1 接触不良。

【处理措施】对 IC1 相关引脚经重新焊接处理后，故障排除。

实例 103

【故障现象】DT890 型数字式万用表，各挡测量均显示 "1"。

【故障分析】根据现象分析，该故障应重点检查 A/D 转换器 IC1（7106）及定时器 IC2（7556）的④、⑥脚间有无短路点。该表经检查为 7556 引脚有短路点。

【处理措施】清除 IC2（7556）引脚的短路点后，故障排除。

实例 104

【故障现象】DT890 型数字式万用表，直流各挡加信号后显示极不稳定，误差极大。

【故障分析】根据现象分析，问题可能出在 A/D 转换器及外围电路。经分析电路，仔细检查发现 C_9 内部击穿，电压较低。使该表置于交流挡时，TL062 的①脚输出电压峰峰值小于 1V，所以，C_9 不击穿，工作正常。置于直流挡时，TL062 的③脚开路，由于该脚输入阻抗极高，电磁干扰会在与该脚相连的线路中产生感应电压，并被放大后到①脚。若①脚电位足够负时，C_9 就会被击穿，于是 A/D 转换器的模拟地 COM 出现约 1.8mA 的电流，通过 C_9、VD3 流入 TL062 的①脚返回 VT。由于模拟地 COM 端负担不了这么大电流，于是 VT 和 COM 之间的电压 E_0 升高，从而使 U_{REF} 产生波动，影响了显示值的稳定。

【处理措施】更换 C_9 后，故障排除。

实例 105

【故障现象】DT890A 型数字式万用表，交流电压和电流测量时，读数偏大，且有不稳定的情况。

【故障分析】根据现象分析，问题可能出在交/直变换放大电路。检修时，打开机盖，用万用表测集成电路 062 各引脚工作电压均正常，作交流测量时 062①脚有输出且稳定，但在测量平滑滤波器 C_{17} 的两端输出电压时有不稳定的情况，由此判断故障肯定在 062 输出之后的整流和平滑滤波器中。

先怀疑 W1 接触不好，试清洗后重新调整活动触点，故障依旧。查其他元件也正常。再开启电源，重新校正 W1，并观察读数的变化情况，当调到某一点时，读数突然变化很多，说明还是 W1 有问题，拆下仔细观察，发现炭精片中间靠接地一端有一细小裂纹，用万用表测量果然断裂。

由于 W1 断路，使平滑电容无放电回路，变成了峰值检波，故使读数增大。

【处理措施】更换 W1 后，故障排除。

实例 106

【故障现象】DT890A 型数字式万用表，开机后无任何显示。

【故障分析】根据现象分析，该故障一般发生在 A/D 转换及电源电路。检修时，打开机盖，先查 9V 叠层电池；电源开关及显示屏均正常，说明问题可能在 A/D 转换器 7136 或外围电路。用万用表测量 7136 有关引脚的电压；①脚对㉜脚之间电压为 2.8V 左右，㉖脚对㉜脚电压为 -6.2V 左右，均正常，㊱脚对㉟脚的电压也正常，查外围 R_3、RP1 等元件，发现 R_3 内部损坏。

【处理措施】更换 R_3 后，故障排除。

实例 107

【故障现象】DT890A 型数字式万用表，开机后屏幕只显示上半个 "0" 符号。

【故障分析】经开机仔细检查，用手指按压一下显示屏，即可显示 3 个完整的符号 "000"，说明屏内接触不好。

打开显示屏后面的 4 个紧固螺钉，小心拿出导电橡胶、导电玻璃。找 1 块薄塑料片，裁成 2.5mm 宽、7mm 长的条形，共 4 条。一条压一条地用胶水贴在显示屏背面下方玻璃上，再将导电玻璃、导电橡胶小心地接原位置放好，将后盖装好，上紧 4 个螺钉。屏幕显示恢复正常。

【处理措施】该机经上述处理后，故障排除。

实例 108

【故障现象】DT890B 数字式万用表，电阻挡测量误差大。

【故障分析】经开机检测，发现该表在开路状态下，20kΩ 以上各挡存在约 2.67kΩ 阻值。因该表在电阻挡上测量过 AC 220V，应重点检查保护元件 PTC、VT4、C10。打开机盖，经查，保护电路的三极管 VT4 击穿。

【处理措施】更换 VT4 后，电阻挡恢复正常。

实例 109

【故障现象】DT890B 型数字式万用表，因误测高压导致交流电流挡、交流电压挡、电容挡均不能使用。

【故障分析】根据现象分析，因 3 个挡位同时损坏，问题可能发生在它们的公共电路中。检修时，仔细分析电路原理，发现 IC3a（TL062 的一组运放）是 3 个挡位的共用电路，它与外围元件一起完成 AC/DC 转换功能。查 IC3a 外围元件无损坏，判定 IC3 内部不良。

【处理措施】更换 IC3 后，故障排除。

实例 110

【故障现象】DT890B 型数字式万用表，各挡显示均不正常。

【故障分析】经开机检查，发现用万用表测 "V+" 电压达 7.8V，比正常值 2.8V 高得多。进一步检查发现 IC2（LM358）的③和④脚间击穿。

由原理可知：IC2（LM358）与 IC6（TL062）一起构成电容检测电路，其③脚接 "COM"，④脚接 "V-" 端，③、④脚间击穿使 "COM" 与 "V-" 短路，因而致使 "V+" 电压升高，全部测量功能均不正常。

【处理措施】更换 IC2（LM358）后，故障排除。

实例 111

【故障现象】DT890B+型数字式万用表，开机后，直流电压测量正常，交流挡始终显示 "1"，表示溢出。

【故障分析】根据现象分析，该故障一般出在交流电路。先检测 VT1、VT2 两个过压限幅三极管及 VD4、VD5 两个整流二极管均正常，再拆下运放集成块 TL062 检测。

TL062 是⑧脚双列扁平封装。检测时，将 1 块指针 500 型万用表拨至 R×100 挡位上，用黑表笔接①脚，红表笔接②脚，阻值读数为 1.65kΩ；再将红表笔放在③脚上，测得的电阻读数为∞（无穷大），而正常值应为 1.65kΩ，说明集成块已坏。

【处理措施】更换 TL062 后，故障排除。

实例 112

【故障现象】DT890C 型数字式万用表，工作时，不能测量温度。

【故障分析】根据现象分析，问题一般出在温度检测电路。检修时，先检查量程开关接触良好，热电偶插座未松动。再查电路相关元件，发现 VD6 正、反向电阻仅为几欧姆，说明已击穿短路。

【处理措施】更换 VD6（1N4148）后，故障排除。

实例 113

【故障现象】DT890C1 型数字式万用表，未接入热电偶探头时，不能测量室温。

【故障分析】根据现象分析，导致该故障的主要原因有：硅二极管 VD6 损坏；基准电压

E_0=2.8V 消失，使 IC1 得不到基准电压；基准电压分压器或测温电桥电路有故障；RP5 不良。

该表经检查为硅二极管 VD6 内部损坏。

【处理措施】更换 VD6 后，故障排除。

实例 114

【故障现象】DT890F 型数字式万用表，电阻挡不显示"1"，表笔短路时不为零。

【故障分析】检修时，打开机盖，先检查 V/Ω 孔与 COM（模拟地）之间的浪涌吸收元件 AG20（如果 AG20 击穿或漏电都会导致上述故障）正常。再检测 7106①脚与㉖脚电压低于 5V；①脚与㉜脚（模拟地）电压约有 1.25V，均偏低；开机检查，摸 7106 有微热，逐一检查外围元件无异常，故而判断 7106 损坏。取下测量，发现 7106 的①脚与㉜脚间短路。

【处理措施】更换 7106 后，故障排除。

实例 115

【故障现象】DT890FC 型数字式万用表，测电阻时，显示溢出符号"1"。

【故障分析】根据现象分析，问题一般出在电阻挡检测电路。检修时，打开万用表表盖，检查元件时，发现其正温度系数热敏电阻 RT 的 1 个引脚脱断开。该电阻一般很难买到，可改用细铜丝绕住脱胶的一脚，然后用焊丝焊在电路板上即可。

【处理措施】该表经上述处理后，故障排除。

实例 116

【故障现象】DT-890 型数字式万用表，开机后，各挡显示数都乱跳，不能正常使用。

【故障分析】经开盖检测，故障原因为集成块 7556 损坏。该集成块为双列直插式 14 个引脚封装，在万用表的双面线路板上起拔很困难。解决办法是：用快口小剪刀将每条引脚都剪断，拔出集成块，再用烙铁烫开引脚焊点，就可逐一将引脚拔出。

更换新集成块后，检查直流电压 200mV 挡正常，再进行其他测试功能检查也都正常。如无原型号集成块更换，可用双极型集成块代替，两者引脚功能完全相同。

【处理措施】更换集成块 7556 后，故障排除。

实例 117

【故障现象】DT910 型数字式万用表，显示暗淡无光。

【故障分析】根据现象分析，该故障产生原因及处理方法如下：

（1）显示电路中电容 C_3 严重漏电，导致电池电压跌落，整机功耗增大。解决办法：更换电容 C_3 即可。

（2）电池电压本身不足。解决办法：更换新电池即可。

（3）显示器衰老。解决办法：更换 LCD 显示屏即可。

【处理措施】该表经上述处理后，故障排除。

实例 118

【故障现象】DT910 型数字式万用表，开机工作时，直流电压挡测量误差过大。

【故障分析】根据现象分析，该故障产生原因及处理方法如下：

（1）电位器 RP 的滑动触头松动移位。解决办法：重调 RP，使基准电压值为 100mV

即可。

（2）积分电容 C_1 内部不良。解决办法：更换 C_1 即可。

（3）积分电阻 R_{2A} 或 R_{2B} 的阻值改变。解决办法：更换 R_{2A} 或 R_{2B} 即可。

【处理措施】经上述处理后，故障排除。

实例 119

【故障现象】DT910 型数字式万用表，"Ω"挡误差明显增大。

【故障分析】根据现象分析，该故障产生原因及处理方法如下：

（1）"Ω"挡电路中的 R_3、R_4 内部变值。解决办法：更换 R_3 或 R_4 为金属膜精密电阻即可。

（2）转换开关 S1a、S1b 接触不良，致使低阻挡误差增大。解决办法：更换或修复转换开关即可。

（3）IC2（CD4027）内部损坏，无法进入电阻测量模式。解决办法：更换 IC2（CD4027）即可。

【处理措施】该表经上述处理后，故障排除。

实例 120

【故障现象】DT910 型数字式万用表，按下 SB1 时，读数保持灯不亮。

【故障分析】根据现象分析，该故障产生原因及处理方法如下：

（1）集成电路 IC2a 损坏。解决办法：更换 CD4027 即可。

（2）限流电阻 R_{13} 内部开路。解决办法：重焊或更换 R_{13} 即可。

（3）发光二极管内部损坏。解决办法：更换发光二极管 LED 即可。

【处理措施】该表经上述处理后，故障排除。

实例 121

【故障现象】DT940C 型数字式万用表，显示异常，不能工作。

【故障分析】由原理可知，该表数字显示和电池欠压驱动电路均由 CD4070 四异或门组成。检修时，打开表盖，根据异或门的逻辑关系，将指针式万用表置 R×1 挡，红表笔接 CD4070 第⑦脚，黑表笔分别触碰集成块其他各引脚，注意观看液晶显示屏的显示状态（黑表笔接触引脚与显示屏正常显示状态），即可快速判断故障原因。

如果所显示的状态与显示屏不相符，则故障不在集成块，而在外围元件，如量程开关等。如果所显示的状态某一项不符，则说明集成块其中 1 个门损坏。经检测发现，集成块显示状态均异常，说明 CD4070 内部不良。

【处理措施】更换 CD4070 后，故障排除。

实例 122

【故障现象】DT960T 型数字式万用表，通电后，显示数字缓慢漂移。

【故障分析】根据现象分析，该故障主要是印制板漏电造成的。一般 A/D 转换器损坏可能性较小，所以可用电吹风对印制板进行干燥处理，待故障消除后，及时喷刷一层绝缘清漆即可。该表经检查果然为印制板受潮漏电。

【处理措施】按上述方法处理后，故障排除。

实例 123

【故障现象】DT960T 型数字式万用表，开机后无显示。

【故障分析】根据现象分析，该故障产生原因及处理方法如下：

（1）电池耗尽、电源开关 S1C 接触不良。解决办法：更换电池，检修电源开关即可。

（2）若电源电压正常，则可能是 IC1、IC2 损坏。解决办法：更换集成块 IC1（TSC818A）、IC2（TSC818D）即可。

（3）数字显示正常，但无模拟条图显示，一般是 TSC818D 损坏，也可能是其数据输入端⑫脚与 TSC818A 的㉘脚间的印制导线开路或管脚接触不良。解决办法：更换 TSC818D 即可。

【处理措施】该表经上述处理后，故障排除。

实例 124

【故障现象】DT960T 型数字式万用表，交流电压挡不能测量。

【故障分析】根据现象分析，该故障产生原因及处理方法如下：

（1）真有效值 AC/DC 转换器 IC3 损坏。解决办法：更换 IC3（AD736）即可。

（2）IC1 中的 AC/DC 转换运算放大器损坏。解决办法：更换集成块 IC1（TSC818A）即可。

（3）滤波电容 C_{21} 击穿短路。解决办法：更换电解电容器 C_{21} 即可。

【处理措施】该表经上述处理后，故障排除。

实例 125

【故障现象】DT960T 型数字式万用表，直流电流挡测量误差增大。

【故障分析】根据现象分析，该故障产生原因及处理方法如下：

（1）分流电阻 R_{15}、R_{16} 的阻值改变。解决办法：更换分流电阻 R_{15}、R_{16} 即可。

（2）直流电流挡 R_{41} 烧毁，20A 挡无法工作。解决办法：更换直流电流挡 R_{41}（锰铜丝电阻）即可。

【处理措施】该表经上述处理后，故障排除。

实例 126

【故障现象】DT960T 型数字式万用表，开机工作后，不能测量频率。

【故障分析】根据现象分析，该故障产生原因及处理方法如下：

（1）功能开关 S1 上的触点断开。解决办法：重新补焊或处理即可。

（2）测频模块上的电源电压不正常。解决办法：检查并修复电源电路即可。

（3）测频模块与大印制板的连接插座松动。解决办法：重新调整即可。

【处理措施】该表经上述处理后，故障排除。

6.6.2　指针式万用表检修实例

实例 127

【故障现象】J0410 型万用表，交流电压、电阻挡正常，直流挡无显示。

【故障分析】根据现象分析，该表交流电压、电阻挡正常，说明表头回路电阻没有问题。检修时，故障在相关电阻或开关上。打开表盖，先检查各有关电阻，擦洗转换开关触点，但并未找到故障原因，后来将转换开关拨至故障挡并用螺丝刀压紧三爪弹簧片的功能选择片，发现表针偏转，说明弹簧片接触不良。

【处理措施】将三爪弹簧片卸下用尖嘴钳稍弯一下以增加弹力。重新装复，故障排除。

实例 128

【故障现象】MF16 型万用表，直流电流电路测量失效。

【故障分析】根据现象分析，问题一般出在直流电流测量电路。该表电路采用闭路抽头式分流电路而进行量程转换，$R_1 \sim R_5$ 各电阻与表头固定地组成闭合回路，置换不同电流量程时不与表头断开。由于该表误置电流 $0 \sim 100mA$ 挡测量交流电压，因而烧毁串联电路 R_1 分流电阻。

拆开表壳找出 R_1 分流线绕电阻，剔除骨架残骸上的废线，重新绕制。找一段直径 0.2mm、长 37.6cm 锰铜漆包电阻丝，多预长 $2 \sim 3cm$，电阻值稍大于 5.51Ω 即可。电阻丝一端先与骨架引线焊牢，然后进行手工绕制，绕至将近末端时刮去一小段的漆皮，用数字式万用表 $R \times 1$ 挡量电阻丝两端电阻值为 $(5.51 \pm 0.03)\ \Omega$，再将电阻丝与另一端引线脚焊牢，嵌回原处焊好，立即恢复测量功能。

【处理措施】该表经上述处理后，故障排除。

实例 129

【故障现象】MF30 型万用表，除电阻挡外均无显示，电阻挡也调不到零。

【故障分析】经开机检查发现，交流电压、直流电压、直流电流挡都无指示。检查各挡电阻，当将红笔和黑笔短路时，指针指在超出零点的位置上，始终调不到零位。从外观看，调零电位器没什么问题。再用 500mA 挡测一节 5 号电池，表头无指示，但检查各挡分流电阻在正常范围内。查看 $1k\Omega$ 调整电位器正常，再从各回路查到调零电位器，发现 $1.7k\Omega$ 电位器不正常。焊下该电位器，发现已无阻值了。于是将其中的电阻片拆出，发现电阻片已经断线。用砂纸小心将两根电阻丝砂光，再将两根电阻丝顺时针绕 4 圈，并沾些焊油将接头焊好，最后用香蕉水擦干焊油，用数字式万用表测得电阻为 $1.68k\Omega$。将修复的电阻片放入电位器中，再将电位器焊入原来位置，工作恢复正常。

【处理措施】经上述处理后，故障排除。

实例 130

【故障现象】MF-30 型万用表，交流电压挡不良。

【故障分析】根据现象分析，故障一般出在交流电压挡电路。如测量交流电压时表头无指示，除应检查被测挡各回路是否有断路点外，还需查该电路 VD1、VD2 是否损坏。

如测量误差很大，说明 VD1、VD2 其中一只击穿；如各量程的指针均只能偏到较小位置，说明 VD2 可能被击穿。如果更换的二极管 VD1 特性不良，则各量程均会出现误差；如果 VD2 反向电流过大，则各量程的读数都会偏小。所以更换二极管时应选择与原管特性相同的二极管。该表经检查为 VD2 内部击穿。

【处理措施】更换 VD2 后，故障排除。

实例 131

【故障现象】MF41 型万用表，各挡均不正常。

【故障分析】经开机检查，表头正常，各挡电阻正常。进一步检查发现表头内阻补偿半可调电位器活动臂上有轻微氧化斑点。将中心螺钉卸下，清除锈斑重新装好，工作恢复正常。

【处理措施】该表经上述处理后，故障排除。

实例 132

【故障现象】500 型万用表，指针不偏转或不规则摆动。

【故障分析】根据现象分析，该故障产生原因及解决办法如下：

（1）测试笔断路。解决办法：更换测试表笔即可。

（2）熔断器烧坏。解决办法：更换熔断器即可。

（3）电路焊点虚焊或脱焊。解决办法：重焊虚接点即可。

（4）转换挡接触不良或轴上的螺钉松动。解决办法：拧紧螺钉即可。

【处理措施】该表经上述处理后，故障排除。

实例 133

【故障现象】500 型万用表，电流挡所测值偏大。

【故障分析】根据现象分析，问题一般出在电流挡分流电阻上，经开机检查，果然为电流挡分流电阻烧毁。电流挡分流电阻被烧毁后，会出现下列现象：电流挡所测结果将较实际值大出许多，有些电表还会发生阻尼作用丧失，此时电压挡测量的结果也将偏大，且电阻挡将不能正常进行调零。

造成该故障是实际所测的电流超过量程规定的额定电流所致。检修时，应更换烧坏的分流电阻。

【处理措施】更换分流电阻后，故障排除。

实例 134

【故障现象】5001 型万用表，欧姆 $R\times10\sim R\times100$ 挡测量同一电阻时其阻值相似。

【故障分析】由电路原理分析，对应 $R\times10$ 挡的电阻为 91Ω，将量程转换开关拨至 $R\times10$ 挡，打开万用表盖，找到此电阻为一线绕电阻。拆下该电阻，再用另一只万用表测此电阻，已增大为 786Ω，可见故障原因就在此电阻了。

【处理措施】换上 1 只 91Ω 线绕电阻，故障排除。

实例 135

【故障现象】MF500 型万用表，电表在 $R\times1$ 挡时，指针难调至 0Ω 刻度上。

【故障分析】将转换开关置 $R\times1$ 挡，短接红、黑表笔，指针很难调至 0Ω 刻度，且指针有点飘。分析问题出在电阻挡相关电路。经开机检查发现 1.5Ω 线绕电阻过流烧断。

【处理措施】用 1.5Ω 线绕电阻更换后，故障排除。

实例 136

【故障现象】MF500 型万用表，测电阻时，某个倍率挡误差太大。

【故障分析】根据电路分析，该表电阻挡各挡误差故障原因为：

（1）$R\times1$ 挡测量偏差大，一般是 9.4Ω 线绕电阻烧断造成的。

（2）$R\times10$ 挡测量偏差大，一般是 91Ω 电阻烧断引起的。

（3）R×100 挡测量偏差大，一般是 975Ω 电阻烧断引起的。

（4）R×1k 挡测量偏差大，一般是 33.2kΩ 电阻不良所致。

（5）如其余各挡测量正常，只是 R×10k 挡测量不准确，还应检查 9V 电池电压是否正常，85.2kΩ 电阻是否不良。

该表经检查为 33.2kΩ 电阻不良。

【处理措施】更换 33.2kΩ 电阻后，故障排除。

实例 137

【故障现象】MF500 型万用表，电表工作时，交流电压测量值偏小。

【故障分析】根据现象分析，问题出在交流电压检测电路。经开盖检查，并用数字式万用表检查两只二极管的正向压降，一只正常，一只不正常，经查其中一只二极管已经损坏。

【处理措施】更换二极管（2CK）后，故障排除。

实例 138

【故障现象】星牌 MF30 型万用表，电阻 R×1 挡，表笔互相接触时，指针向右满偏转，不能调零。

【故障分析】根据现象分析，问题是在电阻挡相关电路。检修时，打开后盖，发现电阻 R×1 挡分流电阻已变黑，经检测该电阻已开路。分析其原因是该分流电阻功率过小所致。该电阻阻值为 23.2Ω。当表内 1.5V 电池电压较高时，流过它的电流约为 60mA，若使表笔接触时间过长，就容易烧坏该电阻。可用两只阻值分别为 15Ω 和 8.2Ω 的电阻串联代替原电阻。

【处理措施】经上述处理后，故障排除。

实例 139

【故障现象】MF47 型万用表，直流电流挡，指针来回摆动不止。

【故障分析】根据现象分析，该故障一般为直流电流挡分流电阻断开或接触不良所致。经检查为分流电阻断路。

【处理措施】更换分流电阻后，故障排除。

实例 140

【故障现象】MF47 型万用表，直流电压挡无指示。

【故障分析】根据现象分析，该故障产生原因及处理方法如下：

（1）电压部分公共接点脱焊。解决办法：重新补焊即可。

（2）最小量程的附加电阻损坏或断路。解决办法：更换该挡附加电阻或重新补焊即可。

【处理措施】该表经上述处理后，故障排除。

实例 141

【故障现象】MF47 型万用表，交流电压挡指针摆动很小。

【故障分析】根据现象分析，该故障一般为整流器击穿。经开机检查，果然为整流二极管损坏，可用 2CP 二极管更换。

【处理措施】更换二极管后，故障排除。

实例 142

【故障现象】MF47 型万用表，交流电压挡小量程误差大。

【故障分析】根据现象分析，该故障一般为该挡附加电阻有故障。经开机检查果然为附加电阻不良。

【处理措施】更换附加电阻后，故障排除。

实例 143

【故障现象】MF47 型万用表，电阻挡调零时，指针不稳。

【故障分析】根据现象分析，该故障产生原因及处理方法如下：

（1）调零电阻器接触不良。解决办法：修复或更换调零电阻器即可。

（2）部分附加电阻有虚接现象。解决办法：查找虚焊点并重新补焊即可。

【处理措施】该表经上述处理后，故障排除。

实例 144

【故障现象】MF47 型万用表，表头不回零。

【故障分析】根据现象分析，该故障产生原因及解决办法如下：

（1）轴尖和轴承配合太紧。解决办法：将上轴承的螺钉适当地旋出即可。

（2）游丝产生弹性失效。解决办法：更换游丝即可。

【处理措施】该表经上述处理后，故障排除。

实例 145

【故障现象】MF47 型万用表，表头不平衡，误差大。

【故障分析】根据现象分析，该故障产生原因及解决办法如下：

（1）指针打弯。解决办法：校值指针即可。

（2）平衡锤位移。解决办法：调整平衡锤，使可动体平衡良好即可。

（3）活动部分和其他零件松动而变动。解决办法：检查并固紧松动的零件，然后重新调整平衡即可。

【处理措施】该表经上述处理后，故障排除。

实例 146

【故障现象】MF47 型万用表，表头指示数不稳定。

【故障分析】根据现象分析，该故障产生原因及解决方法如下：

（1）量程转换开关接触不良。解决办法：用汽油洗净量程转换开关触点并涂以凡士林即可。

（2）电路元件焊接不良。解决办法：检查并重新焊接松动的元器件即可。

（3）游丝焊片松动，与活动部分的轴杆有瞬时短路。解决办法：紧固游丝焊片并与轴杆绝缘即可。

【处理措施】该表经上述处理后，故障排除。

实例 147

【故障现象】MF47 型万用表，"Ω" 挡两表笔短路时，调零无效。

【故障分析】开机观察，该表调零电位器有两种：一种用的是线绕滑动电位器，电阻体是用电阻丝烧在胶木薄片上并弯成 "C" 形制成的；另一种用的是碳膜电位器。

该故障表调零电位器用的是线绕结构。经开机检查，故障原因是调零电位器 R_{46} 中心滑动圆片与左边一端的引脚相碰短路。

【处理措施】重新处理后，工作恢复正常。

实例 148

【故障现象】MF368 型指针万用表，交流电压挡使用中误差很大。

【故障分析】根据现象分析，问题一般出在交流电压量程内。检修时，用数字表分别对该量程内各挡分压电阻逐一测量，数据均正常，这样最可怀疑的就是两只整流二极管了。将两只整流二极管 2AK2 与 2CK9 分别焊下，用指针表 $R\times1k$ 挡或数字表的二极管挡检测，发现 2AK2 内部热稳定性不良。

【处理措施】更换 2AK2 后，故障排除。

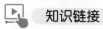 知识链接

如何判断指针式万用表是好的

这是一个比较大的问题，将每个功能量程都试一下是一个比较好的方法。

检测时，先要找到检测源，但是一般用户都自备标准检测源是不可能的，所以一般检测就可以用定性加一点定量的方法来测量。其基本方案就是找到检测源，然后按着说明书使用一遍就行了。如已知电阻的阻值，用万用表的欧姆挡测量，如果所测阻值与已知阻值一致，则说明万用表是可以使用的。

第 7 章

如何选用万用表

初学者步入电工电子领域，少不了购置万用电表。万用表的基本功能和指标有哪些？哪种万用表更适合自身的工作要求？指针式万用表如何选用？数字式万用表又如何选用？这正是本章要回答的几个主要问题。

7.1 万用表的功能

7.1.1 概述

万用表是一种多功能、多量程的便携式电子电工仪表，其结构简单、便于携带、使用方便、用途多样、量程范围广，它是维修仪表和调试电路的重要工具，是一种最常用的测量仪表，因而它是电子电工专业人员必备工具之一。

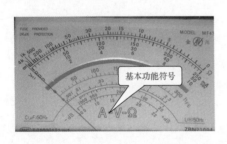

图 7-1　指针式万用表的功能符号

万用表的 3 个最基本功能是测量电阻、电压、电流，所以过去又称为三用表，如图 7-1 所示。近年来的万用表添加了许多新功能，尤其是数字式万用表，还可用来测量电容值、三极管放大倍数、二极管压降、元器件温度等。现在还有一种会说话的数字式万用表，能把测量结果用语言播报出来，使用非常方便。一般来说，万用表的功能可以通过量程选择开关直观看出来，如图 7-2 所示。

万用表最大的特点是有一个量程转换开关，完成各个功能可以靠这个转换开关来切换。基本上，用"A￣"（或 DCA）来表示测直流电流，一般毫安挡和安培挡又各分几个挡；"V￣"（或 DCV）表示测直流电压，高档的万用表有毫伏挡，电压挡也分几个挡；"V～"（或 ACV）是表示测交流电压；"A～"（或 ACA）表示测交流电流；"Ω"表示测量电阻值；"F"表示测电容器的电容等。

无论是指针式万用表还是数字式万用表，都具有基本功能和派生功能，如图 7-3 所示。

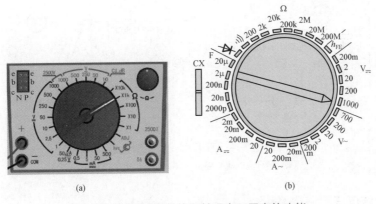

图 7-2　通过量程转换开关观察万用表的功能

（a）MF47 型表转换开关；（b）DT890B 数字式万用表的量程开关

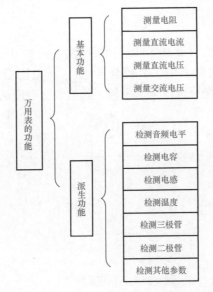

图 7-3　万用表的功能

7.1.2　万用表的基本功能

1. 测量直流电流

万用表的直流电流挡是多量程的直流电压表，表头并联闭路式分流电阻即可扩大其电流量程，改变分流电阻的阻值，就能改变电流测量范围，如图 7-4（a）所示。

2. 测量直流电压

万用表的直流电压挡是多量程的直流电压表，表头串联分压电阻即可扩大其电压量程。分压电阻不同，相应的量程也不同，如图 7-4（b）所示。

视频 7.1　万用表的基本功能

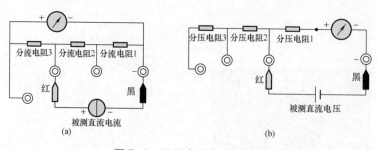

图 7-4　万用表测直流原理图

（a）测直流电流原理图；（b）测直流电压原理图

3. 测量交流电压

万用表的表头为磁电系测量机构，它只能通过直流。利用二极管将交流变为直流后再通过表头，这样就可以根据直流电的大小来测量交流电压。扩展交流电压量程的方法与直流电压量程相似，如图 7-5 所示。

4. 测量电阻

如图 7-6 所示，在表头上并联和串联适当的电阻，同时串接电池（测中小电阻时要用 1 节 1.5V 的电池，测高电阻时要加用 1 节层叠电池），使电流通过被测电阻，根据电流的大小，就可测量出电阻值。改变分流电阻的阻值，就能改变电阻的量程。

视频 7.2　万用表
的派生功能
（测温度）

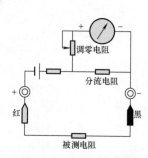

图 7-5　测交流电压原理图　　　　图 7-6　测电阻原理图

7.1.3　万用表的派生功能

随着技术的进步和用户要求的不断提高，万用表除了测量电压、电流、电阻这些基本功能外，又增加了许多派生功能。

（1）测量温度。有些万用表可以测量器件的温度，来检测元器件是否过热。

（2）测试二极管。有些数字多用表具有二极管测试功能，能测量并显示二极管两端的实际压降（例如，硅结点在正向测试时压降应低于 0.7V，在反向测试时电路开路），通过测试，可以判断二极管是否正常。

（3）测试电容。有的万用表可以测试电容器的容量。通过测试，可以判断电容器是否正常。

（4）测试三极管。万用表可以判别晶体三极管的管脚，测三极管的直流放大倍数。

（5）测试电感。

（6）测试音频电平。

（7）有的数字式万用表还具有以下功能：

1）频率、占空比测量。用来测量信号的频率和信号占空比。

2）最大、最小值记录功能。显示测量参数的最大值、最小值及最大值与最小值的差值。

3）瞬时尖峰保持功能。可以捕获持续时间很短的电压或电流信号。

4）环路电流百分比显示。以%的形式显示 2~20mA 环路电流。

5）RS-232 接口功能。新型万用表配有光隔离端口，安装相应软件后可以方便与 PC 机连接，传输数据。

6）报警功能。会指示正在测量的量（电压、电阻等）。

7）接触保持功能。可以保持显示，可以用双手测量，之后再读数。

8）单键操作。方便选择测量功能。

9）过载保护。可防止损坏表和电路，并保护操作者。

10）高效能保险管。在电流测量和过载时，可以保护使用者和表的安全。

11）自动量程选择。可自动选择量程，又可手动选择量程。

12）自动极性显示。会显示负的极性，即使接错测试探头，也不会损坏表。

13）电池量低显示。

7.1.4　具有特殊功能的万用表

普通万用表能测量小于 10A 的电流，那么测量电流很大时怎么办呢？为此，设计了钳型万用表交直流电流探头来解决这个问题。有些钳式万用表或交直流电流探头测量交直流电流高达 3000A，可满足化工、冶金、电力等行业测试的需求，如图 7-4 所示。

根据不同的测试要求，还有许多万用表具有某些特殊的功能，可根据需要选择万用表。

以上是目前所使用的万用表的一些功能，随着万用表的发展，其功能将越来越多，万用表的设计也趋向于多功能化，以后使用的万用表的功能将会更多、更完善。

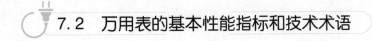

7.2　万用表的基本性能指标和技术术语

7.2.1　万用表的基本性能指标

使用万用表时不仅要看基本规格，还要看它的特点、功能和全部设计生产指标。以下是数字式万用表需要考虑的基本指标和性能：

（1）可靠性。尤其是在恶劣条件下，万用表的可靠性比以往任何时候都重要。

（2）安全性。数字式万用表设计中首要考虑的问题，尤其经过认证实验室的独立测试，并且有的印上了诸如 UL、CSA、VDE 等测试实验室的标志。

（3）分辨率。分辨率也称灵敏度，指数字式万用表测量结果的最小量化单位，即可以看到被测信号的微小变化。例如：如果数字多用表在 4V 范围内的分辨率是 1mV，那么在测量 1V 的信号时，就可以看到 1mV 的微小变化。数字式万用表的分辨率一般用位数或字表示。

一块三位半的数字表，后三位可以显示 3 个从 0 到 9 的全数字位，前一位只显示一个半位（显示 1 或没有显示），即三位半的数字表可以达到 1999 字的分辨率；一块四位半的数字式万用表可以达到 19 999 字的分辨率。用字来描述数字表的分辨率比用位数描述要好。现在的三位半数字式万用表的分辨率已经提高到 3200 或 4000 字。3200 字的数字式万用表为某些测量提供了更好的分辨率。例如，一块 1999 字的表，在测量大于 200V 的电压时，不可能显示到 0.1V。而 3200 字的数字式万用表在测 320V 的电压时，仍可显示到 0.1V。当被测电压高于 320V，而又要达到 0.1V 的分辨率时，就要用价格贵一些的 20 000 字的数字式万用表。

（4）精度。指在特定的使用环境下，出现的最大允许误差。换句话说，精度就是用来表明数字式多用表的测量值与被测信号的实际值的接近程度。

对于数字式万用表来说，精度通常使用读数的百分数表示。例如，1% 的读数精度的含义是数字式万用表显示 100.0V 时，实际的电压可能会在 99.0V 到 101.0V 之间。在详细说明书中可能会有特定数值加到基本精度中，它的含义就是，对显示的最右端进行变换要加的字数。在前面的例子中，精度可能会标为 ±（1%＋2）。因此，如果万用表的读数是 100.0V，实际的电压会在 98.8~101.2V 之间。模拟表（或指针万用表）的精度是按全量程的误差来计算的，而不是按显示的读数来计算。指针式万用表的典型精度是全量程的 ±2% 或 ±3%。数字式万用表的典型基本精度在读数的 ±（0.7%＋1）和 ±（0.1%＋1）之间，甚至更高。

（5）欧姆定律。欧姆定律揭示了电压、电流、电阻之间的关系。应用欧姆定律，任何电路电压、电流、电阻可以计算：电压＝电流×电阻。因此，只要知道公式中的任意两个值就可以计算出第 3 个值。数字式万用表就是应用欧姆定律来测量并显示电阻、电流或电压。

（6）数字和模拟指针显示。在精度和分辨率方面，数字显示有很好的优势，测量值可以用 3 位或更多位来显示。模拟指针在精度和分辨率方面略逊一筹，一般靠估计指针的位置来读数。

7.2.2 万用表的基本技术术语

（1）精度。表示数字式多用表的测量值与实际值之间的差距。用读数的百分数或全量程的百分数表示。

（2）模拟表。用模拟指针来显示测量值的仪器。可通过指针在行程中的位置来判别读数。

（3）告警器。用来指示选择的量程或功能错误。

（4）平均响应数字式多用表。可以精确地测量正弦波，在测量非正弦波时却精度不够。

（5）字。数字多用表的最后一位，常与百分数一起用来表示数字多用表的精度。

（6）分流器。数字多用表中有一个用于测量电流的低值电阻。数字多用表测量其两端电压，并用欧姆定律来计算电流值。

（7）数字多用表（DMM）。用数字形式来显示测量信号的值。数字表的特点就是精度、分辨率、可靠性等指标比模拟表高。

（8）非标准正弦波。诸如脉冲序列、方波、三角波、锯齿波、峰波等波形。

（9）分辨率。测量中可以观察到的最小变化值。

（10）有效值。等效于直流信号的交流信号的量度值。

（11）标准正弦波。以正弦规律变化没有失真的信号。

（12）真有效值数字多用表。可以精确测量正弦波和非正弦波的有效值的数字多用表。

（13）速度。在指定情况下，测量速度通常是指在给定仪表运行条件时的每秒读数，一些特定因素如集成周期及滤波器数量等，都可能影响整个仪表的测量速率。

 ## 7.3　数字式万用表和指针式万用表的比较

指针表读取精度较差，但指针摆动的过程比较直观，其摆动速度幅度有时也能比较客观地反映被测量的大小［例如测电视机数据总线（SDL）在传送数据时的轻微抖动］；数字表读数直观，但数字变化的过程看起来很杂乱。

指针表内一般有两块电池，一块是低电压的 1.5V，另一块是高电压的 9V 或 15V，其黑表笔相对红表笔来说是正端。数字表则常用一块 6V 或 9V 的电池。在电阻挡，指针表的表笔输出电流相对数字表来说要大很多，用 $R\times1\Omega$ 挡可以使扬声器发出响亮的"哒"声，用 $R\times10k\Omega$ 挡甚至可以点亮发光二极管（LED）。

在电压挡，指针表内阻相对数字表来说比较小，测量精度相比较差。某些高电压微电流的场合甚至无法测准，因为其内阻会对被测电路造成影响（比如在测电视机显像管的加速极电压时，测量值会比实际值低很多）。数字表电压挡的内阻很大，至少在兆欧级，对被测电路影响很小。但极高的输出阻抗使其易受感应电压的影响，在一些电磁干扰比较强的场合测出的数据可能是虚的。

总之，在相对大电流高电压的模拟电路测量中适用指针表，比如电视机、音响功放。在低电压小电流的数字电路测量中适用数字表，比如 BP 机、手机等。

表 7-1 列出了数字式万用表和指针式万用表的比较，它们各有优点，应根据需要选用。对于初学者，应当使用指针式万用表；对于非初学者，可以使用两种仪表。

表 7-1　　　　　　　　　　　　数字式万用表和指针式万用表的比较

项　　目	数字式万用表	指针式万用表
测量值显示线	液晶显示屏显示数字	表针的指向位置
读数情况	间隔 0.3s 左右数字有变化，读数不太方便	很直观、形象（读数值与指针摆动角度密切相关）
万用表内阻	内阻较大	内阻较小
使用与维护	内部结构多采用集成电路，因此过载能力较差，损坏后一般不容易修复	结构简单，成本较低，功能较少，维护简单，过流过压能力较强，损坏后维修容易
输出电压	输出电压较低（通常不超过 1V），对于一些电压特性特殊的元件测试不便（如晶闸管、发光二极管等）	有 10.5V 和 12V 等，电流比较大，可以方便地测试晶闸管、发光二极管等

续表

项　目	数字式万用表	指针式万用表
量　程	量程多，很多数字式万用表具有自动量程功能	手动量程，挡位相对较少
抗电磁干扰能力	强	差
测量范围	较大	较小
准确度	高	相对较低
对电池的依赖性	各个量程必须要有表内电池	电阻量程必须要有表内电池
重　量	相对轻	相对较重
价　格	价格差别不太大	

视频 7.3　如何
选用万用表

7.4　指针式万用表的选用

指针式万用表的主要特点是准确度较高，测量项目较多，操作简单，价格低廉，携带方便，目前仍是国内最普及、最常用的一种电测仪表。

选用指针式万用表，主要从其准确度、灵敏度、电流表的内阻、测量功能、外观与操作方便性和过载保护装置等方面去选择。

7.4.1　准确度的选择

万用表的精度一般用准确度表示，它反映了仪表基本误差的大小。准确度越高，测量误差越小。万用表的准确度分 7 个等级：0.1、0.2、0.5、1.0、1.5、2.5、5.0。近年来，随着仪表工业的迅速发展，我国已能制造 0.05 级的指示仪表。

准确度等级反映了仪表基本误差的大小。国产 MF18 型万用表测量直流电压（DCV）、直流电流（DCA）和电阻（Ω）的准确度都是 1.0 级，可供实验室使用。目前仍被广泛使用的 500 型万用表则属于 2.5 级仪表。需要指出的是，受分压器、分流器、整流器等电路的影响，同一块万用表各挡的基本误差也不尽相同。

万用表的基本误差有两种表示方法。对于直流和交流电压挡、电流挡，是以刻度尺工作部分上限的百分数表示的，这些挡的刻度呈线性或接近于线性。对于电阻挡，因刻度呈非线性，故改用刻度尺总弧长的百分数来表示基本误差。

一般万用表的准确度多为 2.5 级（如 MF47、MF30 等）。

知识点拨

万用表说明书或表盘上注明的电阻挡基本误差值，仅对欧姆刻度尺的中心位置（即欧姆中心）适用，其余刻度处的基本误差均大于此值。

万用表的基本误差范围见表 7-2，具体数值可从万用表的表盘上查出。

表 7-2 万用表的基本误差范围

测量项目	符号	基本误差（%）	测量项目	符号	基本误差（%）
直流电压	DCV	±1.0~±2.5	交流电流	ACA	±1.5~±5.0
直流电流	DCA	±1.0~±2.5	电阻	Ω	±1.5~±5.0
交流电流	ACA	±1.5~±5.0	电平	dB	±2.5~±5.0

7.4.2 灵敏度的选择

万用表的灵敏度可分为表头灵敏度和电压灵敏度（含直流电压灵敏度和交流电压灵敏度）两个指标。

1. 表头灵敏度

万用表所用表头的满量程值 I_g（即满度电流），称作表头灵敏度，I_g 一般为 9.2~200μA，I_g 越小，说明表头灵敏度越高。高灵敏度表头一般小于 10μA，中灵敏度表头通常为 30~100μA，超过 100μA 就属于低灵敏度表头。

表头灵敏度是设计万用表电路的依据，同时也决定着万用表的电压灵敏度。与表头灵敏度相关的两个参数分别为表头的内阻和线性度。

表头的内阻是指针动圈与上、下两组游丝的电阻之和。线性度是指通过表头的电流与指针偏转角度的一致程度，它也是绘制表盘刻度的依据。

万用表大多选用磁电式表头。过去的表头属于外磁式，并且靠轴尖支撑动圈，体积较大，抗震性差。某些新型万用表的表头已改成内磁式张丝结构，其优点是磁能利用率高，能减小表头的体积；而用张丝代替轴尖和游丝，还可消除摩擦误差，提高抗冲击、抗震动性，能使表头使用寿命超过 100 万次。

2. 电压灵敏度

万用表的电压灵敏度等于电压挡的等效内阻与满量程电压的比值，其单位是 Ω/V 或 kΩ/V，简称伏欧姆数，该数值一般标在仪表盘上。

直流电压灵敏度是万用表的主要技术指标，交流电压灵敏度受整流电路的影响，一般低于直流电压灵敏度。例如，500 型万用表的直流电压灵敏度为 20kΩ/V，交流电压灵敏度则降低到 4kΩ/V；电压灵敏度越高，万用表的内阻（即仪表输入电阻）越高，可以测量内阻的信号电压就越高。

📲 知识链接

高灵敏度万用表的优点

在进行电子测量时，选择高灵敏度的万用表有以下 3 个显著优点。

（1）万用表测电压时与被测电路相并联，会产生分流作用。而电压灵敏度越高，万用表的内阻（即仪表输入电阻）也越高。从被测电路上吸取的电流越小，对被测电路工作状态的影响越小，这样可减小测量高内阻电源电压时产生的误差。做电工测量时，因被测电源（如交流电源）的内阻很低，故可忽略万用表的分流作用，可选择低灵敏度的万用表。

(2) 电压灵敏度越高,测电压时万用表所消耗的电功率越小。

(3) 便于设计高阻挡,因为电压灵敏度高,就意味着表头灵敏度高,很小的测试电流即可使指针作满刻度偏转,实现电阻挡的欧姆调零,在高阻挡也能采用较低的电池电压。

📱 技能提高

万用表灵敏度的选用技巧

(1) 若两块万用表所选择的量程相同而电压灵敏度不同,那么用它们分别测量同一个高内阻电源电压时,电压灵敏度高的那块表测量误差较小。

(2) 对同一块万用表而言,电压量程越高,内阻越大,所引起的测量误差就越小。

为了减小测量高内阻电源电压的误差,有时宁可选择较高的电压量程,以增大万用表的内电阻。但量程也不宜选得过高,以免在测量低电压时因指针偏转角度太小而增加读数误差。对于低内阻的电源电压(例如220V交流电源),可选用电压灵敏度较低的万用表进行测量。换句话说,高灵敏万用表适合于电子测量,而低灵敏万用表适合于电工测量。

(3) 当万用表电压挡的内阻比被测电源的内阻大100倍以上时,就不必考虑万用表对被测电源的分流作用。

7.4.3 电流挡内阻的选择

理想情况下,电流表的内阻应等于零,但实际上却做不到。由于内阻的存在,使用万用表测量电流时必然有一定的电压降,从而产生测量误差。

电流挡的内阻越小,测量电流时万用表所消耗的电功率也越低。

(1) 在电流挡的量程相同的情况下,万用表的内阻越小,其满度压降就越低,测量电流的误差也越小。对同一块万用表而言,各电流挡的满度压降值可以不相同。

(2) 对于同一块万用表,电流量程越大,内阻越小,测量误差也越小。因此,为了减小测量电流的误差,有时宁可选择较高的电流量程。但量程也不宜选得过高,以免在测量小电流时读数误差明显增大。

(3) 当电流挡内阻约为被测电路总电阻的1%时,可不必考虑万用表压降对测量的影响。

7.4.4 量程功能的选择

一般来说,万用表测量的项目越多,量程范围越大,万用表越好。家庭电工对万用表的要求不是很高,主要是进行一些简单的测量。对量程功能的要求很简单,电阻挡至少要有 $R×$ 1、$R×10$、$R×100$ 这 3 个挡,交流电压、直流电压挡是必须的,其他一些功能可以根据实际情况选择。例如,KF-1 型、KF-4 型万用表就很适合业余使用和普通使用。

📱 知识链接

万用表的测量功能及范围

在表 7-3 列出了万用表的测量功能及测量范围。其中,电阻挡为有效量程,括号内的数值是少数万用表所能达到的指标。

表7-3　　　　　　　　　　　　　　　万用表的测量功能及测量范围

测　量　功　能		测　量　范　围
基本功能	直流电压 DCV	0~500V（0~2.5kV，0~25kV）
	交流电压 ACV	0~500V（0~2.5kV）
	直流电流 DCA	0~500mA（0~5A，0~10A）
	交流电流 ACA	（0~5A，0~10A）
	电阻	0~20MΩ（0~200MΩ）
	音频电平	−20~0~+56dB
派生功能	电容 C	1000pF~0.3μF（0~10 000μF）
	电感 L	0~1H（20~1000H）
	晶体管 h_{FE}	0~200（0~300，0~500）
	音频功率 P	（0.1~12W，扬声器阻抗为8Ω）
	电池负载电压	（0.9~1.5V，电池负载为12Ω）
	蜂鸣器 BZ	（当被测线路电阻小于30Ω时蜂鸣器发声，如 KT7244 型万用表）
	交流大电流测量功能/ACA	6/15/60/150/300A（如 7010 型万用表）

7.4.5　阻尼性能的选择

在测量时，指针在偏转过程中会由于惯性的影响不能迅速停止在指示位置上，指针在指示位置左右摆动会给测量带来影响。这就要求仪表可动部分在测量中能迅速停止在稳定的偏转位置上，并且要求稳定的时间越短越好，即阻尼性能要好。

7.4.6　外观与操作方便性的选择

万用表的外观设计也很重要。目前常见的万用表有便携式、袖珍式、超薄袖珍式（例如国产 7003 型）、折叠式、指针/数字双显示（如 7032 型）等多种类型。

选择大刻度盘的万用表，有助于减小读数误差。有些万用表的刻度盘上带反射镜，能减少视差。新型万用表的表笔和插口都增加了防触电保护措施，插口改成隐埋式，表面无金属裸露部分。

从使用角度看，所有的开关、旋钮均应转动灵活、接触良好，操作力求简便。大多数万用表只用一只转换开关，操作比较方便。也有些万用表将功能开关与量程开关分别设置，或把两者组合设置，通过适当的配合来选择测量项目及量程。有些万用表增加了正、负极性转换开关，在测量负电压时可避免出现指针反打现象。

7.4.7　过载保护装置的选择

新型万用表采用了多种保护措施，除用熔断器做线路保护之外，还增加了表头过载保护电路，能大大减少因误操作引起的事故。

由硅二极管构成的表头保护电路如图 7-7 所示。VD1、VD2 为两只 1N4148 型玻封开关二极管，其代用型号为 2CK43、2CK44、2CK70、2CKT1、2CK72、2CK83 等。VD1、VD2 反

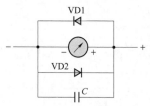

图 7-7　由硅二极管构成的
表头保护电路

极性与表头并联，表头的满度压降一般低于 0.15V。从硅二极管的伏安特性上可以看出，当正向电压在 0~0.15V 时，正、反向电流都截止，仅当正向电压超过正向导通电压（0.6~0.7V）时才导通。如果正向电流继续增大，硅二极管的压降就基本稳定在正向导通电压上。图中的 VD1 起保护表头的作用，即使误用电流挡去测电压，也不至于烧坏表头，因为表头上还串联着限流电阻。当硅二极管导通时，电压主要降落在限流电阻上，故一般不会烧表头，但可能烧毁分流电阻或限流电阻。

当两支表笔位置插反而又发生过载时 VD2 能起到保护表头的作用。电容器 C 能滤除由输入端引入的高频干扰，容量可选 0.022μF。有时为了滤除低频干扰，还可再并联 1 只 4.7~47μF 的电解电容，以消除指针的抖动现象。

由于锗二极管的导通压降为 0.15~0.2V，与表头的满度压降很接近，而且它的反向漏电流较大，因此不宜采用。

需要注意的是，即使增加了保护电路，仍有过载的可能性，操作时人员必须小心谨慎，避免因误操作而使仪表损坏。

7.5　数字式万用表的选用

人们在选用数字式万用表进行测量时，往往忽略以下问题：① 由于仪表的精度、分辨率不够，凭估测判断，往往导致人为的误差增大；② 由于各种万用表测试方法不尽相同，在不同信号和非正弦波标准信号测试中，万用表往往会导致误差；③ 操作上的安全性、可靠性和保护性考虑不足。由于万用表本身的保护性较差，实际测试中测试人员不能有丝毫马虎，必须采取一定的安全措施，以防发生意外事故。

数字式万用表的型号很多，功能差异较大。如何挑选适合自己工作中需要的数字式万用表呢？除了首先做外观检查，试一下转换开关的手感是否舒适之外，一般还应重点考虑以下几个方面的问题。

7.5.1　显示位数和准确度的选择

显示位数和准确度是万用表的两个最基本也是最重要的指标。两者之间关系紧密，一般来讲，万用表显示位数越高，其准确度也就越高。显示位数有两种方式，即计数显示和位数显示。计数显示是万用表显示位数范围的实际表达，只不过由于人们习惯与传统叫法上的方便，一般用位数显示表达。例如，3000 位计数显示，表示万用表最高显示值可到 3999，而 1000 位计数显示只能到 1999，在测量 220V 交流电压时，可明显看到 3000 位显示比 1000 位后多 1 个小数位显示，这样在分辨率上高一个数量级。在测量、调试高灵敏的微小电信号中，高灵敏度的万用表将会发挥更大的作用。

数字式万用表根据显示数字位数的不同分为三位半（3.5）、四位半（4.5）、五位半（5.5）、六位半（6.5）、七位半（7.5）和八位半（8.5）数字式万用表。所谓三位半（或 3.5 位），是指最多同时出现 4 个数字，最前面的一个数只能是 "0" 或 "1"（0 也可消隐，即不显示）。同理，四位半数字式万用表最多同时出现 5 个数字，最前面的一个数只能是"0"或"1"。

值得说明的是，选用万用表时，应根据测量精度的要求，选用准确度合适的数字式万用表，以保证测量误差限定在允许的范围之内。

7.5.2 功能和测量范围的选择

不同型号的万用表，生产厂家都会设计不同的功能和测量范围。一般来讲，普通的数字式万用表都能测试交、直流电压，交、直流电流，电阻，线路通断等，但是有的万用表为了降低成本，不设置交流电流测试功能。在此基础上，有的万用表考虑使用方便，增加了其他一些功能，例如二极管测试挡、晶体三极管放大倍数（h_{FE}）测试挡、电容、频率、温度测试挡等。现在由于电子技术的发展，有些厂家在传统参数和元器件测试的基础上，增加了更先进的功能，例如占空比测试，dBm 值测试，最大、最小值记录保持功能等。有的仪表还有 IEEE-488 接口（可程控仪器和自动测试系统设计的专用接口）或 RS-232 接口（串行通信接口，可实现投影机与中控设备的连接，实现远程操控与指令编写）等功能。在选择万用表功能的基础上，也不能忽视其测量范围。

7.5.3 种类的选择

现在很多数字式万用表都具有手动量程和自动量程选择，有的还有过量程能力，在测量值超过该量程但未达到最大值时，可不用换量程，从而提高准确度和分辨力。

1. 普及型数字式万用表

普及型数字式万用表结构、功能较为简单，一般只有 6 个基本测量功能：DCV、ACV、DCA、ACA、Ω 及 h_{FE}。这种万用表的价格低廉，精度一般为三位半，如 DT-830、DT-840 等，如图 7-8（a）所示。

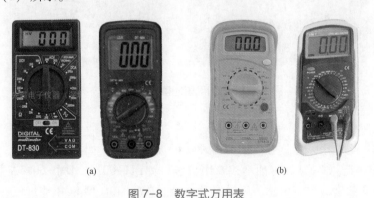

(a)　　　　　　　　　　(b)

图 7-8　数字式万用表

（a）普及型数字式万用表；（b）多功能型数字式万用表

2. 多功能型数字式万用表

多功能型数字式万用表较普及型数字式万用表主要是增加了一些实用功能，如电容容量、高电压、大电流的测量等，有些还有语音功能。如 DT-870、DT-890、DT-9205 等型号，如图 7-8（b）所示。

3. 高精度多功能型数字式万用表

高精度多功能型数字式万用表精度在四位半及以上。除常用测量电流、电压、电阻、三极管放大系数等功能外，还可测量温度、频率、电平、电导及高电阻（可达 10 000MΩ）等，有些还有示波器功能、读数保持功能。常见型号有 DT-930F、DT930F+、DT-980 等，如图 7-9 所示。

图 7-9 高精度多功能型数字式万用表

4. 高精度、智能化、数字式万用表

高精度、智能化、数字式万用表内部带微处理器（CPU），具有数据处理、故障自检等功能的数字式万用表。可通过标准接口（如 IEEE-488、RS232、USB 接口等）与计算机、打印机连接。采用自动校准（AUTO CAC）技术，能对全部测量项目和量程进行自动校准，并能显示极值和各项测量误差，如图 7-10 所示。

图 7-10 高精度智能型数字式万用表

5. 专用数字仪表

专用数字仪表是指专用于测量某一物理量的数字仪表，如数字电容表、电压表、电流表、电感表、电阻表等。常见有袖珍式专用仪表，如DM-6013、DM-6013A 数字式电容表；DM6243/DL6243 数字式电容电感表、数字功率计、DM6040D 型 LCR 测量仪（可测电感、电容和电阻）；数字温度计、数字绝缘电阻测试仪等，如图 7-11 所示。

6. 数字/模拟双显示数字式万用表

如图 7-12 所示，数字/模拟双显示数字式万用表采用数字量和模拟量同时显示，可以观察正在变动的量值参数，弥补数字表对检测对象在不稳定状态时出现的不断跳字的缺陷，兼有模拟表与数字表的优点。

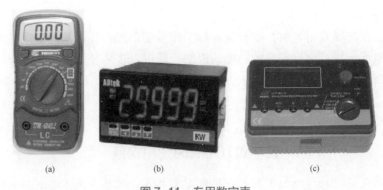

图 7-11 专用数字表

（a）DL6243 电容表；（b）数字功率表；（c）数字电阻表

图 7-12 模拟数字式双显万用表

7.5.4 测量方法和交流频响的选择

一般来讲，万用表的测量方法主要对交流信号测量而言，因为交流信号有很多种类型和各种复杂情况，并且伴随交流信号频率的改变，会出现各种频率响应，影响万用表的测量。万用表对交流信号的测量，一般有两种方法，即平均值和真有效值测量。平均值测量一般是对纯正弦波而言，它采用估算平均的方法测量交流信号，而对非正弦波信号，将会出现较大的误差。同时，如果正弦波信号出现谐波干扰时，其测量误差也会有很大改变；而真有效值测量是用波形的瞬时峰值再乘以 0.707 来计算电流与电压，保证在失真和噪声系统中的精确读数。这样，如果需要检测普通的数字数据信号，用平均值万用表测量就不会达到真实的测量效果。同时，交流信号的频响也至关重要，有的可高达 100kHz。

7.5.5 稳定性和安全性的选择

和大多数仪器一样，数字式万用表本身也有测量稳定性，其测量结果的准确性与其使用时间、环境温度、湿度等有关。如果万用表的稳定性比较差，在使用一段时间后，有时就会出现测量同一信号时，其结果自相矛盾，即测量结果不一致的现象。

万用表的安全性非常重要，有些万用表设置了比较完善的保护功能，如插错表笔线时，会自动产生蜂鸣报警、短路保护等。所以对于数字式万用表的选购，不要盲目贪图便宜，要实用、好用才行。

总而言之，在选择万用表时，要根据实际工作需要出发，在保证测量准确度、测量范围满足要求的前提下，尽可能有较多的功能，以便今后可以扩展使用。另外，还应了解其安全性能及性能价格比等因素。

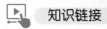 **知识链接**

数字式万用表的使用误区

数字式万用表同指针式模拟万用表一样都需要电池，但数字式万用表对电池的依赖性更强。模拟式万用表仅在电阻挡依赖于电池，并且在测量电阻时，如果无法调到零位，即可断定为电池电量不足。但数字式万用表就没那么直观，一般认为只要数字显示正常测量结果则无误，其实这是一个误区。

要使得数字式万用表测量数值精确，电池的电压值不应低于表芯所需电压的额定值。当电压过低时，数字显示虽然正常，但此时的测量值却在很大程度上偏离了它的正确测量值，致使测量结果毫无意义，甚至会导致对测量结果的误判。在此，在使用数字式万用表时要注意及时更换电池。

7.6 第三代万用表——视波表的选用

7.6.1 视波表介绍

指针式和数字示万用表只能提供测量结果与数据，无法直观区别信号和噪声的瞬间特性，无法显示在电路中非正弦信号的动态及干扰信号的严重程度，就无法对引起故障的根本原因作出分析。过去为了解决这个问题，不得不使用昂贵而笨重的示波器，但对许多现场测试是不现实的。

"视波表"顾名思义，就是看到波形的表，视波表的波形再现与传统示波器有着根本的不同：示波器主要用来进行波形分析和波形记录，注重频率响应宽范围，其测量精度以 dB 为单位，准确性比较低，操作相对要繁杂许多；而视波表强调测量功能的准确性，波形再现仅是现场故障诊断的辅助手段，所有测量参数都以数码形式显示出来，结果更直观。

视波万用表除具有一般万用表的功能之外，还具有 44~400kS/s 的采样频率，2~50kHz 交流电压测量带宽和波形观测功能。测量时通过"自动"（AUTO）键（有的表为 DIS 键）一键转换，不需要复杂按键操作便可看到被测量信号的波形，基本不需要调节。视波表从指针式万用表→数字式万用表→视波万用表发展而来，故称为第 3 代万用表。

如图 7-13 所示，目前市场上的视波表型号比较多，但都是以万用表芯片为核心，配以点阵液晶和带高速 A/D 的 CPU，所以成本相对较低，售价一般在几百元不等。

图 7-13 市场上常见的视波表

（a）福禄克 F1960；（b）利利普 HDS1022M；（c）五行 WX4451；（d）优利德 UT81B；

（e）伊万 VC301A；（f）伊万 ET521A；（g）有利华 YS3C20；（h）思宇 ZB22011

 知识链接

数字示波表与视波万用表的区别

（1）出身不同。数字示波表是从模拟示波器→数字读出示波器→数字存储示波器→数字示波表发展而来，如图 7-14 所示。视波表是从指针式万用表→数字式万用表→视波万用表发展而来。

图 7-14 数字示波表

（2）用途不同。数字示波表是用来测试对象的波形作出定量的分析，尤其工作在高频状态下；视波表是作为测量过程中，观察被测量信号是否正常的一种手段，主要工作在音频或工频范围内。

（3）功能不同。数字示波表追求的是采样高速度、模拟宽频带、丰富的数学运算，指示精度以 dB 为单位；视波表则以双积分 A/D 采样为测量结果，运用高速采样就是为了观测波形，不影响测量精度，不牺牲输入阻抗，具备万用表的所有功能。

（4）操作不同。数字示波表已经考虑到传统示波器使用习惯，从波形分析角度，也需要约 20 个以上的按键配合，不容易掌握；视波表在传统数字式万用表基础上扩展为带波形显示，只要按一个 DIS 键，就能自动转换为波形显示，基本不需调节。

（5）价格不同。数字示波表主要采用高速 A/D、高速 CPU、FPGA 等昂贵器件，成本高；视波表是以万用表芯片为核心，配以点阵液晶和带高速 A/D 的 CPU，成本相对较低。

（6）前景不同。数字示波表是手持式仪器的发展，更多的是面向专业工程技术人员。视波表是测量工具的发展，易于普及。

数字示波表——可以表示出波形的表，强调的主体是仪器。

视波表——可以看得见波形的表，强调的主体是人。

7.6.2 视波表的使用

1. 观察波形

在使用过程中，只要按下"自动"（AUTO）键（有的表为 DIS 键），一键转换，被测波形自动捕捉，并由 LCD 显示出来。大多数国产视波表的全部功能采用中文帮助窗口提示，是自助式仪表，其界面举例如图 7-15 所示。具有一站式功能组合，可满足更多现场故障诊断的需要。

图 7-15 视波表界面举例

2. 有效值测量

某磁饱和供电器输出有效电压 60V、50Hz 交流方波，用数字式万用表测量读数为 67V，判为输出偏高严重，但用视波表检测发现，输出波形较好，有效值读数为 60.5V，电源正常。由于一般数字式万用表没有真有效值功能，采用交流整流平均换算法，当波形为正弦波时，换算准确，对其他波形，必须根据波形修正。

3. 旋转编码器检测

旋转编码器利用两路信号的相位区分左旋、右旋，用视波表的两个输入通道分别连接两路信号，转动编码器，单次捕获一组波形与标准波形对比，可检测编码器的每个分度是否正常。也可以通过多路同时测量，检查各路信号的幅值、相位情况，如图 7-16 所示。

4. 传感器检测

汽车维修中，电子里程表系统的车速信号是以脉冲方波的形式进行传输的，因而电压值非常微弱，如果使用万用表或发光二极管试灯进行检测，很难定性或定量地测量到可靠的信号或电压数值，也就难以判断相关部件工作性能是否正常。若采用视波表进行检测，可解决这一问题，它可以通过波形准确而快捷地推断出故障所发生的区域及元件，如图 7-17所示。

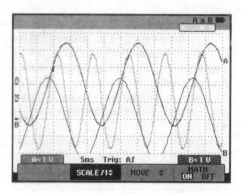

图 7-16　视波表旋转编码器检测

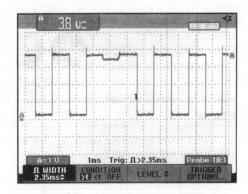

图 7-17　视波表传感器检测

5. 波形跟踪

在彩电维修中，比较难以判断的故障是有关测试点的直流电压并没有发生明显的变化，这时用万用表也难以作出准确的判断，像全电视信号波形，亮度、色度通道及行场扫描电路波形，开关电源或微处理器电路的波形，都需要采用视波表检测波形的变化，从而缩小故障范围，提供可靠的判断依据，使许多"软"故障得到快速的处理。对那些元器件变质，电容漏电、干涸，线路板开路等不易查找的故障，通过波形跟踪可较容易判断出故障，如图 7-18 所示。

通过对测量波形的分析，便可判定故障的大致部位。

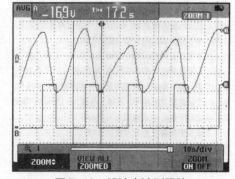

图 7-18　视波表波形跟踪

6. 检修实例

某回流焊炉的传送带不转动，检修方法如下：

（1）首先用万用表检测电动机工作电压，发现供电电压为零，经检测发现晶闸管已经损坏。

（2）更换相同型号晶闸管，再次装好后通电，发现电动机的转速非常快，调节转速控制器也没有反应，再检测电动机的供电电压，均是正常的交流 220V。

（3）经分析此调整控制电路是采用晶闸管脉冲调宽控制电路来实现调速的。用视波万用表测试电动机供电的脉冲信号，发现是交流正弦波形，调节转速控制器时波形也是不变的。

（4）按资料分析此处的波形应随着控制速度的变化而改变脉冲宽度，现在测得的结论显示为脉冲触发电路出现了故障，经逐级往前查，发现是脉冲触发电路的芯片损坏，更换后试机，故障排除。

 知识链接

伊万视波万用表的参数对比见表7-4。

表7-4 伊万视波万用表的参数对比

型号/功能	VC300	VC301A	VC302	EF521
数字显示	3.75位	3.5位	$3\frac{5}{6}$位	$3\frac{5}{6}$位
直流电压	300mV~1000V	200mV~2kV	—	600mV~2kV
交流电压	300mV~1000V	200mV~2kV	60V/600V	600mV~2kV
直流电流	3mA~10A	2mA~10A	—	60mA~10A
交流电流	3mA~10A	2mA~10A	20A/600A	60mA~10A
电　阻	300Ω~30MΩ	200Ω~20MΩ	—	600Ω~60MΩ
电　容	30nF~300μF	20nF~200μF	—	6nF~60MF
电　感	—	—	—	有
频率/占空比	10Hz~20kHz	20MHz	2kHz	60MHz
温　度	-10℃~120℃	—	—	—
二极管/通断	有	有	—	有
三极管 h_{FE}	有	有	—	有
交流频响	40Hz~2kHz	10Hz~20kHz	40Hz~2kHz	10Hz~50kHz
高速采样（kS/s）	44	200	44	440
波形调节	手动	自动	手动	自动
真有效值测量	—	有	有	—
相对值测量	有	有	有	有
最大值记录	有	—	有	有
遥控器检测	—	有	—	有
晶振检测	—	有	—	有
数据存储	100组	100组	100组	400组
LCD分辨率	128×64	128×64	128×64	320×240
附　件	温度探头	探棒/分流器	600A钳头	分流器
其他功能	—	—	kW/kVA/pF	100MS/s

附录　常用万用表电路原理图

常用万用表电路原理图见附图 1~附图 9。

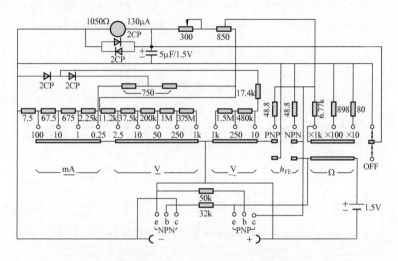

附图 1　MF40 万用表电路原理

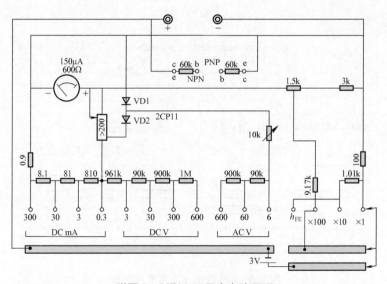

附图 2　MF66 万用表电路原理

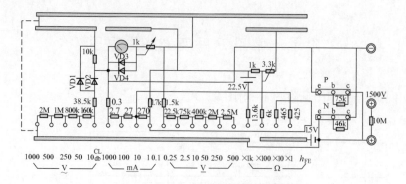

附图3　U101万用表电路原理

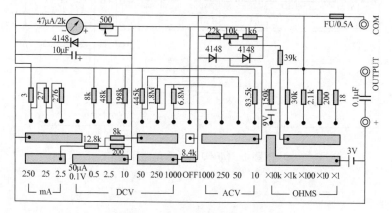

附图4　YX360万用表电路原理

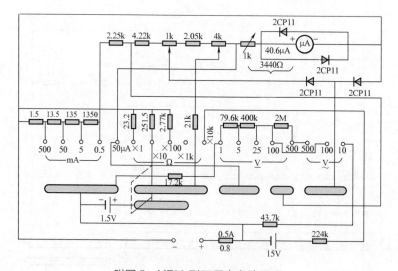

附图5　MF30型万用表电路原理

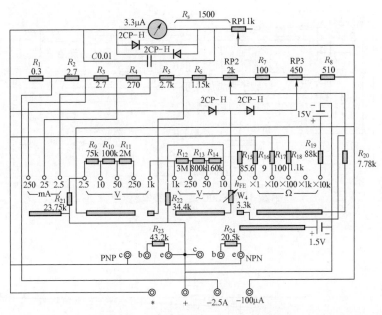

附图6 MF501 型万用表电路原理

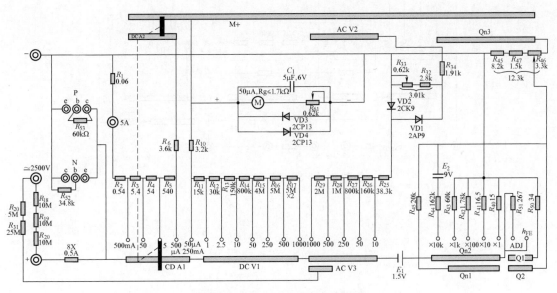

附图7 MF47 型万用表电路原理

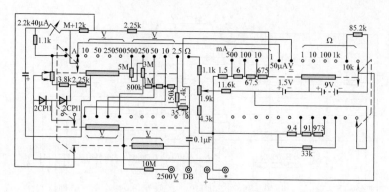

附图 8　MF500 型万用表电路原理

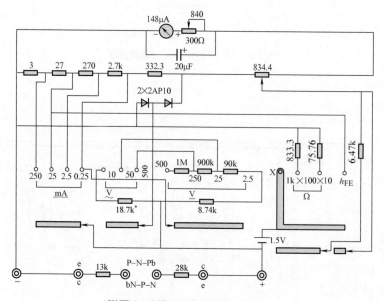

附图 9　MF52 型万用表电路原理

参 考 文 献

［1］杨清德. 看图学电工仪表. 北京：电子工业出版社，2008.

［2］杨清德. 轻轻松松学电工·基础篇. 北京：人民邮电出版社，2008.

［3］杨清德. 轻轻松松学电工·技能篇. 北京：人民邮电出版社，2008.